U0192646

家庭财报

和你一起

“十字表”

穿越经济寒冬

财富安全、财富独立、财富自由的方法论

贾昌勇 著

人民东方出版传媒
People's Oriental Publishing & Media

東方出版社
The Oriental Press

推荐人/读者：

目　录

推荐序

学习升级认知

我和贾昌勇老师认识得很早。2006 年，我在金融保险公司总部分管个险业务，彼时，贾昌勇老师在辽宁分公司。那时我就了解到他是一位坚持走专业路线的个险精英；他善于学习，勤于思考，持续精进专业，并用心为客户做好服务；他的专业能力和业务品质也一直在公司名列前茅。2007 年，贾昌勇又以卓越的绩效成为 TOP2000 培训第二期的讲师。他当时分享的课程《理财十字架》深受全系统内广大业务同仁的欢迎，也帮助和推动了许许多多的业务伙伴获得成功。

经过近 20 年的不断探索和积累，贾昌勇老师将金融保险业、财富管理行业以及人生规划领域的实操经验逐步提炼形成了一套理念、工具、标准和方法，对私人财富管理行业的专业发展起到了一定的推动作用。如今，这些点滴的积累与成果又萃取成了本书。这本书既呈现了丰富的人生规划和财富管理方面的专业知识，又通过简单易懂的案例进行深入浅出的诠释，不管是对希望科学规划自己人生的广大读者，还是对有志于成为金融领域专业财务顾问的人士，都具有非常现实的借鉴和参考意义。

对希望科学规划自己人生的读者而言，本书通过一系列的实操案例，从单身、创业、成家、生子、投资、中年、退休、传承等全生命周期的成长过程，给了读者一本“人生说明书”。特别是贯穿始终应用的“十字表”家庭财报，更是给了读者一个人生规划和财富管理的实操工具。让广大读者能够学习和应用到自己的现实生活中，厘清自己的账，寻找到自己的人生指南，绘制出属于自己的财富地图。

对有志于成为金融领域专业财务顾问的读者而言，本书的呈现方式又恰似一套层层递进的面谈逻辑，可以作为与客户探讨、交流个人和家庭财务规划、家庭财务缺口诊断与分析的沟通流程来学习借鉴，其实战性和可复制性都非常强。其中，“十字表”家庭财报这一核心工具和方法，能够迅速建立与提升顾问能力，摆脱只依赖产品销售的怪相，真正做到以客户的需求为中心。我相信只要能够按照本书所阐述的专业方法去实践，一定会在财务顾问的职业生涯发展中形成一个良性的循环，让自己以更快的速度成长，通过专业技能的提升实现更高的绩效，为自己和家人创造更高品质的生活，帮助客户及其家庭建立更全面的保障与规划，也为这个社会创造更大的价值！

成长是认知的升级，学习是改变认知的唯一途径！贾昌勇老师本人就是通过持续学习，不断升级认知，不断提升专业，不断创造更大价值的典范。希望他的书能够帮助更多的读者升级认知，用专业知识做好个人和家庭的财务规划，收获自己的美好人生！

深圳前海中领国际管理咨询有限公司　董事长
寿险行业精英 TOP 论坛　创始人
郑荣禄　博士
2022 年 1 月于深圳

前　言

人生财富管理是每个人的终生事业

我们先从一个故事开始讲起，有一次我陪一位朋友开车去拜访她的客户，路程需要2个小时，一路上她问了我许多问题，其中有一组问题激发了我的深度思考并唤醒了我的灵感。她问我什么是财富？金融的本质是什么？人生的意义是什么？它们之间有什么关系？这些问题一直困扰着她、拷问着她，希望我能给她一些答案和帮助。

此时我正驾驶汽车向前行驶着，同时大脑飞速运转着，仿佛瞬间出现了静止状态，车内与车外好像渐渐地融为一体，景象都慢了下来，四周仿佛突然明亮了起来。我脱口而出道："你看我们的车子从市中心开出来时，天空是湛蓝的，慢慢地行驶到了城郊，天空变成灰蒙蒙的并且飘起了雪花。天空看似恒久不变，却瞬息万变，阴晴无常。再看我们的大地，车子行驶在市区是铺装道路，开到城郊变成了砂石马路，到达乡村又成了泥土小路，再往前走就是高山大海了，地表之下都是土层和岩石，山河大地也看似恒久不变，却因城市改造和自然变迁而不断上演沧海桑田的景象。然而阳光、空气、水和风就像人体的气血一样，在天地间不停地流淌着、变换着，四季轮回滋养万物繁衍生长，这一切都是天赐的财富。无常变化、无偿给予、任我们尽情享用，除此之外我们还能看到什么呢？"

"这一路上看见最多的莫过于各种建筑和房屋了，从市中心的高楼大厦到城郊的低矮建筑，再到乡村的砖瓦平房，这些地上建筑物就是房地产以及基础设施，我们习惯称之为不动产。它们看似比较稳固和安全，其实

也是不断变化的，从房子建好的那一天起就开始发生折旧、老化，直到拆迁。然后随着生活品质的提升和城市化进程的推进，再进行重新规划、建设和使用，周而复始的循环，不断带动着众多相关行业的变化与发展。在这个看得见的、有形的不动产变迁的背后，始终有一股力量推动着它，那就是一个生生不息的金融流转体系。每一场拆迁、每一次重建、每一轮租售、每一项信贷、每一笔交易都是金融的流动与转化，推动着不动产持续不断的变迁与成长。”

“在这些建筑的外面悬挂着许多招牌，有工厂、有商场、有酒店、有餐饮、有娱乐、有教育等各种工商业，在建筑的里面还有许多办公室，入驻了各类的企业。这些工商企业所提供的产品、服务及资产，都在挑战自己的生命周期，因为没有长盛不衰的神话。今天有新店和新公司开业，同时也会有破产和关门的，前仆后继、此起彼伏、不断更替。这些表面繁荣和衰落的背后依然离不开金融的驱动，扩大营收、降低成本、控制债务、增加资产、追逐利润、现金为王等都是企业经营的生命线。金融在企业内部和企业外部不断地运转和流动，推动着相关行业、产业乃至整个经济网络不断地迭代、优化、重组与发展。”

“金融如同天地间的气血一样永不停歇、循环运转、跨越历史、推动岁月、流转于各行各业、方方面面之中，无处不在又变幻莫测，影响着众多产业的兴衰起伏和资产的价值波动，那么又是什么力量和因素牵动着这个庞然大物呢？”

“这股力量不是别的，正是我们每个人的心，一颗追逐欲望的心、一颗焦虑不安的心，一颗执着糊涂的心，疯狂地燃烧着、蔓延着、攀比着……这就构成了社会共同需求和原动力。要赚更多的钱、想买喜欢的东西，过上自己想要的生活，不惜举债也要满足我们的身心感受。于是‘金钱乃身外之物’，就演变成了金融是身心之外第一推动力，货币的放大和信贷的泡沫成了美妙的沃土和给养。为了满足我们日益增长的需求，各行各业得以蓬勃发展，我们在不断被满足的过程中上了瘾，被满足就想挑战

新的刺激和极限，不满足就产生焦虑，乐此不疲地追逐着。于是我们就进入了一场疯狂的游戏，一场用有限的人生去追逐无限财富的金钱游戏，终其一生在金钱的旋涡中不停地拼命打转，痛苦不堪而无法自拔，这就形成了我们当今的世界。”

说到这里，一切都明了了。

其实自己的生命才是最大的财富，有了生命才有身心的需求。但是我们无法控制自己的身心，更无法驾驭金融，这势必将造成失控的、错配的人生与财富格局。那么该如何改变这个局面呢？

这需要我们透彻地了解自己，规划好自己的人生，让财富为我们所用，这是我们自己的本职和义务，别人是帮不了我们的。人生规划与财富管理不是有钱人的专利，而是每一个人的生活必需品。人生财富管理不仅仅是管理一些资产、项目与服务，更是要管理好自己的一生，并且透过财富的层层表象与人生每一个成长阶段点点滴滴、时时刻刻的互动中，提高自己的金融素养和财务能力，最终获得幸福感和领悟人生智慧。

这些点滴思考和实践，后来在工作中逐渐形成了现在这本书中所阐述的核心理念和关键工具。于是以“财富平衡”为核心理念，以财富安全、财富独立和财富自由三大指数为应用标准的“十字表”家庭财报系统就诞生了旨在帮助人们在全生命周期的财富创造和财务所需中，获得财富平衡和人生圆满。这就是人生的意义所在，也是每个人的终生事业。

由此可见，每个人只要用心做好自己的人生财富管理，身心与财富都会健康，家庭自然就会幸福和谐，企业与组织也将得以有序持久的成长，进而改变和优化产业结构，助推经济健康发展，让社会趋向稳定繁荣，与国家共建盛世迈向共同富裕。这是一个自下而上的微观内需引擎，是一条由微观人生财富管理牵动宏观经济发展的生发之路；同国家自上而下的宏观经济引擎，用宏观调控与金融服务造福民生的发展之路产生共鸣与互补。这也有效形成了微观财务自循环与宏观经济大循环的“经济双循环”推拉闭环，将国家战略与百姓幸福融合连接在一起，并产生共振和共赢的局面。

这是一本将理念、标准和工具高度融合的工具应用书，有点烧脑，但值得反复研读和实操，会受用终生的。

本书还特别为读者们在每个章节后面，安排了一个“小训练”的版块，方便大家学以致用，便于吸收。

由于本人的能力有限，部分观点和方法尚存许多提升的空间，还望有识之士和志同道合的伙伴多多指教！共同推进！造福一方！

贾昌勇

图　“十字表”家庭财报

这是一个专为个人及家庭提供人生规划与财富管理的工具，填补了私人财富管理行业没有专业工具的空白。

家庭财报

十字表®

姓名： 性别：
职业： 年龄：
私人财富顾问：

财富安全 A 保障资产 = 生命资产

财富独立 B 净值为正数

财富自由 C 理财收入 > 月支出

月收入

项目	子项	收入
工作收入	本人工资	
	配偶工资	
	养老金	
主营收入	经营利润	
C 理财收入	股权分红	
	房产租金	
	现金利息	
	数字收益	
	固定收益	
	浮动收益	
	保障收益	
	另类收益	
转移性收入	赠予所得	
其他收入	随机所得	

总资产

项目	子项	资产
生命资产	本人	
	配偶	
	本人/配偶	
主营企业		
企业资产		
房地产		
金融资产 A	现金类	
	数字类	
	固收类	
	权益类	
	保障类	
另类资产		
转移性资产		
其他资产		

月支出

项目	子项	支出
生活支出	本人开销	
	配偶开销	
	赡养费用	
	孩子费用	
	兴趣/爱好	
信贷支出	抵押/信用	
投资支出	强储/长期	
保障支出	统筹/商业	
公益支出	社会/家族	
其他费用	不可预见	
税金支出	所得税	

总负债

项目	子项	负债
生活负债	工作期	
	退休期	
生活规划		
	人生梦想	
贷款负债		
投资规划		
保障规划		
传承规划		
其他规划		
税务规划		

月结余

B 净值

手中现金________________元

所有数据仅用于规划，不作为实际投资使用。

第一章

家家都有一本“糊涂账”

无论是单身，还是夫妻二人刚组建的家庭，或是三口人的家庭，甚至是四世同堂的大家族，我们都希望拥有富裕、平衡和圆满的幸福生活……

然而，我们都离不开衣、食、住、行等各种各样的日常生活开销，以及对未来婚姻、生育、教育、健康、养老等方方面面的规划打算，如果问我们这一生需要花多少钱，答案基本上是“不知道”。同样我们都会有赚钱、储蓄、投资和让资产增值的需求，如果问我们这一辈子打算赚多少钱，那么答案基本上都是“越多越好”。在这种不清楚底线和追逐无上限的欲望之间，常常还会面临各类投资风险、信贷压力和金融陷阱等诱惑与考验。这些错综复杂的状况、要素和数据就构成了大多数家庭的一本“糊涂账”，推动并记录着我们推着来、走着看、赶着活、没有底的一生轨迹。

其实，人生没有一本简明扼要的指南和使用说明书，教我们如何规划和优化自己的一生；特别是在金钱和财富方面，更没有财富地图、操作系统以及工具方法供我们参考。因此，大多数家庭都处在“为财所困”的状态，要想迈入共同富裕的新社会，不仅需要国家的推动，更需要每个人及家庭自身提升金融素养和财务能力，来承接这个时代的红利。

所以，一个针对个人和家庭的财富管理工具成为历史性的召唤，于是家庭财务报表（简称“家庭财报”）就孕育而生了！

很显然，“家庭财报”是由两个主要部分构成，第一部分是以家庭为主体的，每一位家庭成员全生命周期的**人生规划**。第二部分是围绕这一规划所产生的各种财务所需和财富创造，而进行的**财富管理**过程。接下来我们将分别深入探讨一下。

第一节　全生命周期

那么我们就需要了解一下全生命周期到底是一个什么样子，人生又有哪些财务所需呢？这就要从一张图开始说起，人生就如同这三条线，如图1-1所示。中间这条线象征着我们自己，这是一条生命线，是一张单程票，从 0 岁到 120 岁。为什么要设定为 120 岁呢？因为每 12 年为一轮，是一次循环，人生就是由十轮 12 年组成的人生百年，也就是两个甲子颐养天年，这也是现代人与生命科技共同奋斗的新目标。

人生可以分为三个阶段，第一个阶段是培育期，从出生开始到被培养成才参加工作为止。这个阶段完全是一个财富发现和培育的天使投资阶段，需要两轮 24 年的时间。主要目标是发现与培育自己的爱好、兴趣、特质，形成核心能力，并寻找和建立起自己的志向、使命，最终达到成才的目标，同时也要确保身心健康地成长。

第二个阶段是工作期，是从踏入社会工作开始到退休享受养老生活为止。这个阶段也是人生最主要的财富创造和财富流转的阶段，大约持续三轮 36 年的时间。主要包括自我经济的独立与成人习惯的养成，恋爱、结婚、夫妻共同经营家庭并养育儿女成人，工作的不断积累与事业的兴衰起伏，投资理财规划与风险控制管理，体验上有老下有小充满压力和转机的中年生活。

第三个阶段是退休期，从退休养老生活开始到去世为止。这个阶段是充分享受财富、传承财富和让财富再生的阶段，时间跨度在两轮到五轮之间，也就是 24—60 年之间。这要根据身体保养和资金准备的状况而定。这段时间需要做好退休重生的规划、财富的传承和节税的筹划、公益的捐助和监管的机制、善终的安排和最后的心愿。

那么最上面的生命线就象征着我们的父母，我们要感恩父母给予自己的生命，珍惜并接纳所有的一切；我们要孝敬父母、回报养育之恩，帮助父母完成无法实现的心愿；我们要让父母安享晚年，没有遗憾地走完人生最后的旅程。

而最下面的生命线就是我们的孩子，首要是优生优育、立志成才；其次是辅助其成家立业；最后做好财富传承与财富再生的安排。

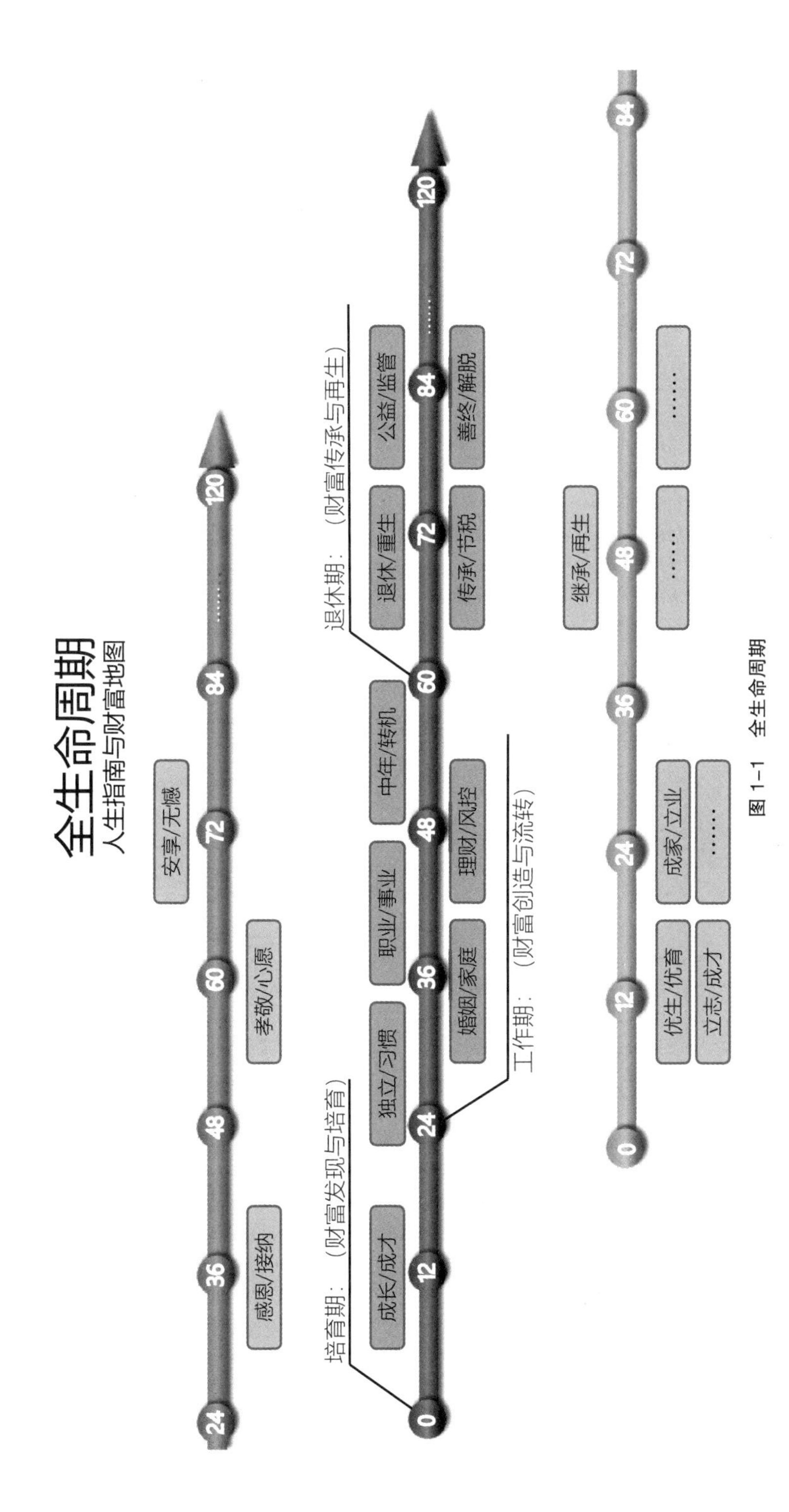
全生命周期
人生指南与财富地图
感恩/接纳
孝敬/心愿
安享/无憾
培育期：（财富发现与培育）
成长/成才
独立/习惯
职业/事业
中年/转机
退休期：（财富传承与再生）
退休/重生
公益/监管
婚姻/家庭
理财/风控
传承/节税
善终/解脱
工作期：（财富创造与流转）
优生/优育
立志/成才
成家/立业
继承/再生
……

图1-1　全生命周期

“人生三条线”就构成了每个家庭的全生命周期，也是一份人生指南和财富地图，无论是贫穷还是富贵都脱不开这张图。每个人都在用自己的人生轨迹勾勒和绘制属于自己的人生财富全景图。

第二节　一辈子就是 1∶4 的收支平衡模式

这张全生命周期蕴藏着许多秘密和规律，其中之一就是 1∶4 的收支平衡规律。

在整个全生命周期中，并不是每个时期都能创造出价值来兑现财富。通常情况下，我们的人生赚钱与花钱是呈现出 1∶4 的模式，也就是说 1 个时期赚钱，来支撑 4 个时期花钱，并且要做到现在和未来的收支都能平衡。

那么是什么时期赚钱呢？这 1 个时期恰恰就是我们现在所处的工作期，这是我们一生主要创造财富的阶段，如果规划得当，还可以创造出多条收入管道，打破对人的依赖和时间的界限。

那么是什么时期花钱呢？有 4 个时期、3 代人需要我们支付费用和成本来照顾。

第 1 个时期是我们现在创造财富的工作期。我们在创造财富的同时也要消耗基本的生活费用，如每天都有吃饭、穿衣、往来等日常开销，另外，还要支付相匹配的品质生活成本，如购房、买车、度假等大额支出，这是我们工作期的生存成本。

第 2 个时期是我们未来享受财富的退休期。我们在退休的时候不需要工作了，但需要持续不断的养老费用和医疗费用，有时候还需要准备一些晚年所从事爱好和事业的启动资金以及旅游基金，这是我们晚年幸福的本钱。

第 3 个时期是上一辈老人的赡养期。我们将面对两个家庭 4 位老人的局面，除了老人们自己的养老费用之外，作为儿女要回报父母的养育之

恩，需要准备两笔赡养费用，用于双方老人日常的照顾和紧急情况下的不时之需，这也算是我们偿还童年的费用吧。

第4个时期是下一辈孩子的抚养期。我们在培育孩子成长的同时要做好资金准备和规划。首先，是日常的养育费用，虽然只多了一张嘴，但成本却比大人高，这也是现在养孩子的特点。其次，是长期的教育费用，从早教、幼儿园、小学、初中、高中到大学是一项长期投资，是一笔可观的预算。最后，是婚嫁和创业基金，为人父母总想给孩子最好的，担心孩子受苦，送了一程又一程，这就是我们的责任和义务。

收支1∶4的模式，就是人生一辈子收支平衡的基本规律，是从人生全貌的角度出发，需要自己进行整体的规划和把握。可是在现实生活中，大多数家庭往往是走一步看一步的线性思维，时常出现规划不当造成收入增长乏力、支出与负债加重、伴随风险爆发的状况，导致生活拮据和财富失衡的局面。

第三节 每个家庭都需要一份“家庭财务报表”

面对人生每一个阶段的财富创造和财务所需，我们需要一个操作系统和工具方法，来经营和管理好家庭的这本账。

可是我们发现，无论是在西方还是在东方，竟然找不出一个专门为个人和家庭，提供人生规划与财富管理简单而有效的工具，这是为什么呢？

这是因为在已知的人类历史中，财富起初始终掌握在少数人手中，后来慢慢地沉淀形成了资本家，随着文明的进步与社会的发展，富裕的中产阶级逐渐拥有了自己的财富和生活方式，成为支撑社会发展的中坚力量，到如今财富已经走进了寻常百姓的家中，这成为一种普惠于民、盛世可期的趋势。人生规划与财富管理已不再是少数有钱人的专利了，而是每一个家庭、每个人一辈子的终身事业和幸福所在。

如今，我们将企业财务管理的三张表，即利润表、资产负债表、现金流量表创新融合为一张“十字表”，专为个人与家庭提供人生规划和财富管理使用，填补了私人财富管理行业没有专业工具的空白。这是一个简单、高效、超好用的工具，它可以用来规划自己的人生和家庭的未来，也可以用来管理家庭的财务和资产的配置。就像一个“个人/家庭财务报表”一样，掌控着家庭的财运与幸福。

“十字表”就是“家庭财务报表”，简称“家庭财报”。是将人生所有的财务数据分布成4个象限，呈现出十字型，因此得名，如图1–2所示。

“十字表”由4个象限和6大核心数据形成主体架构，6大核心数据分别是收入、支出、结余、资产、负债、净值。

第1象限是由八大资产构成，分别是生命资产、主营企业、企业资产、房地产、金融资产、另类资产、转移性资产和其他资产。这里是我们进行资产配置规划与管理的地方，通过这个象限连接所有的资产，同时也是创造所有资金收入的母体。

第2象限是由五大收入构成，分别是工作收入、主营收入、理财收入、转移性收入和其他收入。这里是我们赚钱的地方，也是资金流入的管道，通过这个象限可以打通所有的生财管道。

第3象限是由七项支出构成，分别是生活支出、信贷支出、投资支出、保障支出、公益支出、其他费用和税金支出。这里是我们花钱的地方，也是内需的动力源，通过这个象限可以控制和管理所有的资金流出，也可以连接外部的所有服务。

第4象限是由八项负债构成，分别是生活负债、生活规划、贷款负债、投资规划、保障规划、传承规划、其他规划和税务规划。这里是我们进行人生规划的地方，也就是各种小目标和梦想的摇篮，通过这个象限可以评估自己一生所需的成本。

这4个象限之间又是相互关联的，第1、2象限组合反映出资产与资金的收益效率，可以及时调整和优化资产配置，确保资金流入。第2、3象限组合反映出当下的收支管理状况与结余水平，养成良好的习惯。第3、4

家庭财报

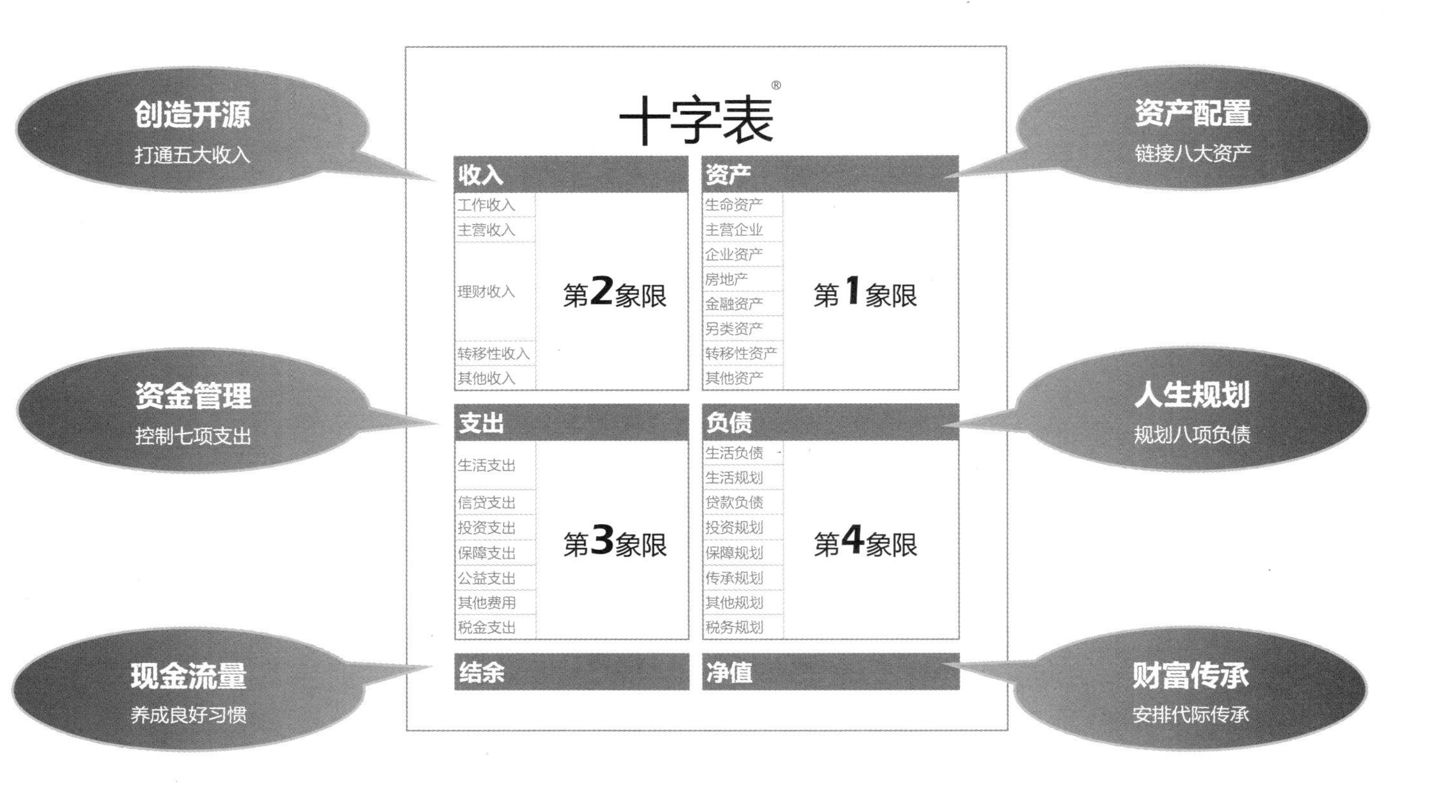
十字表®
创造开源
打通五大收入
资产配置
链接八大资产
资金管理
控制七项支出
人生规划
规划八项负债
现金流量
养成良好习惯
财富传承
安排代际传承
收入
工作收入
主营收入
理财收入
转移性收入
其他收入
第2象限
资产
生命资产
主营企业
企业资产
房地产
金融资产
另类资产
转移性资产
其他资产
第1象限
支出
生活支出
信贷支出
投资支出
保障支出
公益支出
其他费用
税金支出
第3象限
负债
生活负债
生活规划
贷款负债
投资规划
保障规划
传承规划
其他规划
税务规划
第4象限
结余
净值

图 1-2　“十字表”

象限组合反映出支出与负债的流动轨迹，可以有效地控制资金流出的方向，是投资与消费的分水岭。第 1、4 象限组合反映出目前及这一生资产与负债的平衡能力，净值是正是负，人生能否平衡，是否需要安排代际传承。

整个“十字表”就是一份“家庭财报”，所有数据都是上下、左右联动着，4 个象限也是循环的、闭环的逻辑关系，就像一部引擎一样，是一个自循环体系，既能持续不断地驱动着自己的人生，也能牵动着外部的经济循环运转。

“十字表”虽然很简单，但是初次接触和使用还是需要一点点时间来认识和练习的，不过很快就能掌握，也会得心应手，还会受用终生。

第四节 “十字表”初体验

为了让大家更好地学习和掌握这个简单超好用的工具和方法，我们将用多个案例在不同的家庭成长阶段进行拆解与分析。

我们先来体验一下第一个案例：

身为 25 岁男性，刚刚踏入社会不久的“小福禄”（化名），也算是个二代了，但不是什么富二代，而是一个科二代，身体内流淌着父母的科技基因，现在也从事着 IT 工作。虽然对自己未来的成长轨迹和人生全貌不是十分清晰，还处在人生的打拼阶段，但是就目前的财务状况和人生处境还是比较了解的。

“小福禄”每个月有 15, 000 元的工资收入，这在同龄人当中是一份不错的收入了。能赚敢花，单身一人没有负担，每个月杂七杂八的要花掉 8, 000 元的生活费用。另外还有两项必须支付的费用，一项是贷款买了房子，每个月要支付 4, 246 元的房贷，另一项是要支付 600 元的保险费，这样下来每个月还有 2, 154 元的结余。此时正计划着买车，生活过得还是很

惬意的。

那么“小福禄”是不是就能这样一直惬意地度过一生呢？这很难说！因为人生还有太多的需求和变数，左右着人生的走向。

我们无法通过这些生活节点的财务数据来断定“小福禄”一生的命运走势，但是可以透过这些财务数据建立起一个人生全貌的认知架构，来预判和规划自己的人生，从而达到有效投资和高效管理自己人生的目的。

这就需要“十字表”来大显身手了，让我们来亲手盘点一下“小福禄”人生的这本账吧。在盘点“小福禄”的这本账之前，还需要厘清几个关联数据，也就是收入和支出所对应的资产与负债的财务数据。

首先，“小福禄”每月收入 15,000 元，一年就有 18 万元的收入，目前 25 岁能工作 35 年，按平稳的状态计算，一生就是 630 万元的总收入，这就是一份“生命资产”。同时也需要支付相应的生活成本，以目前每月 8,000 元的支出为标准计算，工作期 35 年需支付 336 万元，退休期假定生活至 85 岁，25 年则需要准备 240 万元。当然这一切都会有所改变的，关键要建立起人生全貌的认知架构。(*这里暂时没有将资产和收入的增长，以及通货膨胀的因素考虑在内，因为不方便计算展示，也不易于建立基本架构*)

其次，“小福禄”每月还贷 4,246 元购买的价值 100 万元的房子，贷款 80 万元，年利率 4.9%，需要 30 年付清，贷款总额约为 153 万元。

第三，“小福禄”每月投资 600 元购买的保额 30 万元的保险，需要投资 20 年，累积保费为 14.4 万元。

最后，“小福禄”计划购买一辆价值 60 万元的车子。

接下来，我们将这些零散的财务数据分别填写在“十字表”4 个象限所相对应且关联的表格里，同时简单地核算一下 6 大数据，也就是月收入、月支出、月结余、总资产、总负债、净值。经过这样一次财务报表的盘点，看看我们会得到什么，如图 1-3 所示。

这就是“小福禄”的财富画像了，如此清晰而简单的一本账，一幅人生全盘的财务架构图就跃然纸上了。

虽然“小福禄”的财务数据并不多，但是整个数据的联动和循环关系很清楚。左半部分第 2、3 象限，是现在的收入与支出管理状况，月收入为 15,000 元，月支出为 12,846 元，有 2,154 元的结余。右半部分第 1、4 象限，则是未来一生的资产和负债平衡状况，总资产为 760 万元，总负债为 803 万元，净值有-43 万元的缺口。上半部分第 1、2 象限，构成了资产与资金的收益状况和资金流入，基本上是靠“生命资产”创造的每月工资收入 15,000 元，其他的房地产和金融资产目前无收益。下半部分第 3、4 象限，构成了支出与负债的流动轨迹，主要是生活负债、房屋贷款和保障支出，形成了资金流出。人生的这本账真是一目了然了。

当有了“十字表”这个法宝之后，我们要用它做什么呢？

第五节　财富平衡才是真正的目标

明白了“十字表”的结构和运转原理之后，我们就需要探索一下“十字表”运转和应用的目标究竟是什么？

长期以来，我们常常是把目标搞颠倒了，错把赚钱当成了人生与家庭的目标，而且希望赚得越多越好。

其实，金钱只是实现目标的重要手段和工具而已。没有是不行的，如果匮乏，生活就会变得很拮据，深陷于困苦之中。如果过度追逐，就容易掉进金钱游戏的陷阱之中，疲于奔命疯狂赚钱，终其一生在钱眼中打转而无法自拔，浪费掉自己宝贵的一生。因此平衡才好。

所以，人生规划与财富管理的目标并不是用有限的生命去赚取无限的财富，而是在创造生命价值和满足生活所需中，达到财富平衡和人生圆满的状态，并在整个过程中时时刻刻获得幸福感。

十字表®

月收入		15,000
项目	子项	收入
工作收入	本人工资	15,000
主营收入		
理财收入		
转移性收入		
其他收入		

总资产		7,600,000
项目	子项	资产
生命资产	本人	6,300,000
主营企业		
企业资产		
房地产	住宅	1,000,000
金融资产	保障类	300,000
另类资产		
转移性资产		
其他资产		

月支出		12,846
项目	子项	支出
生活支出	本人开销	8,000
信贷支出	房屋贷款	4,246
投资支出		
保障支出	商业保险	600
公益支出		
其他费用		
税金支出		

总负债		8,032,492
项目	子项	负债
生活负债	工作期	3,360,000
	退休期	2,400,000
生活规划		
贷款负债	房贷总额	1,528,492
投资规划		
保障规划	健康基金	144,000
传承规划		
其他规划	买车	600,000
税务规划		

月结余	2,154

净值	-432,492

图 1-3　财务数据盘点

这个目标简单概括就是四个字：“财富平衡。”平衡就是目标，平衡也是财富，平衡还是幸福，平衡更是智慧。

“十字表”将“财富平衡”的理念与目标，转化和量化为三大指数，分别是**A**财富安全指数、**B**财富独立指数和**C**财富自由指数，这样就形成了一套标准与尺度，并落实与应用在日常生活中。当完成了这三大指数时，就实现了财富平衡的目标。我们的财富就处在一个平衡和富足的状态，我们的生活自然会幸福起来，我们的心智也会回归到平衡与圆满。如图1-4所示。

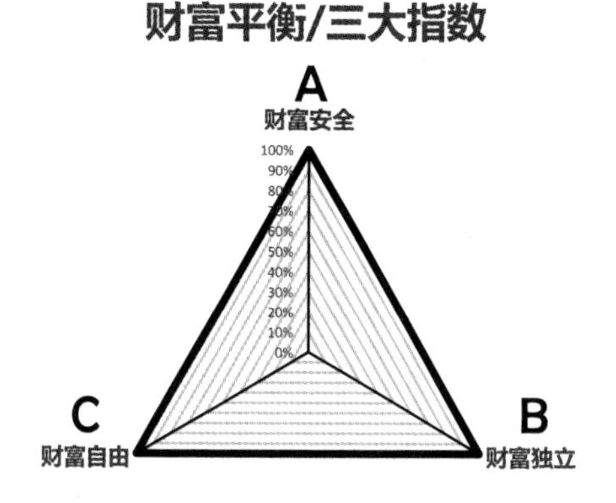

目标		标准	意义	根本	
财富平衡	A 财富安全指数	保障资产=生命资产	以人为本	知根	知止
	B 财富独立指数	净值为正	以终为始	知底	
	C 财富自由指数	理财收入>月支出	以使为命	知足	

图1-4 财富平衡的三大指数

那么这三大指数到底表达的是什么意思？又该如何实现呢？让我们继续探寻下去。

A 财富安全：以人为本

标准：保障资产=生命资产

人们终其一生都想追逐和创造财富，却忽略了创造这些外部财富背后

最根本的财富是什么。那就是自己最宝贵的生命，生命不仅是身体和心灵，生命还是一份资产与财富。所以我们将之命名为“生命资产”，是与生俱来、独一无二、无与伦比的根本财富和原生资产，是创造一切财富的根本。

那么如何衡量这份“生命资产”的价值呢？我们用一个公式来表达：(生命资产=1个人的月收入×12月×成长率×工作年限)。就是一个人这一生所创造的价值总和，通俗点讲就是一个人这一辈子所能赚的钱，像一笔应收账款，是一生中主要的经济支柱和收入来源。其实，人的一生只不过是将“生命资产”不断地开发和兑现成外部成果而已。

这也是古圣先贤们所倡导“以人为本”的理念，通过人生规划与财富管理的方式，将生命价值进行评估与衡量，转化应用和落地了，并将“生命资产”首次写入“十字表”的资产项中。

“生命资产”是如此重要，却往往被人们所忽视，甚至是不珍惜，常常处于危机与危险之中。试想如果没有了“生命资产”，我们将失去最根本的财富，将丧失命运的掌控权，将中断源源不断的经济收入，将无法为家人兑现爱的承诺与未尽的责任……人生的这本账也将无法运转下去。

所以“生命资产”不但是最大的财富，也是最大的风险，“生命资产”的健康与安全是首要问题，是重中之重！只有通过保障资产才能保护生命资产的安全，用保障资产锁定“生命资产”所对应的价值，做好风险对冲和经济补偿，无论发生什么风险，都能兑现生命价值，这就是第一个财富安全目标。

能明了和完成这个目标，就说明对根本性问题有了根本的认知，我们称之为知根。

B 财富独立：以终为始

标准：净值为正

许多人之所以盲目投资，对高收益充满贪婪之心并时常深陷于骗局当中，除了缺少专业知识和经验之外，最根本的原因是对自己未来生活的需求、目标和规划不清楚、没有底。不知道这一生要花多少钱，也不知道这一生能赚多少钱，如果必须回答的话，那就只有四个字“越多越好”。这样一来，必定会陷入疯狂追逐金钱的游戏之中，对未来充满了担忧和恐惧，进而产生了贪婪，造成当下的野蛮投资和赌博心态，酿成无数的人生悲剧。

因此，有效地规划好我们这一生想要的生活，评估好所需的成本，再来看一看我们这一生所创造的资产，够不够支付这一生所消耗的负债。如果净值是负数，那就是资不抵债，人生尚未财富独立，需要我们继续努力打拼，增加资产或者控制欲望来减少负债。这个净值的缺口，就变成了一个明确的财务目标，以此为奋斗目标，整合所有的资源与时间，倒推我们的人生规划和财富管理。这样我们的心里就有数了、踏实了、知底了，就会少一分恐惧和贪婪。这就是以终为始的倒推模式和实操方法。如果净值是正数，那太好了，这表明已经完成了第二个财富独立目标，可以考虑财富传承的事情了。

这样看来，我们一生就是一本财富平衡的账，就是需求与欲望之间的平衡，也是资产与负债之间的平衡，焦点就是财富是否独立，这也是人生的底线和原则，我们称之为知底。

C 财富自由：以使为命

标准：理财收入>月支出

一个人来到这个世界上，不是为了赚钱，是为了寻找自己的使命和实现自我价值。但往往又被金钱所困惑，深陷在辛苦劳作和疯狂赚钱的模式

之中。想摆脱金钱的束缚，成为金钱的主人，追求财富自由便成了我们的普世价值和目标。财富自由这个概念是罗伯特·清崎先生提出来的，曾经帮助过许许多多的人。

通过资产所创造的理财性收入，超过我们的生活支出时，就实现了财富自由。这就意味着我们不用通过工作收入来支付我们的生活费用了，我们的收入结构发生了改变，我们可以不为收入而工作，去选择自己最想做的事情了。

但是也有许多人奋不顾身地投进了金钱游戏的世界中，与金钱博弈，同时间赛跑，为此放弃了工作，甚至是事业。渐渐地财富自由变成了追逐更多财富的动力和人生攀比的目标，甚至推高了相关资产价格，制造出大量的资产泡沫和金融空转的现象。我们的自由仿佛空中楼阁一般，建立在无常变化的市场周期与系统风险之中。

真正的财富自由是让生命得到解放，是让我们工作的目标，从被动的生存转移到更美好的生活上，进而可以探寻自己生命的使命和意义。只有活出了自己的使命与热爱，才算是实现了人生的价值，这是一种内在财富的自由。所以真正的财富自由是建立在经济自由基础上的生命自由。

因此，财富自由是让我们知道，这一生赚多少钱才能足够自由地生活，我们称之为知足。知足才能常乐，知足才能免于落入金钱游戏的陷阱之中，知足才能用余生宝贵的时光，以使生命活出真正自由的真我。

当我们达成了**A**财富安全、**B**财富独立和**C**财富自由这三大指数的时候，我们就实现了财富平衡的目标。我们最核心的生命资产就安全了，人生的这本账也能独立与平衡了，再也不为金钱所困了。这就做到了知根、知底和知足了，进而懂得知止呀，就此踏上了人生圆满的道路。

第六节　第一份“个人财报”出炉

没错！不管有多么精通这张财务表，如果没有正确的方向和目标来引导，一切都将是徒劳的，甚至是相反的。因为人生与财富的目标，不是钱赚得越多越好，而是要达成A财富安全、B财富独立和C财富自由这三大指数，从而实现财富平衡的目标。

这样就需要我们继续拿起笔，将这三大指数的关联数据计算出来……

“小福禄”这张“个人财报”的结果出来后很是意外。这三大指数都是负值，并且是一个财富失衡的状态，如图1-5所示。

A财富安全指数只有5%，存在600万元巨大的保障缺口。无法保障生命中最重要的资产安全，保障意识不足，风险承受力脆弱，没有安全感。

B财富独立指数已达到95%，还差43.2万元的财务缺口。这是此刻能够看到的人生财富全貌，仍属于资不抵债。虽然这一生所创造的资产几乎可以支撑生活所需的负债消耗，但还是存在不小的缺口。特别是“小福禄”尚处于年轻单身状态，人生的各种需求还未充分显现。这需要做好两个方面的努力，一方面需要增加资产，来获得充分的成长和收益；另一方面需要控制欲望，进而减少负债，使净值为正。

C财富自由指数为0%，还没有起步，存在1.28万元的理财收入缺口。也许是由于比较年轻，或者是因为没有开窍。收入结构比较刚性，依赖度过于集中，缺少弹性和自由度，需要从头开始。

从“小福禄”财富平衡的三大指数来看，是属于一种低保障、没独立、不自由的人生财富管理格局，这就是“小福禄”当下财务状况的真实写照。

面对这三大指数存在的财务缺口，我们心理难免会有一些压力，不过转念一想，这也是正常的，毕竟“小福禄”还年轻，也算是刚刚开始，这不正是需要自己通过时间和拼搏去达成吗！这不就是以终为始实现目标的蓝图吗！

那么该如何实现财富平衡的三大指数呢？又该如何将“十字表”应用到日常生活中呢？

个人财报

十字表®

姓名：小福禄　性别：男
职业：IT程序员　年龄：25岁
私人财富顾问：

财富安全 A	财富独立 B	财富自由 C
保障资产 = 生命资产 -6,000,000	净值为正数 -432,492	理财收入 > 月支出 -12,846

月收入		15,000
项目	子项	收入
工作收入	本人工资	15,000
	配偶工资	
主营收入	经营利润	
理财收入 C	股权分红	
	房产租金	
	现金利息	
	数字收益	
	固定收益	
	浮动收益	
	保障收益	
	另类收益	
转移性收入	赠予所得	
其他收入	随机所得	

总资产		7,600,000
项目	子项	资产
生命资产	本人	6,300,000
主营企业		
企业资产		
房地产	住宅	1,000,000
金融资产 A	现金类	
	数字类	
	固收类	
	权益类	
	保障类	300,000
另类资产		
转移性资产		
其他资产		

月支出		12,846
项目	子项	支出
生活支出	本人开销	8,000
	配偶开销	
	赡养费用	
	孩子费用	
	兴趣/爱好	
信贷支出	抵押/信用	4,246
投资支出	强储/长期	
保障支出	统筹/商业	600
公益支出	社会/家族	
其他费用	不可预见	
税金支出	所得税	

总负债		8,032,492
项目	子项	负债
生活负债	工作期	3,360,000
	退休期	2,400,000
生活规划		
	人生梦想	
贷款负债	房贷总额	1,528,492
投资规划		
保障规划	健康基金	144,000
传承规划		
其他规划	买车	600,000
税务规划		

月结余	2,154	B 净值	-432,492

手中现金＿＿＿＿＿＿元

图 1–5　个人财报

其实这张“十字表”和财富平衡的三大指数，早已深埋在每个人的心中，每个人时时刻刻都在使用和运行着，只是没有这么清晰的逻辑和目标而已。因为这是一个人人都需要，却始终未曾被满足的隐性刚需。就如我们在生活中，无论是花钱的时候，还是赚钱的时候，心中都有一本账在计算着，平衡着当下与未来的收益与得失。在人生的每一个成长阶段和重要决策的时候，都离不开心中这本账和自己权衡的目标与原则，这就是人们常说的“心中有数”吧。

接下来，我们将通过不同的家庭结构和成长阶段把人生和家庭的这本“糊涂账”厘明白。

小训练：自己动手绘制一张“十字表”家庭财报，盘点一下自己的这本糊涂账吧！

在这页白纸上，画出横竖两条坐标线，分割成4个部分，像个十字一样。分别代表月收入、月支出和月结余、总资产、总负债和净值。

1. 盘点数据：

将自己的各项收入、各类支出、所有资产，以及人生规划和相关负债，分别计入“十字表”4个象限之中，看看自己是否有结余，净值是正还是负。

2. 核算目标：

然后核算一下A财富安全、B财富独立和C财富自由的目标，看看自己的财富是否平衡？还有多大的缺口？

小训练
只看不练，功夫白费！我们也来训练一下吧：

第二章

单身就从读懂和使用好“个人财报”开始……

单身也是一种家庭模式。无论是刚走出校门踏入社会，还是经历了一段婚姻而选择独身生活，或是终身一人享受人生，都要面对人生和财富的问题，都需要从读懂和使用好这张“个人/家庭财报”开始。

第一节　钱是如何流转的

钱的形态是多种多样的，随着钱的使用、流动和转化，钱也会以各种各样的存在形式和功能来命名。

比如说，钱放在自己手里称为现金，将手里的现金花出去称为支出，支出又分为投资与消费。其中，投资是将手中现金转化为各类有价值的资产，如果将钱存进银行，钱就变成了储蓄存款而获得利息；如果将钱投资创业，钱就变成了股权，有机会分享红利；如果用钱购买商铺，钱就变成了房产，获得租金收益。这些资产所创造的各种收益称之为资金收入，回流到我们手中又变成现金。

而消费是将手中现金转化为各类短期或长期的负债，比如花钱购买了一件衣服，钱就变成了漂亮的面料和款式，愉悦自我之后就开始慢慢折旧，还需要一个空间来收纳它；又如花钱购买了一辆心爱的汽车，钱就变成了代步工具和财富标签，随着出行的方便和生活品质的提升，车子的各项维护、油耗、保险等费用也慢慢地形成了长期负债。负债会将我们的现金慢慢地消耗殆尽。

如果面对投资和消费，手中现金不足时，我们还可以凭借自己的资产和信用借钱，这称之为融资或信贷。这整个过程就是金钱流转的轨迹，也叫作现金流或资金流。

我们运用“十字表”家庭财报这个工具，就能看清和驾驭资金的流转，不同的流动方向和循环状况反映出我们对财富管理的认知、习惯及能力。

我们通过一个案例来体会一下：

一位在大城市化妆品公司打拼的女高管，“江小妹”（化名），28岁单身一人，有房有车，是圈内姐妹们的主心骨。很有孝心，给父母在老家贷款买了房。虽然收入和生活条件都不错，但潜在的经济压力也不小，有不少贷款。在行业内积累了一定的经验和人脉，一直想创业做老板，但没钱也缺少点胆量，总觉得钱不够用。

“江小妹”每个月的工资是18,000元，作为一名独立女性来说已经是很不错的啦！每个月的生活开销大约需要10,000元，这也是比较有品质的生活了。不过还有一些贷款需要支付，其中，自住房每个月需要支付5,307元贷款，孝敬父母改善住房，每月需要支付2,123元贷款，还有每月需偿还信用贷款利息363元。另外投资了一份保险，每月需支付1,000元的保险费。这样算下来每个月竟然成了入不敷出的“负翁”了，她自己也不清楚为什么会有这么大的压力。

那么“江小妹”的这本充满压力的“糊涂账”，究竟是一个什么样的全貌呢？其中又有哪些关键点会让我们对自己的人生规划与财富管理有所启发和学习呢？

这同样需要“十字表”来助她一臂之力，在盘点这本账之前，先来厘清一些必要的关联数据，便于填写在“个人财报”之中。也就是收入和支出所对应的资产与负债的财务数据。

第一，“江小妹”每月收入18,000元，一年就有21.6万元的收入，目前28岁，女性一般需工作到55岁，还有27年，按平稳的状态计算，一生就是583.2万元的总收入（18,000元×12月×27年），这就是一份“生命资产”。同时也需要支付相应的生活成本，以目前每月10,000元的支出为标准计算，工作期27年需支付324万元（10,000元×12月×27年），退休期假定生活至85岁，30年则需要准备360万元（10,000元×12月×30年）。当然这一切都会有所改变的，关键是要建立起人生全貌的认知架构。

（这里暂时没有将资产和收入的增减，以及支出与负债的通货膨胀因素考虑在内，因为不便于计算展示，也不易于建立基本架构）

第二，“江小妹”每月还贷5,307元购买的价值125万元的自住房，贷款100万元，年利率4.9%，需要30年付清，贷款总额约为191万元。同时每月还贷2,123元购买的价值50万元的父母改善房，贷款40万元，年利率4.9%，需要30年付清，贷款总额约为76万元。还有每月偿还信用贷款利息约为363元，年利率4.35%，本金为10万元。

第三，“江小妹”每月投资1,000元购买的保额50万元的保险，需要投资20年，累积保费为24万元。

第四，“江小妹”有一部价值30万元的车子。

第五，“江小妹”还有一个心愿，准备规划一笔100万元的赡养基金，留给父母。

接下来，我们将这些关联的财务数据分别填写在“十字表”个人财报的4个象限对应且关联的表格里，并核算出月收入、月支出、月结余、总资产、总负债、净值这6大数据，最终核算出财富安全、财富独立和财富自由这三大指数的缺口。一张“个人财报”就呈现出来了，如图2-1所示。

从“江小妹”的“个人财报”中不难看出，关键数据和指标都是负值，这说明在财务上一定存在着一些问题，我们一起来分析一下。

从左半部分由第2、3象限所构成的收支管理水平看，这反应的是当下的财务状况，体现出“江小妹”目前是一个靠单一收入，很敢花钱并透支消费，结余为-793元，靠信用卡生活的光鲜高管。

从右半部分由1、4象限所构成的资产与负债的平衡能力看，这是以当下的财务数据和假定推算出来的未来状态。在资产项中，既包括目前的显性资产（如：房产等），也包含未来的隐性资产（如：生命资产）。在负债项中，既包括现实的显性负债（如：房贷等），也包含未来持续发生的

个人财报

十字表®

姓名：江小妹　性别：女
职业：高管　年龄：28岁
私人财富顾问：

财富安全 A	财富独立 B	财富自由 C
保障资产 = 生命资产 -5,332,000	净值为正数 -2,442,865	理财收入 > 月支出 -18,793

月收入　18,000

项目	子项	收入
工作收入	本人工资	18,000
	配偶工资	
主营收入	经营利润	
C 理财收入	股权分红	
	房产租金	
	现金利息	
	数字收益	
	固定收益	
	浮动收益	
	保障收益	
	另类收益	
转移性收入	赠予所得	
其他收入	随机所得	

总资产　8,412,000

项目	子项	资产
生命资产	本人	5,832,000
主营企业		
企业资产		
房地产	自己住宅	1,250,000
	父母住宅	500,000
金融资产 A	现金类	30,000
	数字类	
	固收类	
	权益类	
	保障类	500,000
另类资产		
转移性资产		
其他资产	汽车	300,000

月支出　18,793

项目	子项	支出
生活支出	本人开销	10,000
	配偶开销	
	赡养费用	
	孩子费用	
	兴趣/爱好	
信贷支出	房贷支出	5,307
		2,123
	信贷支出	363
投资支出	强储/长期	
保障支出	统筹/商业	1,000
公益支出	社会/家族	
其他费用	不可预见	
税金支出	所得税	

总负债　10,854,865

项目	子项	负债
生活负债	工作期	3,240,000
	退休期	3,600,000
生活规划	赡养基金	1,000,000
	人生梦想	
贷款负债	自住房房贷	1,910,617
	父母房贷款	764,248
	信用贷款	100,000
投资规划		
保障规划	健康基金	240,000
传承规划		
其他规划		
税务规划		

月结余　-793

B 净值　-2,442,865

手中现金________元

所有数据仅用于规划，不作为实际投资使用。

图 2-1　"江小妹"的个人财报

隐性负债（如：工作期的持续成本、退休期的养老费用以及各类规划）。在这里，“江小妹”除了体现出很有孝心外，还存在着不小的举债资产，充满压力，净值约为-244万元，是一个资不抵债的局面。

从上半部分由第1、2象限所构成的资产和资金的收益状况看，基本上是靠“生命资产”创造的工资收入，其他资产目前尚无收益。

从下半部分由第3、4象限所构成的支出与负债的流动轨迹看，主要是生活开销形成的长期生活负债和贷款支出所累积的贷款负债。循环增值的投资尚未形成。

最后，从三大指数来看，站在安全的角度上看，目前唯一的收入来源存在保障严重不足的状态，抗风险能力极其脆弱；站在独立的角度上看，当下的结余和未来的净值双双为负，现金流与现金储备都很匮乏，丧失了持续投资的推动力；站在自由的角度上看，大部分的支出与投资没有形成有效的循环与增值并创造出新增的现金流，还是靠刚性的、唯一的收入来支撑。

从“江小妹”的“个人财报”中，我们发现导致她缺钱、窘迫、充满压力的经济生活，其根源在于她不了解金钱的流转规律，没有方法、更没有习惯驾驭好金钱，使其形成良性的、增值的循环运转，所以导致大部分资金处在消耗和流失中。

在我们的财报中，主要有三组资金在流转，第一组是工作收入与生活支出所带动的流转；第二组是投资支出与理财收入所带动的流转；第三组是杠杆信贷与增值收益所带动的流转。简单地讲，就是工作、投资与信贷这三件事。这三组资金流转能否形成良性的、增值的循环运转是关键。同时，随着资金不停地流转也会产生三股力量，分别是原动力、推动力和杠杆力。这些要素随时会影响着我们，可以让生活更美好！同样也可以拖累我们，使生存变得更艰辛。

那么这三组资金是如何流转的？能否形成有效的循环运转？这三股力量又是如何形成并起作用的？这也是人生规划与财富管理的基本认知建立

与关键习惯养成，或许也是许多年轻人普遍存在的痛点吧。接下来我们将一一拆解、进行探讨。

第二节　生命是被忽视了的原生资产

我们先从第一笔收入背后的逻辑谈起……

在“江小妹”的“十字表”个人财报中，目前唯一的收入就是每个月 18,000 元的工资收入，这是通过工作劳动获得的，构成了她主要的经济来源。这说明了一个简单的逻辑关系，工作能够带来工资。从金融专业的角度可以称工资为资金，能带来资金收入，其背后一定有一份资产，而这份资产就是我们的工作能力。这份工作能力是我们生命价值的体现，这份生命价值是一份最重要的资产，却常常被人们所忽视。因为生命价值是无法评估和难以衡量的，这就让以人为本的理念无法落到实处。

于是在这里，我们将之命名为“生命资产”。这是我们人生中的根本财富和核心资产，也是常常被忽视的原生资产。其计算公式为（一个人的月收入×12 月×成长率×工作年限）。因此，“江小妹”的“生命资产”就是 18,000 元×12 月×27 年=583.2 万元（成长率先不设），这是以她目前的收入状况来评估和计算出来的价值总和。这就像是一笔应收账款，构成了她一生中主要的经济支柱和收入来源。退休后还可以通过社保养老金的方式持续获得收入至终身，兑现她一生的价值回报。

而“生命资产”具有创造财富和消耗财富的双重属性，这双重属性就像一对相互推拉的动力源，牵动着资金在“十字表”4 个象限中不停地流转。“生命资产”创造出工作收入（18,000 元/月），工作收入推动着生活支出（10,000 元/月），生活支出形成长期生活负债（工作期：324 万元/退休期：360 万元），长期生活负债维护着“生命资产”的价值创造（583.2 万元）。这整个过程就是第一组资金流转的规律和轨迹，也构成了

生存最基础的财务循环，就像一部发动机一样，生生不息、循环往复地运转着，这就产生了我们赖以生存的原动力。如图 2-2 所示。

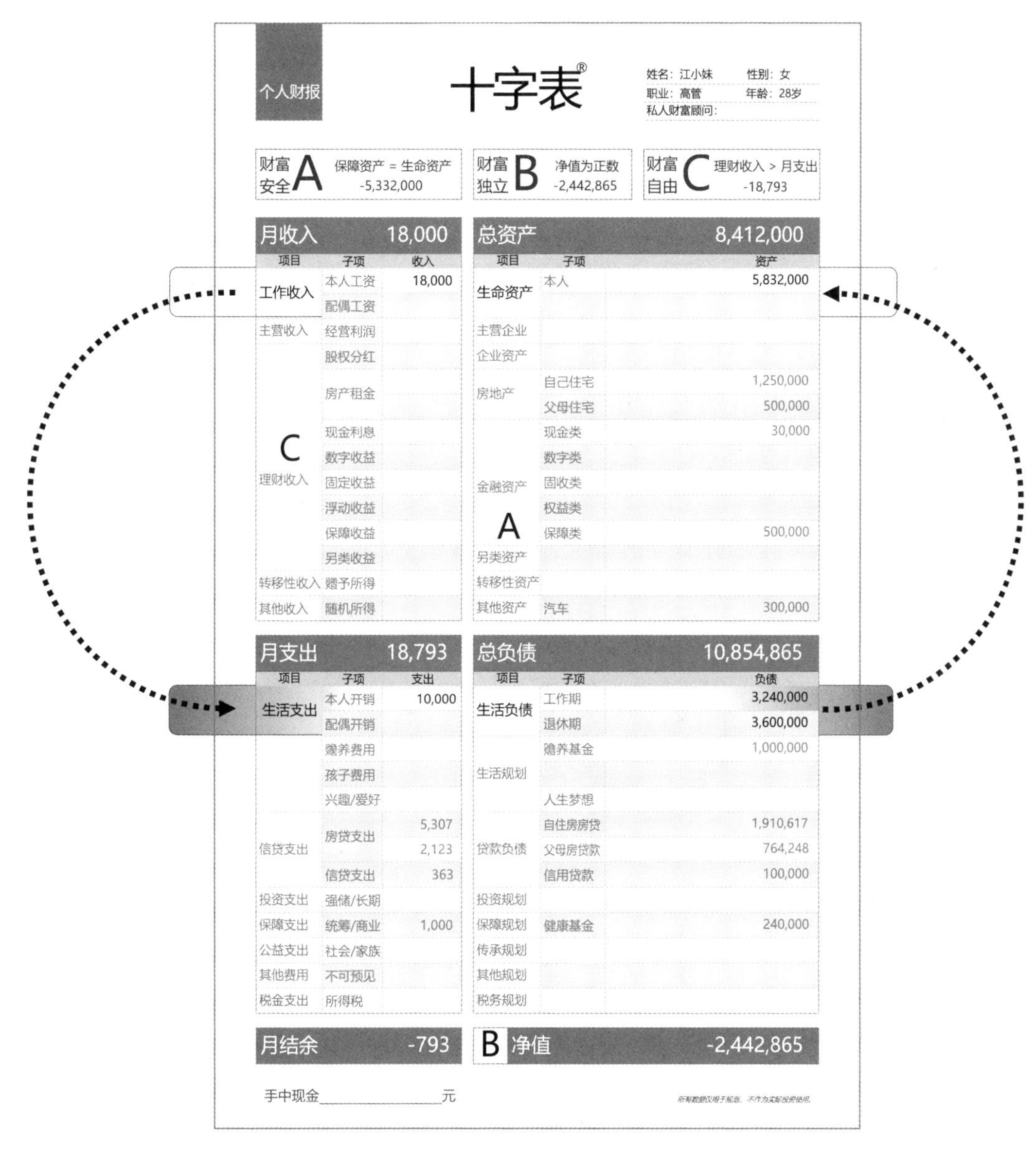

个人财报

十字表®

姓名：江小妹　性别：女
职业：高管　年龄：28岁
私人财富顾问：

财富安全 A　保障资产 = 生命资产　-5,332,000

财富独立 B　净值为正数　-2,442,865

财富自由 C　理财收入 > 月支出　-18,793

月收入		18,000
项目	子项	收入
工作收入	本人工资	18,000
	配偶工资	
主营收入	经营利润	
	股权分红	
C 理财收入	房产租金	
	现金利息	
	数字收益	
	固定收益	
	浮动收益	
	保障收益	
	另类收益	
转移性收入	赠予所得	
其他收入	随机所得	

总资产		8,412,000
项目	子项	资产
生命资产	本人	5,832,000
主营企业		
企业资产		
房地产	自己住宅	1,250,000
	父母住宅	500,000
金融资产	现金类	30,000
	数字类	
	固收类	
	权益类	
A	保障类	500,000
另类资产		
转移性资产		
其他资产	汽车	300,000

月支出		18,793
项目	子项	支出
生活支出	本人开销	10,000
	配偶开销	
	赡养费用	
	孩子费用	
	兴趣/爱好	
信贷支出	房贷支出	5,307
		2,123
	信贷支出	363
投资支出	强储/长期	
保障支出	统筹/商业	1,000
公益支出	社会/家族	
其他费用	不可预见	
税金支出	所得税	

总负债		10,854,865
项目	子项	负债
生活负债	工作期	3,240,000
	退休期	3,600,000
生活规划	赡养基金	1,000,000
	人生梦想	
贷款负债	自住房房贷	1,910,617
	父母房贷款	764,248
	信用贷款	100,000
投资规划		
保障规划	健康基金	240,000
传承规划		
其他规划		
税务规划		

月结余　-793

B 净值　-2,442,865

手中现金________元

所有数据仅用于规划，不作为实际投资使用。

图 2-2　“江小妹”的生命资产循环

不过从这个循环当中不难看出，“江小妹”的生活支出及所形成的生活负债偏高，这将导致财务出现压力，甚至是资不抵债的潜在风险。这就需要及时调整生活习惯和降低生活成本了。

原来创造第一组资金流转并提供原动力的是我们自己，是一个常常被别人、关键是自己都忽视的原生资产。这的确有点让人恍然大悟呀！在这里，财务的计算对于我们来说是必备的基本功了，那么就让我们好好来算算这笔账，看看自己出生在一个家庭中的成功概率是多少，是多么来之不易！

我们的生命来源于父母的生育，假定父母白头偕老不分离，男女一生的生育期最长不超过50年，作为一名女士每月通常有1次受孕的机会，而男士每次约有1亿个以上的精子。如果我们作为一个独生子女来到这个家庭的成功概率将是1/（1亿×12月×50年），也就是大约600亿分之1的成功概率。我们来到这个世界，成为一个生命体，这是多么珍贵而难得的呀！在我们的人生中还有什么能超越这份幸运呢？我们真的要为自己的生命贺一次彩呀！如图2-3所示。

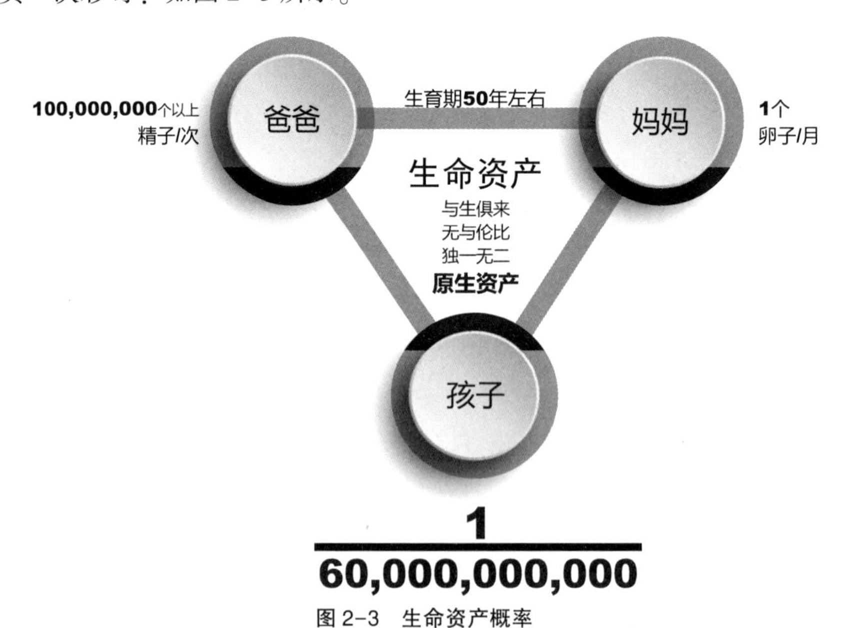

图2-3　生命资产概率

“生命资产”是与生俱来、无与伦比、独一无二、不断增值的根本财富和原生资产,“生命资产”是创造一切外部财富的核心与根本。即便将一生所有的时间和精力投入自己的“生命资产”当中也不为过，因为人的一生就是将“生命资产”不断开发、兑现成外部成果。

不过,“生命资产”也不是一成不变的，会随着人生每一个成长阶段的改变而不断变化，其影响变量分别是生存状态、健康程度、赚钱能力、剩余时间与人身风险。其中，特别是人身风险，对“生命资产”的冲击与伤害是巨大的，往往还会引起一系列的财务风险……有可能因失去最宝贵的“生命资产”而一切化为乌有；有可能因丧失健康而无法行使命运的掌控权；有可能因遭受意外而中断源源不断的经济收入；有可能因没有提前规划安排而无法为家人兑现爱的承诺与未尽的责任……人生的这本账也将无法运转下去，有可能会深陷债务泥潭，甚至崩盘。

那么如何保障生命中核心资产及财务循环的安全，对冲人生中最大的风险呢？有三种方式可以解决。

第一种方式是依靠亲人的帮助，人说“患难见真情”，这是对情感和金钱的双重考验！

第二种方式是社会公益与慈善，当我们遭受意外、健康受损甚至失去生命的风险时，国家、社会团体及爱心人士伸出援手帮助我们。这是一种可遇不可求的高尚行为，是对整个社会公平而非照顾每个人的合理规则。

第三种方式是保险，这是一种以人的生命为标的，有事自助、无事互助、人人公平、契约金融的科学制度和保障资产。平时用少量的资金来锁定，当风险来临时按约定兑付一大笔急用资金，用杠杆原理以小博大解决风险突发问题，免于和降低受经济、情感双重打击的损失。同时保险也是一份优良资产，拥有可保值、可增值、能避险、能免税、可传承等特点。当我们需要救助时兑现帮助，做到独善其身。当我们不需要而别人需要时去救助他人，做到兼济天下。

所以说，保险是解决人生风险的有效方式，保险也是一种科学的公益制度。只要做好自己的保障，不给家人添麻烦，不给社会添乱，其实就是最大的公益了。这样一来就能将最大的风险控制住，并转化成为保障资产，这也是一种智慧了。

这样看来，“江小妹”就需要匹配与自己“生命资产”足额的保障资产来对冲和转化风险。而她目前只有 50 万元的保障资产，还存在着 533.2 万元巨大的保障缺口，这需要逐步进阶完善配置，如图 2-4 所示。

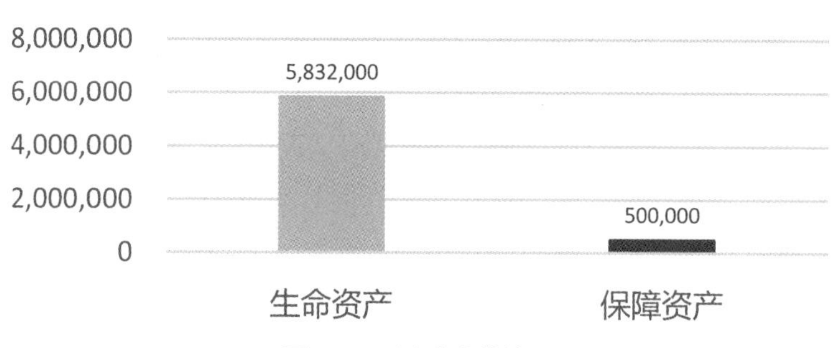

图 2-4　财富安全的缺口

优化建议：现在可以先将“江小妹”的保障资产增加至 100 万元，随着收入与家庭结构的变化再继续完善和优化。

这样一来，整个逻辑关系就十分清晰了，在人生经济学中的核心资产、原动力、财务循环及关键保障就确立起来了，也形成了一个闭环，我们人生的这本财务账就可以运转起来了。对于大多数人来说，“生命资产”及其工资收入，将构成人生大部分的财富和现金流，是人们赖以生存的经济基础和生活保障。每个人都有这样一个主循环系统，生命资产创造工资收入，工资收入支撑生活成本，生活成本形成长期负债，长期负债供养生命资产，周而复始循环往复，直到生命结束。只不过是有活力充盈还是动力匮乏，收支平衡还是资不抵债，持续不断还是时常中断等不同情况。因

此，如何开发、经营和保障自己的“生命资产”，将是人生规划与财富管理最重要的一课。

第三节　有结余，才是理财的第一步

我们再来看看第二组资金流转的规律和逻辑。当我们的收入能够养活自己之后，就需要养成储蓄和投资的好习惯，这样才会慢慢地推动资金在“十字表”个人财报的4个象限中流转并创造出理财收入，这要从收支管理入手。

而从“江小妹”的“个人财报”来看，她的收支管理出现了严重的问题，月支出超过了月收入，造成了月结余为−793元，已经到了透支信用、负债生活的境地了。这样一来，她的结余比（月结余占月收入的比例）已经到了−4%的负值了（−793元/18,000元）。那么结余比的理想值应该是多少呢？正常状态下应该保持在≥20%这个比例，这样才会有充足且持续的投资推动力。而“江小妹”目前不但丧失了这股推动力，相反坠入到负向反循环之中，这需要立刻改变生活习惯、控制支出或增加收入来解决当下现金流的问题。如图2−5所示。

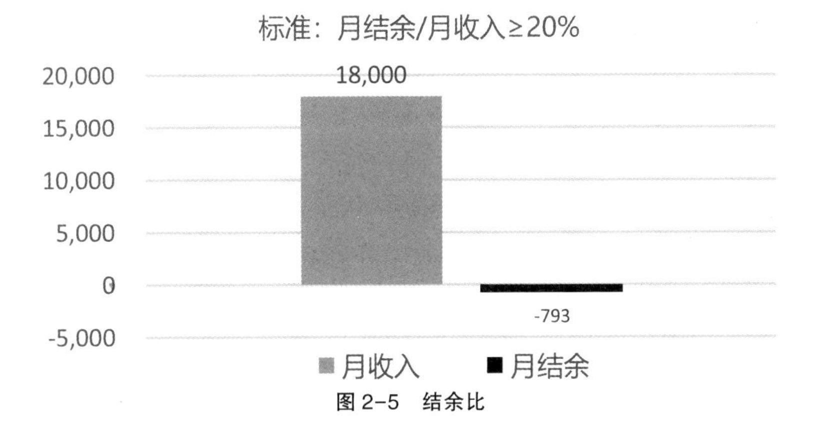

图2−5　结余比

同时，“江小妹”目前的紧急周转金更拮据。一个正常人要确保自己有足够的紧急周转金（现金类资产与月支出的倍数）能够支付6—12月的生活支出，以便应对紧急突发的状况。假如我们无法正常工作而收入中断，那么能够维持多久的生活呢？所以资产配置中现金储备是非常重要的。而“江小妹”目前的应对能力约为1.6倍（30,000元/18,793元），只能支撑一个半月，不能失去工作，不能中断收入，是极其脆弱的。更关键的是这笔现金还是信用贷款剩下的余额。这日子过得也够紧绷的了，再不改变就会崩盘了。如图2-6所示。

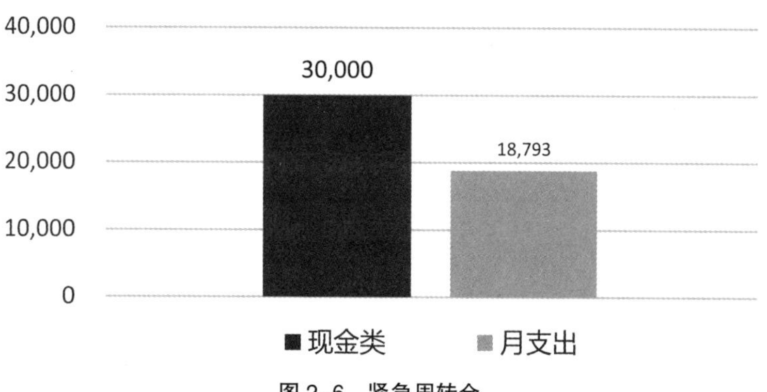

图2-6　紧急周转金

在现金流和现金储备双双枯竭的生活状态下该如何是好呢？

这就需要仔细研读一下这张“十字表”个人财报了。在七项支出中，有一项叫作投资支出，其中包括强制储蓄和长期投资两个部分。通常我们很少在这里填写数字并形成习惯，慢慢地积累自己的原始资金，这就是我们攒不下钱的原因。靠结余攒钱是一个很不靠谱的办法，因为不是每个人都能养成自律的好习惯，人都是很随性的，按照自己的欲望和需求，想买就买，想花就花。这样一看，为什么贷款每个月都能还上呢？因为贷款支

出在每月支出中是个必须项，是强制性的支出，逾期不还就会形成违约行为，这就被动地形成了习惯。

所以必须**改掉一个旧习惯**，就是“收入-支出=结余”这个习惯。因为这个习惯无法使人获得稳定的、持久的原始积累。相反还会经常出现资金断流，甚至举债消费的窘境。因此千万不要去考验人性，那么该怎么办呢？如图 2-7 所示。

图 2-7　收支管理新公式

优化建议：从此刻起“江小妹”需要重新**建立一个新公式**，就是“收入-强制储蓄=随便花”。也就是收入 18,000 元-强制储蓄 3,600 元（收入的 20%）= 随便花 14,400 元。这样一来，就会在投资支出中形成一个强制储蓄的必需项，雷打不动地把资金强制沉淀下来，每年就会有 43,200 元现金流，这就是一股聚沙成金的现金流，也是持续投资的推动力。5 年下来就会形成 216,000 元的现金储备，长期坚持自然会积累起一笔长期且稳定的原始资金。

同时，“江小妹”还需将每个月的生活支出控制在 7,000 元，这样既有所结余，又能减轻长期的生活负债。

这样就自然推动着资金在“十字表”个人财报的 4 个象限中流转起来，通过投资支出（强制储蓄），形成有价值的负债（投资规划），逐步配置为各类资产，最终创造出理财收入，形成持续的推动力，完成了第二组资金流转的闭环轨迹，并周而复始地循环下去。

这不仅仅需要资金的积累、认知的开启和技能的提升，更关键的是习惯的养成。习惯与习性是人生最大的无形力量，趁年轻改掉一个坏习惯，养成一个好习惯是十分重要的。控制好收支管理，做好强制储蓄，留有足够的现金储备和紧急周转金，不做负翁和月光族，有结余才富裕，人生才能走上一个健康的财务之路。

第四节　信贷是把双刃剑

当我们经营好了以自己的“生命资产”为原动力的主循环系统（靠人赚钱），又启动了以资金为推动力的第二个循环系统（靠钱赚钱）后，总觉得不满足，还希望能够撬动更多资金来满足自己的所需和实现增值收益。让我们打开充满杠杆力的第三组资金流转的规律和逻辑，这就是信贷，这是一把双刃剑。

“江小妹”之所以在收支管理上出现了问题，还有一个关键因素在于她没能有效地控制好信贷管理。

在投资中，最大的财务陷阱就是深陷债务当中，特别是贷款。贷款是把双刃剑，有杠杆作用。使用得当会促进资金的放大，并透过负债推动资产的增值，同时创造出新增的现金流，完成资金在“十字表”4 个象限中的循环增值运转，从而获得更大的收益。如果使用不当，没有获得资产的增值和正向的现金流，无法让“十字表”4 个象限循环运转起来，那就变成了消费性的负债，加重了生活成本，降低了抗风险能力，埋下了债务的隐患。

在“江小妹”的“个人财报”中可以看出，她主要面临两种贷款，一种是房产按揭贷款，也就是用她购买的房产产权做抵押进行的长期贷款；另一种是信用贷款，根据她目前的收入能力、信用额度和还款能力而获得的短期贷款。

这里有一个问题，任何事情都有两面，有收益也会有风险。当一个人在透支使用未来的收益时，风险也会如影随形，使用不当还要承受多重风险叠加的煎熬，掉进债务陷阱。

因此，需要妥善控制好债务管理，这要从两个方面着手。

首先，是信贷比（信贷支出占月支出的比例）不要超过30%这个预警线。如果超过这个比例，生活压力会比较大，风险隐患也会大大提升。

而“江小妹”有三笔贷款，其中两笔是自己的自住房（占比28%）和给父母的改善房（占比11%），这两处房产没有任何收益，完全是消费性负债，只是心中认为房地产是增值资产，未来一定会值钱。另外一笔是信用贷款（占比2%），为了维持生活的周转。这三笔贷款合计占月支出的41%，这样导致信贷比远远超出警戒线，资金十分紧张，压力也非常大，已经成了负翁，离破产也近在咫尺。如图2-8所示。

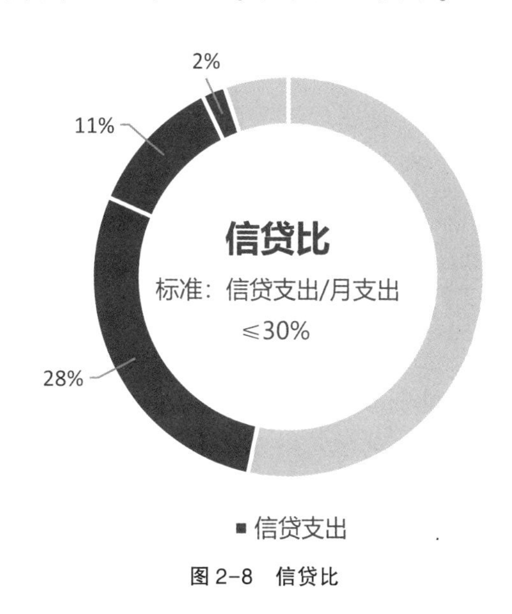

图2-8　信贷比

其次，是短期偿债能力（现金类资产与年度负债的倍数）不能低于1这个水平，也就是指现金类资产足够偿还一个年度负债总额。如果低于这个水平，一旦发生风险，如收入中断、失业、患病等情况，现金储备将无法应对一年的短期负债，生活就会面临各种挤兑状况，就会出现到处求救的窘境。如图2-9所示。

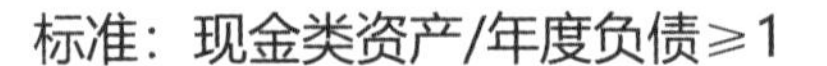

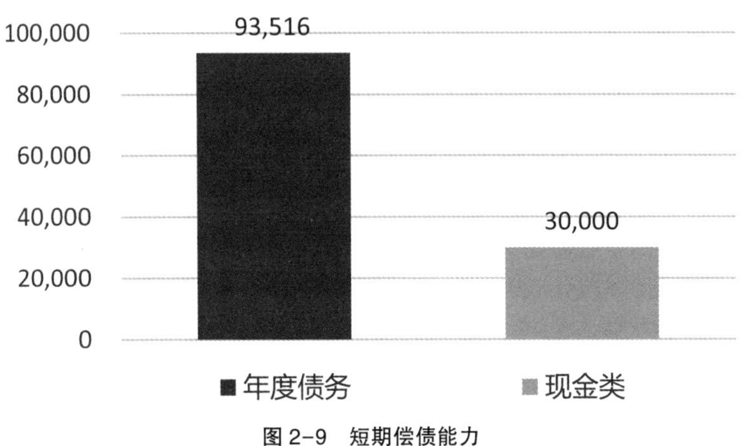

图 2-9 短期偿债能力

而“江小妹”的“个人财报”中，现金类资产只有短期周转剩下来的 30,000 元，年度债务已达到 93,516 元，逼近 3 倍有余，还要面对每月填补结余之需。出现严重的挤兑现象，就像走在钢丝绳上一样，十分危险。

面对债务压力和可能引发的资金风险，解决方案有两个方向，一是想方设法增加收入，二是清除或缩小债务额度。

优化建议：“江小妹”在进行了综合考量并与父母做了充分沟通之后，选择了第二个方向。一家人决定卖掉老房子，父母搬进改善房，将卖房款 40 万元提前还清改善房的全部贷款。这样一来，每个月减少了 2,123 元的贷款支出，同时减掉了 76 万元的长期贷款负债。虽然没能让举债资产创造出新增的现金流，产生正向的加速力，但也让整个财务结构有了很大的改善。

由此可见，信贷的管控是一件十分重要的事情。一方面要善用和巧用负债，发挥金融的杠杆作用，为资金的循环运转和资产的持续增值添砖加瓦。另一方面要远离信贷陷阱，控制好自己的欲望，量力而行。

在当今的社会生活中，金融及衍生品相当发达，各种信用产品层出不穷，超高的信用额度，便捷的申请和获取方式，鼓励着超前和透支消费，培养和滋生着巨大的风险隐患。一场突如其来的疫情，导致系统性的停顿，产生连锁性的风险，造成无数人负债，发生大面积违约行为，致使许多人都无法正常生活下去了。

第五节　识别3种资金流循环系统

我们通过三组资金流转的规律和轨迹发现，无论是工作、投资和信贷，这些资金在“十字表”4个象限中通常呈现出三种流动状态。如图2-10所示。

第一种流动状态是“充分循环运转”。资金通过支出成为一笔有价值的投资，再利用负债将其转化为资产获得增值，同时创造出新增的现金流并产生强大的加速力，最终完成4个步骤跨越4个象限实现了闭环的运转，这是一个良性的循环运转。

第二种流动状态是“未充分运转”。资金循环没能到达第四步，也就是说没有创造出新增的现金流，只能等待资产的增值或成为举债消费的资产。

第三种流动状态是“自然流失”。资金只走了两步，从支出流向负债，慢慢地消耗殆尽，形成了消费性的负债。

这三种资金的流动状态反映出资金的使用效率和增长效益，很显然，第一种充分循环运转的资金状态是最佳的。从“江小妹”的“个人财报”数据来看，只有以“生命资产”为核心的第一组资金流转算是完成了循环运转，其余的资金流转都属于第二种和第三种流动状态，形成了举债性的资产和消费性的负债。长期下去，资金压力和债务压力会非常大。这也是许多年轻人需要面对并解决的财务问题吧。

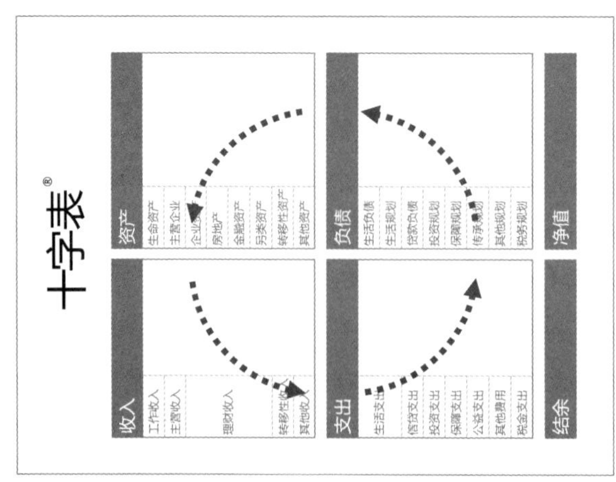

良性循环运转

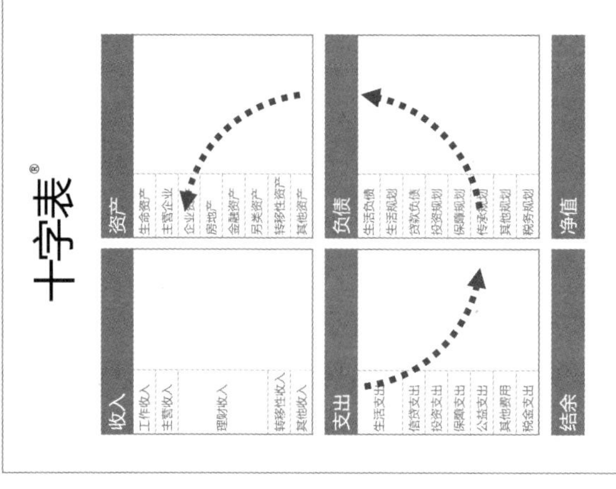

举债性资产

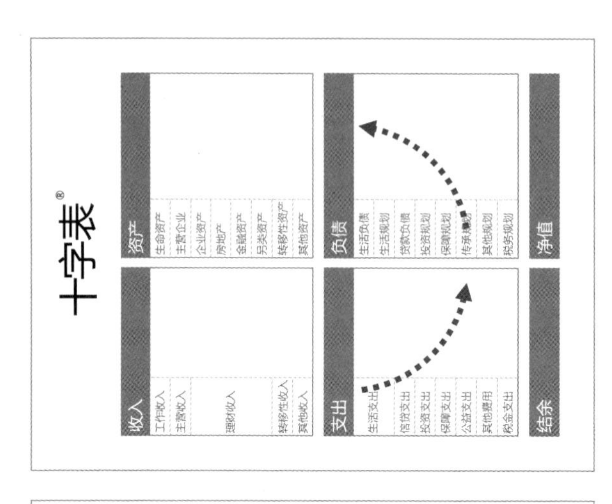

消费性负债

图 2-10　资金流循环系统

第六节　自己就是一家生命有限公司

经过了层层深入的剖析与探讨，你有没有发觉，管理好自己一个人的财务，如同经营一家企业一样，只不过这家企业的主体是自己的生命。

其实，生命不仅仅是一份原生资产，更像是一家“以自己名字命名的生命有限公司”。名字就是品牌，“生命资产”就是注册资本，寿命就是经营期限，梦想使命就是战略目标，特质天赋就是核心竞争力。因此，每个生命都是一家公司，每个人都是一名创业者。在有限的生命时间里，做好精准定位、收支平衡、自负盈亏和风险管控等一系列人生和财务决策，并承担相应的法律责任。

而为“江小妹”这家“生命有限公司”提供持续动力的，正是我们探讨的这三组资金流转所产生的三股力量。以“生命资产”为核心循环运转的原动力，呈现出充沛的运转；以结余资金和投资资金为源泉的推动力，已经形成闭环、持续、较弱的运转；以外部融资为加速运转的杠杆力，目前尚未形成闭环运转，属于举债性资产。

这三股力量推动着“十字表”个人财报 4 个象限的 6 大数据不停地运转，就像一部内需引擎和操作系统，驾驭着现在和未来，将一切财务数据和各种变量都聚焦于当下。以简单、实用、高效的方法，经营着人生与财富。对内管理着资金的流动和资产的变化，也控制着欲望的底线和风险的边界，形成了一个微观财务自循环系统。对外连接着各类投资项目和各种生活所需，拉动着宏观经济大循环体系的整体运行。如图 2-11 所示。无论这三股力量有多强大，别忘了它们只是为财富平衡服务的，即**A** 财富安全、**B** 财富独立和**C** 财富自由三大指数的达成，否则我们就会掉进金钱的旋涡里而无法自拔。

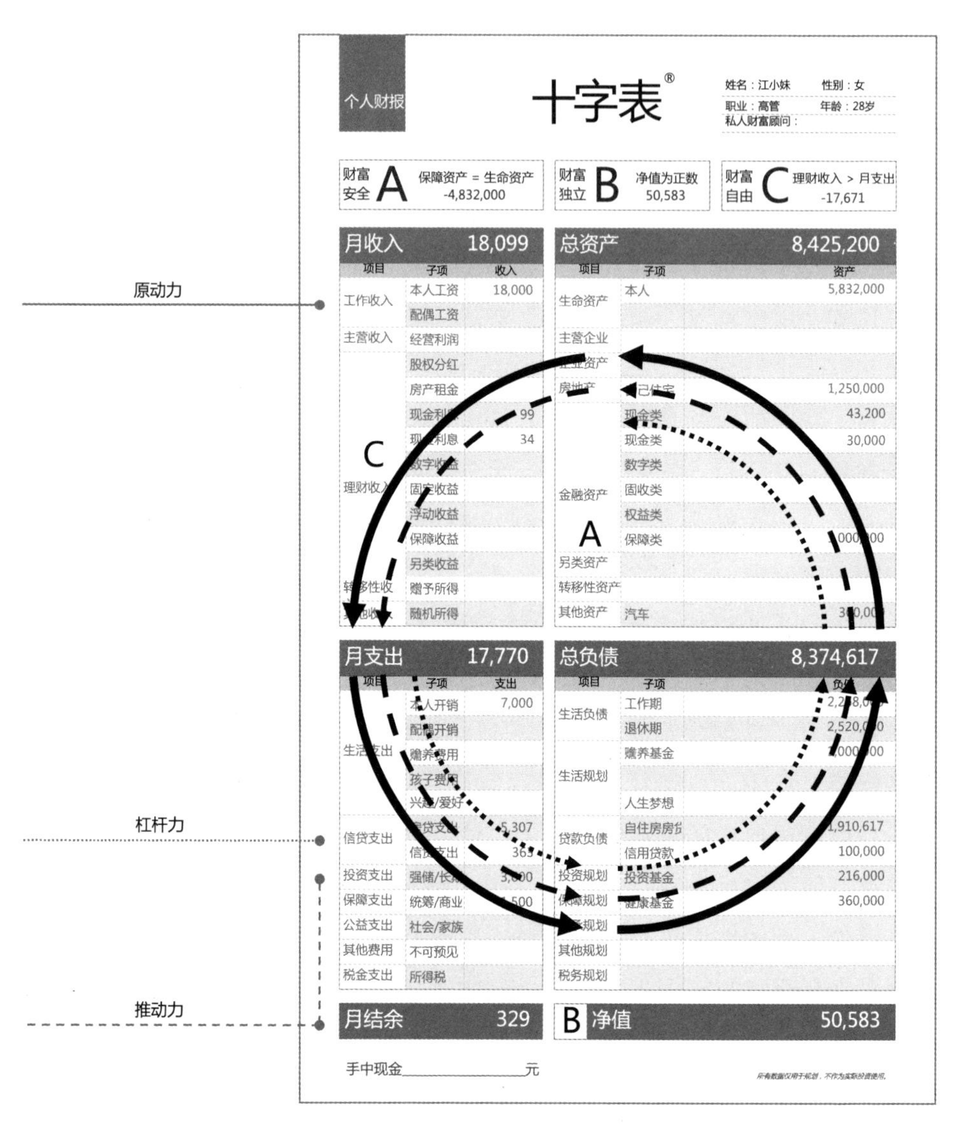

图 2-11　财务自循环系统

伴随着我们的深入分析、梳理和不断的优化，“江小妹”的“个人财报”已经发生了很大的改观。无论是各项关键的财务数据，还是财富平衡的三大指数都得到了很大的优化。我们先从关键的财务数据对比上来看一看。如图 2-12 所示。

个人财报　十字表®

姓名：江小妹　性别：女　职业：高管　年龄：28岁　私人财富顾问：

财富安全 A	财富独立 B	财富自由 C
保障资产 = 生命资产 -5,332,000	净值为正数 -2,442,865	理财收入 > 月支出 -18,793

月收入		18,000
项目	子项	收入
工作收入	本人工资	18,000
	配偶工资	
主营收入	经营利润	
	股权分红	
	房产租金	
C 理财收入	现金利息	
	数字收益	
	固定收益	
	浮动收益	
	保障收益	
	另类收益	
转移性收	赠予所得	
其他收入	随机所得	

总资产		8,412,000
项目	子项	资产
生命资产	本人	5,832,000
主营企业		
企业资产		
房地产	自己住宅	1,250,000
	父母住宅	500,000
金融资产	现金类	30,000
	数字类	
	固收类	
	权益类	
	保障类	500,000
A 另类资产		
转移性资产		
其他资产	汽车	300,000

月支出		18,793
项目	子项	支出
生活支出	本人开销	10,000
	配偶开销	
	赡养费用	
	孩子费用	
	兴趣/爱好	
信贷支出	房贷支出	5,307
		2,123
	信贷支出	363
投资支出	强储/长期	
保障支出	统筹/商业	1,000
公益支出	社会/家族	
其他费用	不可预见	
税金支出	所得税	

总负债		10,854,865
项目	子项	负债
生活负债	工作期	3,240,000
	退休期	3,600,000
	赡养基金	1,000,000
生活规划		
	人生梦想	
贷款负债	自住房房贷	1,910,617
	父母房贷	764,248
	信用贷款	100,000
投资规划		
保障规划	健康基金	240,000
传承规划		
其他规划		
税务规划		

月结余	-793	B 净值	-2,442,865

手中现金______元

个人财报　十字表®

姓名：江小妹　性别：女　职业：高管　年龄：28岁　私人财富顾问：

财富安全 A	财富独立 B	财富自由 C
保障资产 = 生命资产 -4,832,000	净值为正数 50,583	理财收入 > 月支出 -17,671

月收入		18,099
项目	子项	收入
工作收入	本人工资	18,000
	配偶工资	
主营收入	经营利润	
	股权分红	
	房产租金	
C 理财收入	现金利息	99
	现金利息	34
	数字收益	
	固定收益	
	浮动收益	
	保障收益	
	另类收益	
转移性收	赠予所得	
其他收入	随机所得	

总资产		8,425,200
项目	子项	资产
生命资产	本人	5,832,000
主营企业		
企业资产		
房地产	自己住宅	1,250,000
	现金类	43,200
金融资产	现金类	30,000
	数字类	
	固收类	
	权益类	
	保障类	1,000,000
A 另类资产		
转移性资产		
其他资产	汽车	300,000

月支出		17,770
项目	子项	支出
生活支出	本人开销	7,000
	配偶开销	
	赡养费用	
	孩子费用	
	兴趣/爱好	
信贷支出	房贷支出	5,307
	信贷支出	363
投资支出	强储/长期	3,600
保障支出	统筹/商业	1,500
公益支出	社会/家族	
其他费用	不可预见	
税金支出	所得税	

总负债		8,374,617
项目	子项	负债
生活负债	工作期	2,268,000
	退休期	2,520,000
	赡养基金	1,000,000
生活规划		
	人生梦想	
贷款负债	自住房房贷	1,910,617
	信用贷款	100,000
投资规划	投资基金	216,000
保障规划	健康基金	360,000
传承规划		
其他规划		
税务规划		

月结余	329	B 净值	50,583

手中现金______元

	保障资产	本人开销	强制储蓄	结余比	紧急周转金	贷款支出	信贷比	短期偿债能力
标准				月结余/月收入≥20%	现金类资产/月支出>6—12月		信贷支出/月支出≤30%	现金类资产 /年度负债≥1
调整前	500,000	10,000	0	-4%	1.6	7,793	41%	32%
调整后	1,000,000	7,000	3,600	2%	4.1	5,670	32%	108%
备注	逐步增加保障资产	有效控制了开销	养成了习惯	强制储蓄属于提前结余	还差2个月的缺口	减少了压力	由于月支出也降低了，所以信贷比还需下调。	阶段性达标了

图 2–12　优化前后的数据对比

“江小妹”将保障资产增加至100万元，逐步完善了“生命资产”的安全。有效控制住了自己的生活开销，从每月支出10,000元降低到每月支出7,000元。养成了强制储蓄的好习惯，每月雷打不动地强制预留3,600元资金。结余比从-4%调整至2%，再加上强制储蓄，已经有了投资的源泉了。紧急周转金从只够1.6个月使用提升至4.1个月的储备，已经有了不小的进步了。贷款支出和信贷比都有所降低，减轻了不小的压力，但还有调整空间。特别是短期偿债能力从32%提升到了108%，阶段性解决了短期债务风险。

我们再从财富平衡的三大指数对比上来看一看。如图2-13所示。

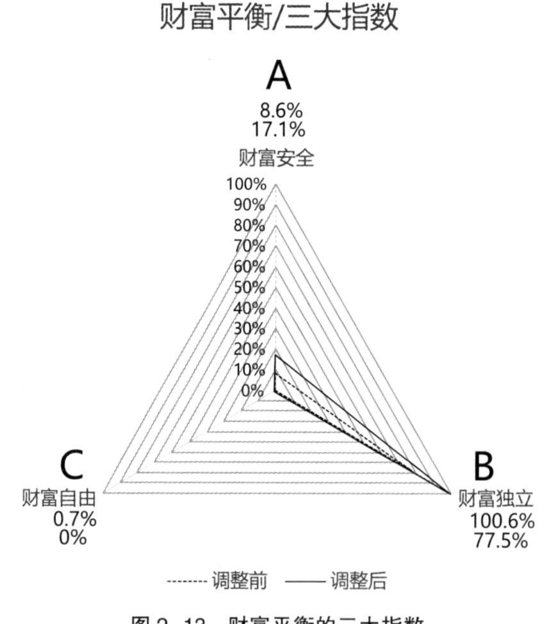

图2-13 财富平衡的三大指数

在**A**财富安全方面，“江小妹”增加了1倍的保障额度，安全度提升了8.5个百分点。接下来随着收入的提升和财务结构的改变之后，再逐步进行优化。在**B**财富独立方面，由于降低了生活支出，同时也控制了工作期

的生活成本和退休期的生活费用，使长期负债得到了有效的控制。另外提前还清了父母的改善房的贷款，也大大减轻了负债的压力。独立性已经阶段性地达标并超出 0.6 个百分点。在C 财富自由方面，养成了强制储蓄的习惯（每月 3,600 元/每年积累 43,200 元），获得了点微薄的利息，实现了 0 的突破，自由度有了 0.7%的开始。

从“江小妹”的案例中我们可以发觉，人生规划和财富管理其实是每个人一辈子的终身职业。不能靠别人，只有靠自己，因为自己就是一家“以自己名字命名的生命有限公司”。要想经营好自己的人生，获得富裕、平衡和圆满的幸福生活，就从单身阶段开始养成这些好的习惯吧！

第七节　经济独立了吗

通过“江小妹”这个案例系统地拆解和分析，我们对财富管理的认知建立、习惯养成及能力提升有了一定的了解。那么作为一个年轻人或者一位单身人士最起码需要做到什么程度呢？

这没有统一的标准，不过最起码应该做到经济独立吧！也就是自食其力，自己能养活自己，不啃老；自己不要透支消费，沦为“月光族”和“负翁”，掉进信贷的陷阱而无法自拔。接下来，我们试着用以上所学的思路、逻辑和方法来诊断一下另一个案例，看看我们是否能学以致用。

这是一个酷爱玩车的大男孩，“张小峰”（化名）。不太喜欢读书，高中毕业后出国玩了两年，回国后和父母住在一起，换了几份工作都不满意。最近在家人的安排下到一家汽车 4S 店做起了汽车销售工作，这回倒是挺喜欢的，业绩很不错，收入也不低，很快就当上了小主管。他为了更好地发展，决定先贷款买一辆车，拥有一个专业、成功的“身份”最关键。不过以目前的财务状况，他只能选择一个零首付的方案，并且月供也是有一定压力的。于是决定让父母赞助一点，毕竟自己是父母唯一的儿子，平时家里用车也更方便。

那么“张小峰”具体的财务状况以及人生打算是什么样子的呢？我们来进一步了解一下：

“张小峰”每个月的工资是8,500元，从没有稳定工作到有固定收入已经是很大的起步了！每个月的生活开销大约需要5,000元，另外还有一些不可预见的费用大约需要1,000元，这种程度的开销基本上也剩不下什么钱了。在这种情况下，每月还需要支付3,751元的购车贷款，这立刻就变成“负翁”了。别怕，还有父母的赞助，每月3,000元的“爱心基金”可以作为他强大的后盾。在谈到未来打算时，“张小峰”还希望更换一辆价值100多万元的梦想跑车，再买一栋价值300万元的房子自住。这就是他此刻的人生规划了。

为了更直观、更专业地看明白“张小峰”人生的这本账，我们就需要借用“十字表”这个工具来梳理一下，看看其中的奥妙。在梳理之前，还是要厘清一些必要的关联数据，便于填写在“个人财报”之中。也就是收入和支出所对应的资产与负债的财务数据。

第一，“张小峰”每月收入是8,500元，一年下来就有10.2万元的收入，目前23岁，按男性工作到60岁退休来计算，还有37年的工作时间，以平稳的状态计算（抛开增长和下跌），一生就是377.4万元的总收入，这就是一份“生命资产”。同时也需要支付相应的生活成本，以目前每月5,000元的支出为标准计算，工作期37年，需要支付222万元，退休期假定生活至85岁，25年则需要准备150万元。当然这一切都会有所改变的，关键要建立起人生全貌的认知架构（*这里暂时没有将资产和收入的增长，以及通货膨胀的因素考虑在内，因为不便于计算展示，也不易于建立基本架构*）。另外，每个月还有1,000元不可预见的花销费用。

第二，“张小峰”零首付购买的一辆价值20万元的汽车，贷款20万元，5年付清，年利率4.75%，每月还贷3,751元，贷款总额约为22.5万

元。为此，父母每月赞助贴补3,000元。

第三，“张小峰”未来打算更换一辆价值100万元的跑车和购买一栋价值300万元的自住房。

接下来，我们将这些关联的财务数据分别填写在“十字表”个人财报的4个象限所对应且关联的表格里，并核算出月收入、月支出、月结余、总资产、总负债、净值这6大数据，最后再核算出财富安全、财富独立和财富自由这三大指数的缺口。这样一张“个人财报”就呈现出来了，如图2-14所示。

我们先从“张小峰”的“个人财报”基本结构和关联逻辑中看一看有什么端倪：

从左半部分由第2、3象限所构成的收支管理水平看，这反映的是当下的财务状况。虽然有结余，但仅靠自己的工作收入是无法正常生活的，还需父母的贴补，尚未实现真正的经济独立。另外，不可预见的费用占比偏高，这会养成花钱随性的习惯。

从右半部分由第1、4象限所构成的资产与负债的平衡能力看，这是以当下的财务数据和假定推算出来的未来状态。在资产项中，除了自己的生命资产外，就只有一辆汽车了，这还是一项递延贬值的资产。在负债项中，除了自己的生活负债之外，还有汽车贷款，更多的是买房、换车的欲望。这样一来，就形成了一个资不抵债、净值为负的局面。

从上半部分由第1、2象限所构成的资产和资金的收益状况看，只有生命资产所创造的工资收入。

从下半部分由第3、4象限所构成的支出与负债的流动轨迹看，主要是生活开销形成的长期生活负债、贷款支出所累积的贷款负债以及未来欲望。

我们再从资金流转的角度来看一下：

首先，看一看以“生命资产”为原动力的主循环系统是否充分运转起来，如图2-15所示。

个人财报

十字表®

姓名：张小峰　性别：男
职业：汽车销售主管　年龄：23岁
私人财富顾问：

财富安全 A	财富独立 B	财富自由 C
保障资产 = 生命资产 -3,774,000	净值为正数 -3,971,083	理财收入 > 月支出 -9,751

月收入　11,500

项目	子项	收入
工作收入	本人工资	8,500
	配偶工资	
主营收入	经营利润	
C 理财收入	股权分红	
	房产租金	
	现金利息	
	数字收益	
	固定收益	
	浮动收益	
	保障收益	
	另类收益	
转移性收、其他收入	赠予所得	3,000
	随机所得	

总资产　3,974,000

项目	子项	资产
生命资产	本人	3,774,000
主营企业		
企业资产		
房地产		
A 金融资产	现金类	
	数字类	
	固收类	
	权益类	
	保障类	
另类资产		
转移性资产		
其他资产	汽车	200,000

月支出　9,751

项目	子项	支出
生活支出	本人开销	5,000
	配偶开销	
	赡养费用	
	孩子费用	
	兴趣/爱好	
信贷支出	抵押/信用	3,751
投资支出	强储/长期	
保障支出	统筹/商业	
公益支出	社会/家族	
其他费用	不可预见	1,000
税金支出	所得税	

总负债　7,945,083

项目	子项	负债
生活负债	工作期	2,220,000
	退休期	1,500,000
生活规划		
	人生梦想	
贷款负债	汽车贷款	225,083
投资规划	买房	3,000,000
保障规划		
传承规划		
其他规划	买车	1,000,000
税务规划		

月结余　1,749

B 净值　-3,971,083

手中现金________________元

所有数据仅用于规划，不作为实际投资使用。

图 2-14 “张小峰”的个人财报

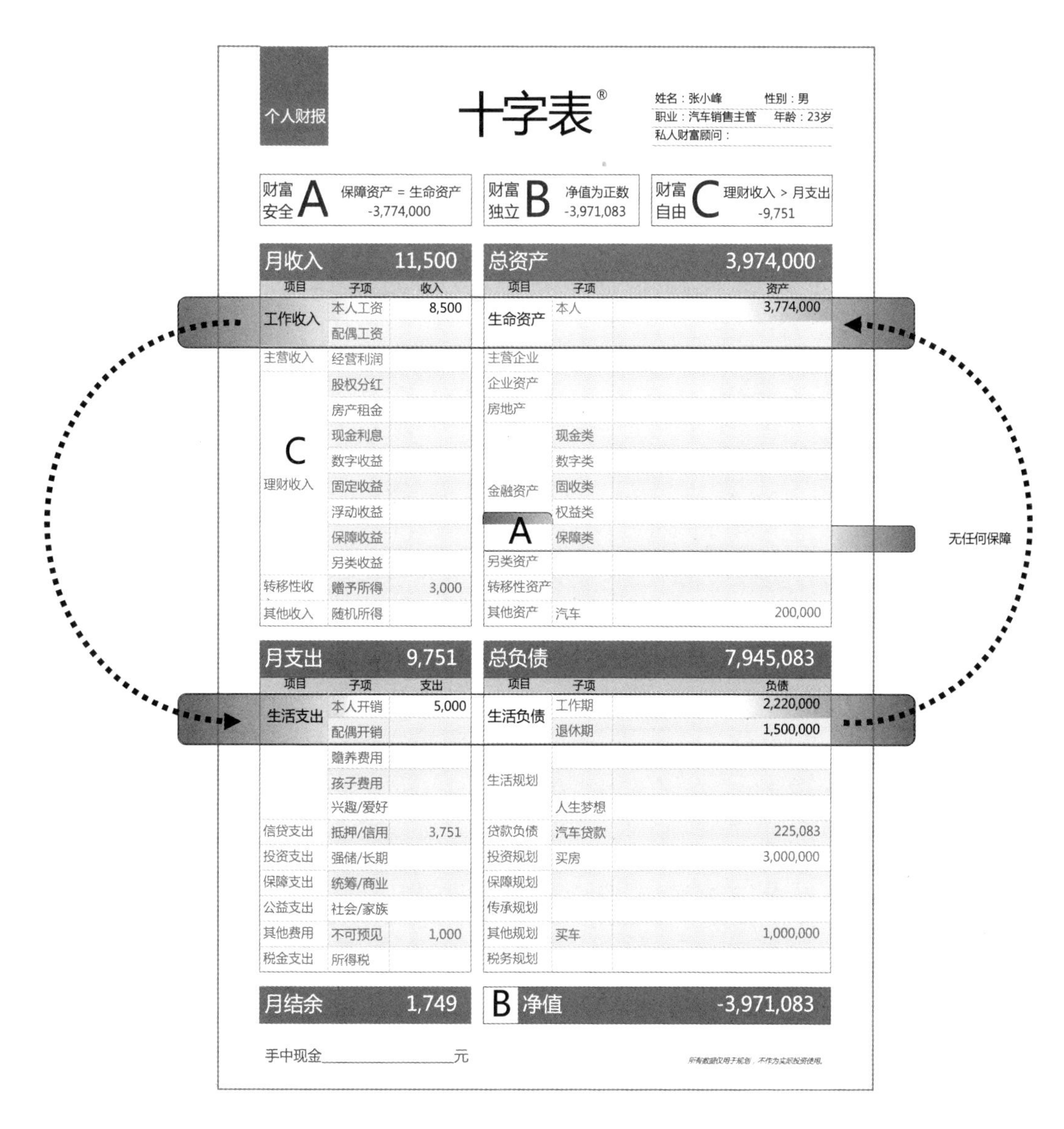

个人财报

十字表®

姓名：张小峰　性别：男
职业：汽车销售主管　年龄：23岁
私人财富顾问：

财富安全 A	财富独立 B	财富自由 C
保障资产 = 生命资产 -3,774,000	净值为正数 -3,971,083	理财收入 > 月支出 -9,751

月收入		11,500	总资产		3,974,000
项目	子项	收入	项目	子项	资产
工作收入	本人工资	8,500	生命资产	本人	3,774,000
	配偶工资				
主营收入	经营利润		主营企业		
C 理财收入	股权分红		企业资产		
	房产租金		房地产		
	现金利息		金融资产	现金类	
	数字收益			数字类	
	固定收益			固收类	
	浮动收益			权益类	
	保障收益		A	保障类	无任何保障
	另类收益		另类资产		
转移性收	赠予所得	3,000	转移性资产		
其他收入	随机所得		其他资产	汽车	200,000

月支出		9,751	总负债		7,945,083
项目	子项	支出	项目	子项	负债
生活支出	本人开销	5,000	生活负债	工作期	2,220,000
	配偶开销			退休期	1,500,000
	赡养费用		生活规划		
	孩子费用				
	兴趣/爱好			人生梦想	
信贷支出	抵押/信用	3,751	贷款负债	汽车贷款	225,083
投资支出	强储/长期		投资规划	买房	3,000,000
保障支出	统筹/商业		保障规划		
公益支出	社会/家族		传承规划		
其他费用	不可预见	1,000	其他规划	买车	1,000,000
税金支出	所得税		税务规划		
月结余		1,749	B 净值		-3,971,083

手中现金__________元

所有数据仅用于规划，不作为实际投资使用。

图 2–15　以“生命资产”为原动力的主循环系统

很显然，“张小峰”的第一组以“生命资产”为动力源的资金流转系统（靠人赚钱）是循环起来的，能够基本维持生活，只不过动力不算强劲，并且没有丝毫保障。如果遇到人身及健康风险，是无法确保这一资金流转的健康循环。同时，如果发生收入中断的状况，就如疫情来袭，他的紧急周转金为0，也就意味着无法生存，只有啃老或透支借贷。而且面对现有的负债偿还，他的短期偿债能力也为0，也就意味着要同时面对多重叠加的风险。这样看来“张小峰”离真正的经济独立还是有一点距离的。

其次，看一看以结余资金和投资资金为推动力的第二组循环系统（靠钱赚钱）是否运转起来，如图2-16所示。

个人财报 十字表®

姓名：张小峰 性别：男
职业：汽车销售主管 年龄：23岁
私人财富顾问：

财富安全 A 保障资产 = 生命资产 -3,774,000
财富独立 B 净值为正数 -3,971,083
财富自由 C 理财收入 > 月支出 -9,751

月收入		11,500
项目	子项	收入
工作收入	本人工资	8,500
	配偶工资	
主营收入	经营利润	
理财收入 C	股权分红	
	房产租金	
	现金利息	
	数字收益	
	固定收益	
	浮动收益	
	保障收益	
	另类收益	
转移性收	赠予所得	3,000
其他收入	随机所得	

总资产		3,974,000
项目	子项	资产
生命资产	本人	3,774,000
主营企业		
企业资产		
房地产		
金融资产 A	现金类	
	数字类	
	固收类	
	权益类	
	保障类	
另类资产		
转移性资产		
其他资产	汽车	200,000

月支出		9,751
项目	子项	支出
生活支出	本人开销	5,000
	配偶开销	
	赡养费用	
	孩子费用	
	兴趣/爱好	
信贷支出	抵押/信用	3,751
投资支出	短期/长期	
保障支出	统筹/商业	
公益支出	社会/家族	
其他费用	不可预见	1,000
税金支出	所得税	

总负债		7,945,083
项目	子项	负债
生活负债	工作期	2,220,000
	退休期	1,500,000
生活规划		
	人生梦想	
贷款负债	汽车贷款	225,083
投资规划	买房	3,000,000
保障规划		
传承规划		
其他规划	买车	1,000,000
税务规划		

月结余 1,749

B 净值 -3,971,083

手中现金＿＿＿＿＿＿元

所有数据仅供参考，不作为实际投资依据。

图2-16 以结余资金和投资资金为推动力的循环系统

从这一循环系统看上去就不乐观了，虽然“张小峰”有一定的结余，并且结余比为15%，可是并没有养成投资的习惯，也没有形成现金储备，不知道钱去哪里了。也许是消费掉了。总之没有产生任何推动力，致使这个循环无法启动。也可以说没有投资理财的意识和习惯，这就需要从强制储蓄开始了。

第三，从以外部融资为加速运转的杠杆力来看一看第三组资金运作的状况，如图2-17所示。

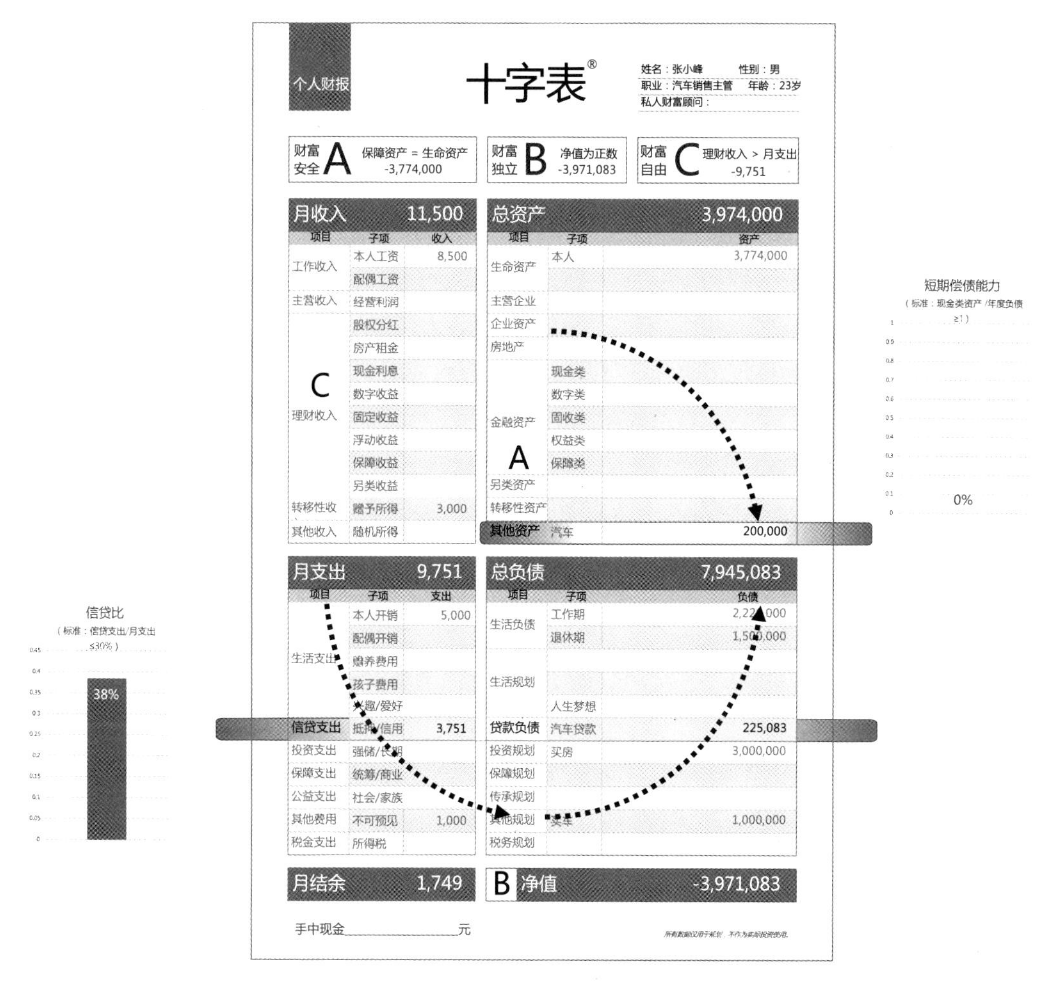

个人财报　十字表®

姓名：张小峰　性别：男
职业：汽车销售主管　年龄：23岁
私人财富顾问：

财富安全 A　保障资产 = 生命资产　-3,774,000
财富独立 B　净值为正数　-3,971,083
财富自由 C　理财收入 > 月支出　-9,751

月收入		11,500
项目	子项	收入
工作收入	本人工资	8,500
	配偶工资	
主营收入	经营利润	
C 理财收入	股权分红	
	房产租金	
	现金利息	
	数字收益	
	固定收益	
	浮动收益	
	保障收益	
	另类收益	
转移性收	赠予所得	3,000
其他收入	随机所得	

总资产		3,974,000
项目	子项	资产
生命资产	本人	3,774,000
主营企业		
企业资产		
房地产		
金融资产	现金类	
	数字类	
	固收类	
	权益类	
	保障类	
另类资产		
转移性资产		
其他资产	汽车	200,000

月支出		9,751
项目	子项	支出
生活支出	本人开销	5,000
	配偶开销	
	赡养费用	
	孩子费用	
	兴趣/爱好	
信贷支出	抵押/信用	3,751
投资支出	强储/长期	
保障支出	统筹/商业	
公益支出	社会/家族	
其他费用	不可预见	1,000
税金支出	所得税	

总负债		7,945,083
项目	子项	负债
生活负债	工作期	2,22[illegible],000
	退休期	1,500,000
生活规划		
	人生梦想	
贷款负债	汽车贷款	225,083
投资规划	买房	3,000,000
保障规划		
传承规划		
其他规划	买车	1,000,000
税务规划		

月结余　1,749
B 净值　-3,971,083

手中现金________元

所有数据仅用于规划，不作为实际投资依据。

图2-17　以融资为杠杆力的循环系统

从“张小峰”的信贷支出到负债累积以及最终形成递延贬值的资产，充分说明了这是一项举债性消费。不但没有利用杠杆力加速，相反拖累自己加重负担。信贷比38%已超出了警戒线，实际上也超出了自己正常的消费能力，如果没有父母的贴补恐怕已经是“负翁”了。同时短期偿债能力为0，真是野蛮任性的消费呀！所以这一组资金流也没有运转起来，而且加重了压力、加大了风险，离经济独立更远了。

我们最后聚焦一下财富平衡的三大指数，如图2-18所示。

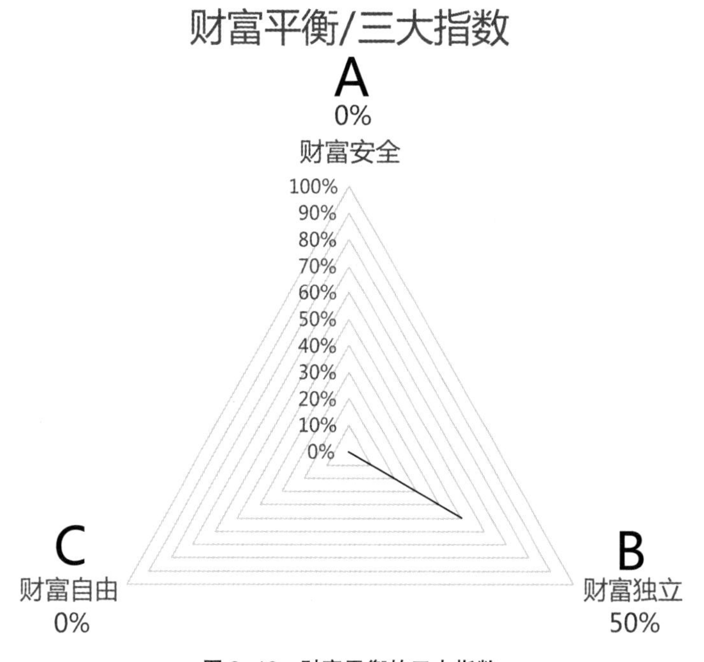

图2-18 财富平衡的三大指数

从财富安全的角度上看，目前唯一的收入来源没有丝毫的保障，抵御风险的能力极其脆弱。从财富独立的角度来看，还有50%的负债需要余生去打拼才能填平。从财富自由的角度上看，属于无意识、根本没起步！这是一个没安全、不独立、无自由的财富管理格局。

经过这两个案例的拆解与分析，我们清楚地看到单身阶段需要养成的好习惯和独立性。学好用好“十字表”这张“个人财报”，建立起4个象限6大数据的基本结构与关联逻辑的认知；掌握好工作、投资与信贷这3组资金流转的规律，提升驾驭资金的能力；最终为实现财富平衡的三大指数而服务。这也是每个年轻人的必修课和基本功吧！

小训练：看看“以自己名字命名的生命有限公司”运转得如何

每个人都是一家“以自己名字命名的生命有限公司”，人人都拥有一个财务自循环体系，看看自己这部内修引擎是否在健康地运行。在自己绘制的“十字表”中画出3组资金流转轨迹。

1. 以“生命资产”为原动力的主循环系统是否充分地运转起来：

自己的“生命资产”价值几何？有足够的保障吗？收入与资产能否覆盖支出与负债吗？原动力是否充沛？

2. 以结余资金和投资资金为推动力的循环系统是否运转起来：

自己的“结余比”、“紧急周转金”是否都达标？有没有养成强制储蓄的好习惯？资金能否良性循环运转，产生正向的推动力？

3. 以外部融资为杠杆力的循环系统是否健康地运转：

自己的“信贷比”、“短期偿债能力”是否都达标？资金是否良性地加速循环运转，产生正向的杠杆力？

家庭
财报

小训练
只看不练，功夫白费！我们也来训练一下吧：

第三章

打开自己尘封已久的创富之源

对大多数人来说，想要经济独立或是赚到第一桶金，基本上都是靠以“生命资产”为原动力的主循环系统（也就是靠人赚钱）来实现的。那么就值得我们深入探索一下，究竟是什么力量推动着我们的“生命资产”去工作和创业的，又会有怎样的结果。我们先从“徐小明”和“张晓亮”（化名）两个从小一起玩到大的好朋友的案例中一探究竟。

第一节　别错过立志的窗口期

“徐小明”和“张晓亮”两个男孩子相差 1 岁，出生在同一个社区的同一栋楼内，从小就一起上幼儿园、小学、初中、高中，直到大学才分开，考取了不同的大学、不同的专业，生活在不同的城市里，顺利毕业后也分别走上了不同的工作岗位，展开了各自的职业生涯。一晃 5 年的时间过去了，“小明”和“晓亮”现在的状况如何呢？

“小明”现在 27 岁，在一家新能源汽车公司工作。由于他从小就酷爱各种车子以及传动装置，在大学期间所学的专业也正是无人自动驾驶，还在专业期刊上发表了相关的论文，建立了一定的影响力，因此得到了公司的重用，进入了公司的研发实验室，并准备去国外学习深造。

他目前的薪资是每月 35,000 元，男性按工作到 60 岁退休，还有 33 年的工作时间，以平稳的状态计算（抛开增长和下跌），一生所累积的“生命资产”就是 1,386 万元。公司为其提供了居住公寓、社保及企业年金保险。自己每个月的生活开销不超过 6,000 元，这样长期累积下来，工作期 33 年，需要支付约为 238 万元；退休期假定生活至 85 岁，25 年则需要准备 180 万元。

“小明”平时喜欢看书和制作各种模型，也要花费 2,000 元。通过好友推荐投保了 100 万元的保险，每月支付 2,000 元，缴满 20 年需要 48 万元。未来想实现童年的一个梦想，就是设计和生产出一种水陆空三栖使用的智能驾驶器，无论是自主创业还是在职开发，这都需要一笔钱呀，少则几千万、多则几个亿。可是目前“小明”只有100多万元的存款，离梦想有点远，缺少资源和资金，不过如果能够得到公司的认同和资本方的投资就有可能实现。

我们再来看看“晓亮”，今年26岁，毕业后进入了热门的互联网公司工作，以为一切都会很顺利，实则很疲惫。由于自己所学的专业是工商管理，从小的爱好却是绘画，自己的核心能力很难形成积累，面对工作和竞争倍感压力，表现平平晋升缓慢。

他目前的收入是每月8,500元，男性按工作到60岁退休，还有34年的工作时间，以平稳的状态计算（抛开增长和下跌），一生所累积的“生命资产”约为347万元。公司提供了不错的福利和社保，自己每个月的生活开销需要6,000元，同样长期累积下来，工作期34年，需要支付约为245万元；退休期假定生活至85岁，25年也需要准备180万元。

“晓亮”还有一笔5万元的信用贷款每月需要支付181元的利息。另外，每个月不可预见的费用也需要1,000多元，平时喜欢看电影、打游戏。对于未来没有太多打算，只想换个工作提高一下收入。

我们对这两个人的基本状况已经有一个初步的印象了，接下来再从“个人财报”的专业角度来对比分析一下，看一看其中的差别与规律。如图3-1所示。

从“小明”和“晓亮”的“生命资产”为原动力的主循环系统的财务数据对比上看，“小明”有着强大的内驱动力，推动着自己的生活过得比较轻松和富裕。不但当下有着2.7万元的月结余和100万元的储蓄，还有一定的保险意识，也为未来的梦想设定了一笔1,000万元的启动资金，一生清盘还是正值。不出意外的话，算得上是走在成功的道路上了。“晓亮”的内在动力却比较薄弱，收入提升空间不大，结余比较拮据，已经动用了信贷，无保障、无储蓄，人生终了却是负值，生存在压力之中。

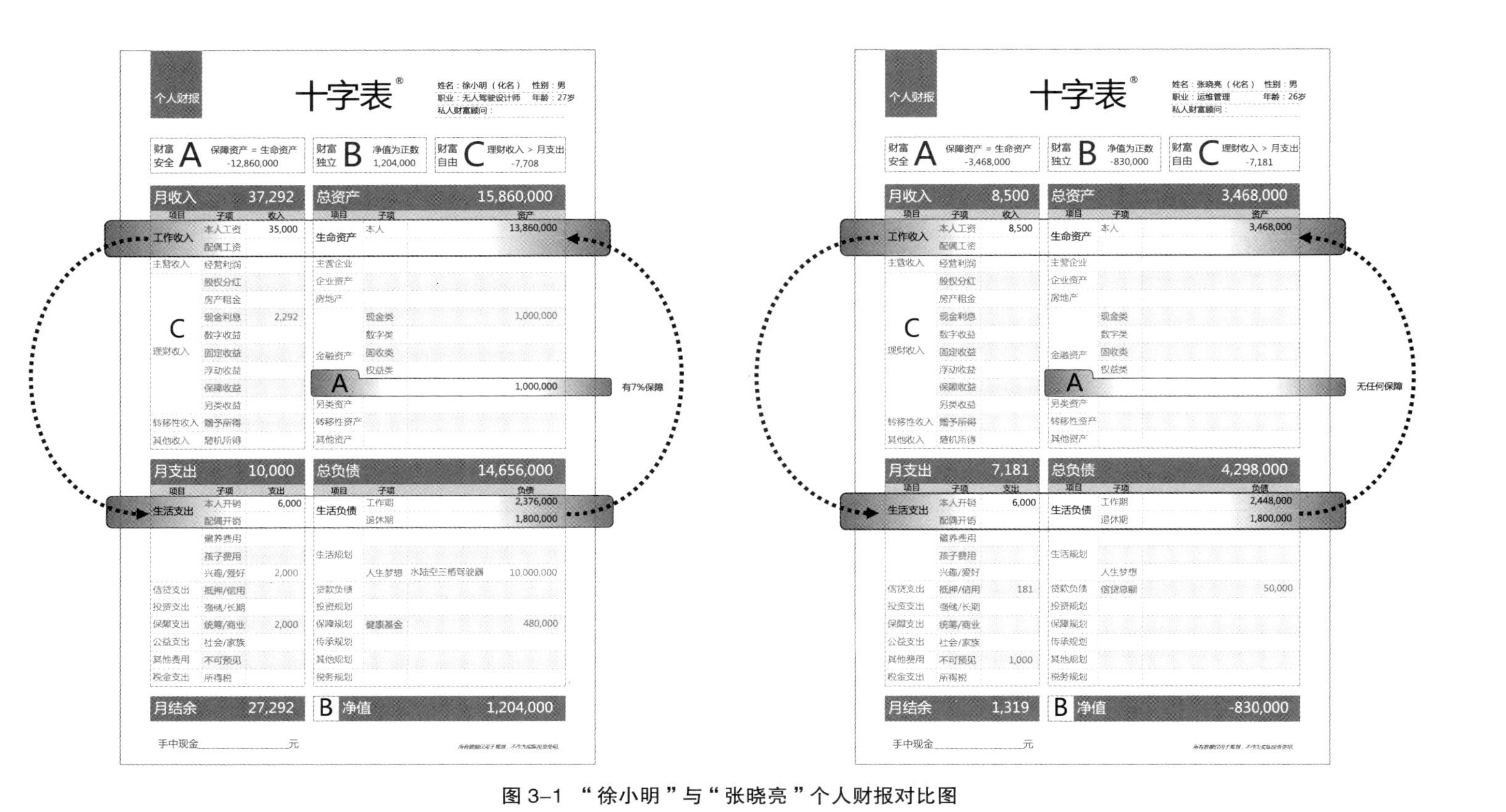

图 3-1 “徐小明”与“张晓亮”个人财报对比图

为什么两个人出生、成长看上去都差不多，结果却是大相径庭呢？是什么原因让这两个“生命资产”有如此不同的呈现呢？我们暂时抛开外部的条件，深挖一下内在的根本原因就明白了。是因为“小明”和“晓亮”在人生成长的第一个阶段培育期中，梦想的火苗是否被点燃。

这就需要我们聚焦回 12 岁左右人生立志和梦想萌芽的窗口期，这也是一个人自我意识第二次腾飞的阶段。这个时期每个孩子都梦想着成为某种人或做某些事，比如想成为英雄、球星、画家、音乐家、科学家、领袖、宇航员，等等。当把梦想告诉给周围最亲的人的时候，得到的反馈往往却是一盆冷水。再过几天，又会鼓起勇气重新燃起希望，长大以后要成为建筑师、军人、赛车手……得到的回答可能是，为什么每天总是变来变去的？为什么这么不定性呀？梦想的火苗就这样反复被熄灭。“晓亮”就是这种遭遇，从小的画家梦没有得到培育，而“小明”却幸运了很多，童年的汽车梦得到了家人充分的肯定和鼓励。

其实，当小孩子梦想着成为某种人或做某些事的时候，经常会表现为不断地尝试、探索、寻找和改变，往往会给人一种变化无常、不断动摇的错觉。但是有一件事情始终没有改变和动摇，那就是持续追逐梦想的那颗心。当梦想一旦锁定后，志向便会慢慢地树立起来，接下来所有的资源将不断汇集，包括磨难与考验。不幸的是这颗幼小尚未成熟的心，往往会遭受打击而失去动力，也就很难再重启了。

于是好好读书才有未来，便成了孩子们唯一的路。从此 13 岁以后的叛逆期就更猛烈了。到了高考报志愿的时候，许多大人的意愿和社会的热点将战胜和替代孩子的兴趣。待到毕业择业时，所学的专业能否有用武之地呢？就这样我们在儿时的志向、所学的专业、社会的择业上三次受挫，先天的优势或许荡然无存。面对竞争的压力和社会主流价值观的引导，我们只能屈服，不但没有建立起自我，还慢慢地丢失了自我，随波逐流地度过一生。

很显然，“小明”是幸运的，儿时的梦想、大学的专业和从事的职业

是在一个领域内垂直积累着，完成了立志、定向到定位的发展轨迹，形成了自己的核心能力和优势，阶段性地获得了成功和财富。“晓亮”却没有形成系统性的积累，自己的爱好、所学的专业和选择的职业都没有形成合力，分散了自己的潜力，错过了时机。

许多人不相信有天才，其实，古今中外许多英雄和伟人，他们大都是在 12 岁左右立下志愿，并在第二轮也就是 24 岁左右就有了非凡的成就，对人类有所贡献了。无论是我们建国的老一辈革命家，还是耳熟能详的中外名人，他们当时都只是 24 岁左右不到 30 岁的年轻人，这都应验了一句“自古英雄出少年”的古话。其实在每个人的身边和视野中，以及不同的领域里，像这么年轻就有所成就的人也能找到，他们无一例外都是从小就有明确的志向，让自己的天赋有机会得到充分的成长。

如果没能抓住这两个窗口期，也没关系，毕竟少年有成还是少数人。每个人都有自己的命运和节奏，可以在工作和生活中慢慢地耕耘，不断地寻找自己的梦想。在第三轮或第四轮靠磨炼、积累和实力脱颖而出，这也是大多数人成功的轨迹。实在不行，大不了熬到第五轮以后，靠成熟与智慧大器晚成，或许还会找到生命的真相和意义，也不枉此生呀！

总之一定要有梦想，梦想不是什么奢侈品，而是人人都有资格拥有的必需品。它是每个人生命的奔头，也是创富之源。无论是在窗口期没有树立起志向，还是在奔波中丢失了梦想、迷失了方向，其背后总有一股力量在推动着我们。

第二节　梦想的原动力

是什么力量在推动着梦想呢？

梦想的源头来自两股力量，一种是爱的力量，另一种是恐惧的力量。我们先来看一看第一种力量，这股力量来自哪里呢？这就是自然造物，来源于我们的父母，来自父母的爱，只有父母相爱才会孕育我们的生命。因此这种 DNA 爱的种子在我们身体里扎根、萌发和生长，伴随着我们慢慢长大，与外面世界不断地碰撞和连接，激发出我们无限的好奇与兴趣，慢慢累积和演变成爱好与特长。爱好是最好的老师，是无师自通的法宝。当这份爱好与特长在不断得到肯定后，便形成了自己的核心能力与特质，这就是天赋。也因为天赋而产生一股与生俱来的自信，这种自信让我们能够在失败和苦难中找到转机和乐趣，获得勇于冒险、敢于探索的精神，始终保有快乐的心态迎接不确定的未来，最终找到并完成自己的志向与梦想，成就自己，造福一方。如图 3-2 所示。

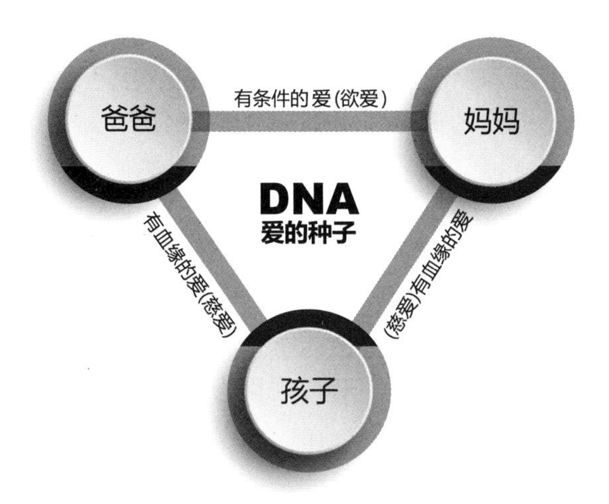

图 3-2 梦想的原动力

“小明”的成长轨迹就验证了这条路。他的梦想源于童年的记忆，一幅图画浮现在了脑海中。那是在读小学五年级的时候，老师留了一个作业，让每个人画一幅关于未来想象的作业。他记得当时用了大半个晚上的时间，才勉勉强强地画了个半成品。他画的是一幅宇宙飞船在星际穿行的图画，有太阳、月亮和众多不知名的星星，想必许多人的童年也都画过类似的画。不过从那以后，“小明”就对浩瀚的宇宙星空产生了浓厚的兴趣，

对未来不确定的许多事充满了好奇。经常画一些古怪的车子，读初中的时候他还亲手改造过一辆自行车，很酷！后来还申请了几项专利呢！不过当时也遭到了学校的约谈和同学们的非议。

随着“小明”的特质与天赋的展露，他的志向和志愿也逐渐清晰了，有事没事就开始勾画各种汽车蓝图，有有人驾驶的，也有无人驾驶的，有星际飞行的，也有水陆空三栖智能切换的。这一切尝试和探索，让他走进了无人驾驶专业，也逐步形成了一种独特的核心能力，就是深刻的系统思维能力、时空感知能力、架构设计能力和动手制作能力。他将自己的兴趣和爱好发展成了梦想与事业，在工作岗位上运用工业设计、人工智能、数字交通、环境协议等多项技术，为未来的人们提供一个立体的交通工具。这需要外部强大的力量和资源配合才能实现，不过我们相信这一天会到来。

我们再来看一看第二种力量，恐惧的力量与爱的力量其实是一体两面。得不到充分的爱或根本得不到爱，心里就会失衡和受伤。长期下来便会形成一种习性，因缺憾而心生恐惧，为了平衡而向外索取和证明。在与外界发生碰撞时，会产生胆怯和自我保护，发展出很强的竞争性。有时会演变成表面超级自信的进取、占有和攀比，这股力量就是由内心恐惧而产生的外向扩张力。往往会把缺失当成目标和梦想来追求，接二连三、乐此不疲地来满足自己，证明自己，平衡自己。这股力量也会推动着我们不断地成长，获得成功，有所成就。这股力量很强大，以至于越到后来越无法驾驭，甚至是失控毁掉自己。有的是在源头出了问题，有的是在中途变了节，有的是无法走到终点。

每个人的身上都同时具备这两种力量，它们是相互依存，又是时常转换的，交替推动着我们在忽明忽暗、忽上忽下的人生旅程中前行。

第三节 梦想是资产还是负债

“晓亮”的梦想比较模糊，只想换一份收入高一点的工作，改变一下自己的财务现状，这也是很现实的需求。而“小明”的梦想比较清晰，只不过所需的资金比较庞大，要想实现可能需要借助公司的平台和资本的力量。“小明”做了充分的考量，不管是借助外力，还是自我创业，自己都要筹备1,000万元的启动资金，这也看得出他的决心了。那么这1,000万元的梦想启动资金为什么要写在负债项中呢？梦想到底是资产，还是负债呢？如图3-3所示。

很显然“小明”的梦想还没有实现，目前只是一个构想和规划，所以只能填写在负债项中梦想一栏。当梦想真实启动的时候，就会将其转化成资产，变成创业公司了。

由此可见，梦想是一把双刃剑，它既是资产，也是负债，是相互转化的。这揭示了一个道理，一个合理的、积极的、可控的梦想会成为我们的动力，通过努力实现会转化为资产。如果是一个过于贪婪、不切实际、失控的欲望，它会变成陷阱和灾难，让我们身陷负债之中，甚至拖垮我们的一生。

许多我们耳熟能详的品牌，看上去是一份有价值的资产，实际上这需要付出许多的费用和成本来塑造、维护它，这些费用和成本都将是长期负债。唯有平衡才是唯一的目标。

从人生规划和财富管理的视角，用资产与负债的转化来认知梦想的确很特别，也很清晰。尽管是积极的梦想与志向，也要从负债计入开始，慢慢启动转化为资产。这正如老子所说的“反者道之动”的原理，这一转化过程推动着人生不断向前。

这样看来，我们的各种愿望和小目标，都将从“十字表”人生财报的负债项中规划产生，比如买房、买车、退休、教育、医疗，等等。这就需要根据自己的需求进行规划了，这就是一个人的目标蓝图，也是成本与负债。

个人财报

十字表®

姓名：徐小明（化名） 性别：男
职业：无人驾驶设计师 年龄：27岁
私人财富顾问：

财富安全 A	财富独立 B	财富自由 C
保障资产 = 生命资产 -12,860,000	净值为正数 1,204,000	理财收入 > 月支出 -7,708

月收入		37,292
项目	子项	收入
工作收入	本人工资	35,000
	配偶工资	
主营收入	经营利润	
C 理财收入	股权分红	
	房产租金	
	现金利息	2,292
	数字收益	
	固定收益	
	浮动收益	
	保障收益	
	另类收益	
转移性收入	赠予所得	
其他收入	随机所得	

总资产			15,860,000
项目	子项		资产
生命资产	本人		13,860,000
主营企业			
企业资产			
房地产			
A 金融资产	现金类		
	数字类		
	固收类		
	权益类		
	保障类		
另类资产			
转移性资产			
其他资产			

梦想是资产
还是负债

月支出		10,000
项目	子项	支出
生活支出	本人开销	6,000
	配偶开销	
	赡养费用	
	孩子费用	
	兴趣/爱好	2,000
信贷支出	抵押/信用	
投资支出	强储/长期	
保障支出	统筹/商业	2,000
公益支出	社会/家族	
其他费用	不可预见	
税金支出	所得税	

总负债			14,656,000
项目	子项		负债
生活负债	工作期		2,376,000
	退休期		1,800,000
生活规划			
	人生梦想	水陆空三栖驾驶器	10,000,000
贷款负债			
投资规划			
保障规划	健康基金		480,000
传承规划			
其他规划			
税务规划			

月结余	27,292

B 净值	1,204,000

手中现金____________元

所有数据仅用于规划，不作为实际投资使用。

图 3-3 梦想是资产还是负债

第四节　创业者需要具备的3点认知

工作需要点燃“生命资产”中的梦想，启动内在的原动力，创业也同样如此。在这里，我们不谈战略定位、商业模式及资本运营，换一个视角，从人生规划和财富管理的角度来看创业。同样我们要从一个案例中探索一下创业者需要具备的3点认知。

在大众创业、万众创新的热潮下，从事多年广告行业的“董国富”（化名），看到自媒体与短视频发展的窗口，按捺不住自己对梦想成功的渴望，决定辞掉工作，和两个好朋友合伙创业。

“董国富”今年26岁，太太“白蕾”25岁，二人结婚两年了，太太从事翻译工作。小两口今年刚好喜得贵子，生活虽然不很富裕，但很幸福。结婚时在双方父母的帮助下，首付20万元，贷款30万元购买了一处价值50万元的房子，每个月还贷1,592元，利率4.9%，30年付清，累计还款总额约为57万元。这回为了创业又向亲朋好友借了30万元，公司投股51%成为老板。

公司刚开始起步，成本高利润少，三个股东商量决定，三个人先不拿工资，每个人每月领1,000元基本生活费用，等赚了钱再分红，发生的费用可以在公司报销。这样一来，家庭主要收入都依靠太太每个月5,000元的工资了。在这种局面下，我们来测算一下夫妻俩的“生命资产”，男性按工作到60岁退休，“国富”还有34年的工作时间，一生所累积的收入只有40.8万元（当然未来一定会有所变化的）；女性按工作到55岁退休，“白蕾”还有30年的工作时间，一生所累积的收入是180万元（增减变量暂不考虑）。

“国富”每个月省吃俭用也要花费500元，其他费用就在公司报销了，太太每个月家用至少也要3,000元，另外小孩子单独计算要1,000元的额

外花费。这样下来，每个月收入所剩无几了，同时也形成了夫妻俩长期的生活负债。工作期“国富”34 年需要支付 20.4 万元；太太“白蕾”30 年需要支付 108 万元，夫妻合计 128.4 万元。退休期夫妻俩都计划生活至 85 岁，“国富”25 年需要准备 15 万元；“白蕾”30 年需要准备 108 万元，夫妻俩合计 123 万元。小孩子抚养长大至少需要 18 年，也要准备 21.6 万元。好在太太比较能勤俭持家，结婚以来攒下了 5 万元存款以备不时之需。

那么，“董国富”目前的财务状况和创业抉择存在哪些问题呢？我们同样需要运用“十字表”家庭财报来做个分析。如图 3-4 所示。

首先，是企业财务与家庭财务需要分开管理。许多创业者是将企业与家庭的资金混在一起使用，这样会造成许多麻烦，也是违规的行为，甚至会触犯法律。只要是注册成为公司，就是一个独立的法人机构，公司所有的财产就不完全属于自己了。需要缴税、接受监管和股东决议。无论是盈亏还是融资举债，都要做好责任、利益和风险的有效隔离与管理。

所以“董国富”和其他两位股东的约定等到公司盈利时才发工资是不妥的，既不利于公司经营，也无法照顾好家庭。应该给到经营者明确的工资待遇，哪怕自己是投资者，也要支付工资，这是企业经营的基本成本。企业可以通过经营获利，或通过股权及债权融资补充资金，不能不发工资来节省成本，导致家庭生活难以为继。许多企业家就是这种所谓不拿工资或少拿工资的做法，当出现资金链紧张的局面，会发生拆东墙补西墙、家庭与企业资金混同的风险。既无法获得应得的收益，还有可能陷入债务和法律的泥潭。

其次，是产权最终归属及管理问题，我们来看一看资金是怎样流转的。“董国富”和其他两位好友合伙创办了这家网络传媒公司，三位股东按照约定的股权比例将自己或家庭的资金投入公司成为注册资本，计入在公司的财务报表内。经过企业持续的经营与投资，假如获得了收益，就会按照股权比例分配给股东们，当缴税之后，所分配的收益就回归到了家庭和个人，成为夫妻的共同财产。

家庭财报

十字表®

姓名/性别：董国富/男　　白蕾/女
职业/年龄：私企业主/26岁　　翻译/25岁
私人财富顾问：

财富安全 A	财富独立 B	财富自由 C
保障资产 = 生命资产 -408,000	净值为正数 -245,185	理财收入 > 月支出 -5,978

月收入		6,115
项目	子项	收入
工作收入	本人工资	
	配偶工资	5,000
主营收入	经营利润	1,000
C 理财收入	股权分红	
	房产租金	
	现金利息	115
	数字收益	
	固定收益	
	浮动收益	
	保障收益	
	另类收益	
转移性收入	赠予所得	
其他收入	随机所得	

总资产		3,058,000
项目	子项	资产
生命资产	本人	408,000
	配偶	1,800,000
主营企业	网络传媒	300,000
企业资产		
房地产	住宅	500,000
金融资产 A	现金类	50,000
	数字类	
	固收类	
	权益类	
	保障类	
另类资产		
转移性资产		
其他资产		

月支出		6,092
项目	子项	支出
生活支出	本人开销	500
	配偶开销	3,000
	赡养费用	
	孩子费用	1,000
	兴趣/爱好	
信贷支出	抵押/信用	1,592
投资支出	强储/长期	
保障支出	统筹/商业	
公益支出	社会/家族	
其他费用	不可预见	
税金支出	所得税	

总负债		3,303,185
项目	子项	负债
生活负债	工作期	1,284,000
	退休期	1,230,000
生活规划		
	孩子负债	216,000
	人生梦想	
贷款负债	房贷总额	573,185
投资规划		
保障规划		
传承规划		
其他规划		
税务规划		

月结余	22

B 净值	-245,185

手中现金__________元

所有数据仅用于规划，不作为实际投资使用。

图 3-4 “董国富”的家庭财报

从这个简单的循环中就能看出，无论是资金的源头，还是最终收益的归属，甚至是股权的处置，都离不开家庭的财务规划与管理。而在家庭中，资金是比较随意的、混乱的、分散的，完全是靠自觉、自律和自发的习惯养成来管理。相比企业而言是有差距的，资金在企业内部有财报管理，在企业外部有财、税、法的管理，是一种被动的、监管的运行机制，必须合规合法地遵守和经营，否则就会出现一系列的麻烦和风险。

因此有一个事实就摆在我们面前，这就是家庭财富管理涵盖企业投资、房地产投资、金融投资以及另类投资等等，但是又无法做到有效管理，这就成为一个家庭乃至整个家族兴旺发达的瓶颈与痛点。所以我们将“董国富”控股51%股份的30万元资金，计入“家庭财报”的资产项主营企业中，这是一笔家庭的投资与资产。这就需要建立起以家庭为中心的财富管理思维和运作机制。

第三，是生命周期与成功概率的问题。目前我国企业的平均寿命不超过5年，家庭的平均寿命约为10年，而个人的平均寿命长达77年。在有限的时间里，能够工作和创业的主要时段不超过40年。也就是说，我们抱有持续的创业热情，在人生主要的奋斗期至少有8次机会可以从头再来或持续攀登。这就需要我们在每一次变故中，都面对创业、发展、衰退、破产的循环，除了依托企业自身经营和管理的工具与系统之外，我们更需要一个连贯的、可持续的人生规划和财富管理系统来驾驭这些多变的投资风波。

因此，需要建立起一个基本逻辑和科学方法，就是个人掌控家庭，家庭掌控企业的顺序，也就是修身、齐家、治国、平天下的逻辑。这才有可能打造出百年企业，百年企业背后一定有百年家族做支撑。这么看来，读懂和用好个人与家庭财报比企业财报更重要。

小训练：试着打开一下自己尘封已久的梦想吧！

1. 还记得自己最初的梦想吗？在这页空白的白纸上，描绘一下自己尘封已久的梦想吧！

打开我们与生俱来的热爱，寻找一下自己喜欢做的事，看看在哪方面有所擅长，这是我们与众不同的天赋吗？在过往的人生中有哪一种能力和习惯让自己倍感自豪？

2. 算一算自己的梦想需要多少成本才能完成？评估一下这个梦想是资产还是负债呢？

将自己的梦想及成本填写到“十字表”中衡量一下看看，是资产还是负债呢？

家庭
财报

小训练
只看不练，功夫白费！我们也来训练一下吧：

第四章

幸福的婚姻离不开“家庭财报”

婚姻是大多数人都会面对的人生阶段，从选择配偶、走进婚姻、经营家庭到化解风波，除了需要爱情的耕耘，还处处离不开经济的支撑和财务的考验，掌握和驾驭好这张“家庭财报”就变成了幸福之源。

第一节 相亲也需要点专业度

相亲是时下一个热门话题，许多男孩、女孩在谈婚论嫁时，为了不吃亏或更幸福，总会向对方提出一些财务条件。当然这是一个世俗的表现，但实际背后暗藏着一个道理，就是希望多了解一些对方的财务状况和经济实力，以免婚后没有良好的经济基础而不能获得幸福生活。过去人们在这个问题上基本是含糊其词、难以启齿，导致婚后摩擦不断甚至婚姻失败。如今的年轻人则比较直截了当，婚前不糊涂，婚后才幸福。这是一个很现实且需要尊重的话题。只不过我们没有一个更科学、更专业、更有效的方法来判断对方，特别是无法判断对方是否具有正确的认知、良好的习惯和成长的潜力。

这就需要我们运用好“个人/家庭财报”这个工具和方法，看看如何透过双方的“个人财报”看穿财力、习惯和未来前景。远离盲目的攀比与索取，科学而客观地为爱情保驾护航。

先来看一看“南之麟”（化名/男生）和“吕子玉”（化名/女生）的相亲案例，两人经朋友介绍相识，双方都感觉对方还不错，在一起聊了许多关于兴趣、爱好的话题，同时也交流了一下彼此的财务状况和人生规划。我们来分析和判断一下，像家人一样帮忙把把关！

“南之麟”25岁，生于教育家庭，父母都是数学教师。从小喜欢组装玩具、搭建模型，长大后成为一名建筑设计师。自己独立居住生活，在一家大型的建筑设计规划院工作。

在财务方面，目前月薪10,800元，男性按工作到60岁退休，还有35

年的工作时间，平稳工作不起波澜的状况下，一生所累积的“生命资产”就是441万元（增减变量暂不考虑）。每月生活开销需要5,000元，形成了未来的长期负债，工作期35年累计支付210万元；退休期假定生活至85岁，25年需要准备150万元（通货膨胀暂不考虑）。

“南之麟”还贷款50万元购买了一处价值62.5万元的自住房，每月还贷3,272元，20年付清，总计还款约为78.5万元。还有5万元的储蓄，月均能有115元的利息。另外，购买过20万元综合保障，平均每月支付420元保费，缴费期20年，累计缴纳约为10万元。总体上是一个独立自主且自律的大男孩。

“吕子玉”24岁，生在一个艺术家庭，父亲是画家，母亲从事音乐工作。从小到大一直被父母宠爱，喜欢写作，和父母住在一起。目前在一家广告公司做文案工作，时间上有弹性，经常出门旅游，寻找灵感。

在财务方面，目前月薪6,000元，女性按工作至55岁退休，还有31年的工作时间，这一生所累积的“生命资产”就是223.2万元（增减变量暂不考虑）。每月基本生活开销5,000元，形成了长期生活负债，工作期31年累计支付186万元；退休期假定生活至85岁，30年需要准备180万元（通货膨胀暂不考虑）。

“吕子玉”在兴趣、爱好方面每月还要花销2,000元。另外，还有一些不可预见的费用也需要1,000元。这样一看，月薪收入肯定是不够花的，不过别担心，有父母做靠山，每月还能贴补她3,000元。基本上是能维持的。在未来的人生规划方面有三点小愿望，一是想买一辆心爱的价值100万元的跑车；二是想买一栋价值200万元的房子独立生活；三是准备300万元去周游世界。

这两个年轻人当下的财务状况和未来的人生全貌到底是一个什么样子呢？这就需要“十字表”个人财报来梳理一下了，如图4-1所示。

个人财报

十字表®

姓名：南之麟（化名）　性别：男
职业：建筑设计师　年龄：25岁
私人财富顾问：

财富安全 A	财富独立 B	财富自由 C
保障资产 = 生命资产 -4,210,000	净值为正数 798,867	理财收入 > 月支出 -8,578

月收入　10,615

项目	子项	收入
工作收入	本人工资	10,500
	配偶工资	
主营收入	经营利润	
理财收入 C	股权分红	
	房产租金	
	现金利息	115
	数字收益	
	固定收益	
	浮动收益	
	保障收益	
	另类收益	
转移性收入	赠予所得	
其他收入	随机所得	

总资产　5,285,000

项目	子项	资产
生命资产	本人	4,410,000
主营企业		
企业资产		
房地产	住宅	625,000
金融资产 A	现金类	50,000
	数字类	
	固收类	
	权益类	
	保障类	200,000
另类资产		
转移性资产		
其他资产		

月支出　8,692

项目	子项	支出
生活支出	本人开销	5,000
	配偶开销	
	赡养费用	
	孩子费用	
	兴趣/爱好	
信贷支出	抵押/信用	3,272
投资支出	强储/长期	
保障支出	统筹/商业	420
公益支出	社会/家族	
其他费用	不可预见	
税金支出	所得税	

总负债　4,486,133

项目	子项	负债
生活负债	工作期	2,100,000
	退休期	1,500,000
生活规划		
	人生梦想	
贷款负债	房贷总额	785,333
投资规划		
保障规划	健康基金	100,800
传承规划		
其他规划		
税务规划		

月结余　1,922　　**B 净值　798,867**

手中现金________元

所有数据仅用于规划，不作为实际投资使用。

个人财报

十字表®

姓名：吕子玉（化名）　性别：女
职业：广告文案　年龄：24岁
私人财富顾问：

财富安全 A	财富独立 B	财富自由 C
保障资产 = 生命资产 -2,232,000	净值为正数 -7,428,000	理财收入 > 月支出 -8,000

月收入　9,000

项目	子项	收入
工作收入	本人工资	6,000
	配偶工资	
主营收入	经营利润	
理财收入 C	股权分红	
	房产租金	
	现金利息	
	数字收益	
	固定收益	
	浮动收益	
	保障收益	
	另类收益	
转移性收入	赠予所得	3,000
其他收入	随机所得	

总资产　2,232,000

项目	子项	资产
生命资产	本人	2,232,000
主营企业		
企业资产		
房地产		
金融资产 A	现金类	
	数字类	
	固收类	
	权益类	
	保障类	
另类资产		
转移性资产		
其他资产		

月支出　8,000

项目	子项	支出
生活支出	本人开销	5,000
	配偶开销	
	赡养费用	
	孩子费用	
	兴趣/爱好	2,000
信贷支出	抵押/信用	
投资支出	强储/长期	
保障支出	统筹/商业	
公益支出	社会/家族	
其他费用	不可预见	1,000
税金支出	所得税	

总负债　9,660,000

项目	子项		负债
生活负债	工作期		1,860,000
	退休期		1,800,000
生活规划			
	人生梦想	周游世界	3,000,000
贷款负债			
投资规划	买房		2,000,000
保障规划			
传承规划			
其他规划	买车		1,000,000
税务规划			

月结余　1,000　　**B 净值　-7,428,000**

手中现金________元

所有数据仅用于规划，不作为实际投资使用。

图 4-1　“南之麟”和“吕子玉”二人财报对比图

我们先从二人“个人财报”的基本结构和关联逻辑的数据对比中，看一看有什么焦点问题。双方的家庭背景是相近的，都有着良好的家庭环境和成长教育，不同的是男方偏理性，女方偏感性。男孩子当下的收支管理水平还不错，工作收入过万，比女孩子高一些，支出控制得也可以，有结余。未来人生的资产负债平衡能力也很不错，有房产、有储蓄、有保险，负债可控，净值为正。女孩子当下的收支管理水平存在一些小问题，有结余，但那是因为每个月有来自父母的贴补，工作收入勉强维持基本生活开销，在兴趣爱好及不可预见方面的支出偏大，容易发生任性失控的局面。如果未来人生的资产负债平衡能力出现资不抵债的情境，除了“生命资产”外，几乎没有什么资产，而未来的规划与梦想却很大。

我们再从资金流转的角度来看一看二人对金钱的掌控能力。

首先，看一看以“生命资产”为核心循环运转的原动力方面，如图4-2所示。

男孩子呈现出充沛且良性的运转状况，当下有结余，未来能独立。过程中有一点点保障意识，紧急周转金可以维持近6个月的生存，基本达标。而女孩子呈现出乏力且透支的运转状况，当下结余吃紧，仰仗父母贴补，未来养活不了自己。没有任何保障意识，紧急周转金为0，遇到紧急状况只能依靠父母或无法面对风险。

其次，看一看以结余资金和强制储蓄为投资源泉的推动力方面，如图4-3所示。

男孩子的结余比为18%，接近标准值，同时有了一点储蓄及利息收入，这样就形成了一个闭环。虽然运转得很微弱，但这已经建立起一个好习惯了。而女孩子的结余比为11%，其中还有父母的贴补，资金没有投向任何资产，基本通过消费性负债流失掉了。

第三，再看一看以外部融资为加速运转的杠杆力方面，如图4-4所示。

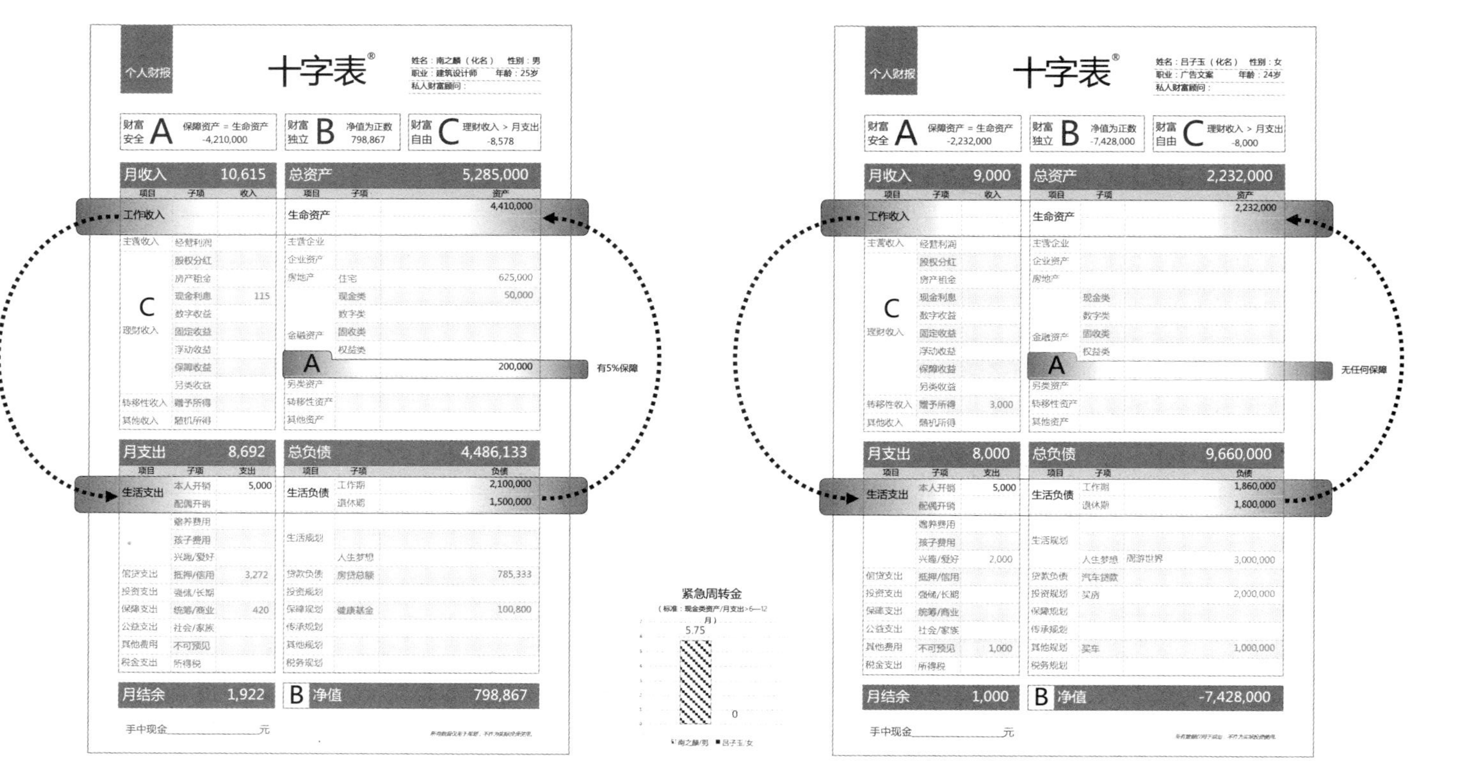

图 4-2　以“生命资产”为原动力的主循环系统对比图

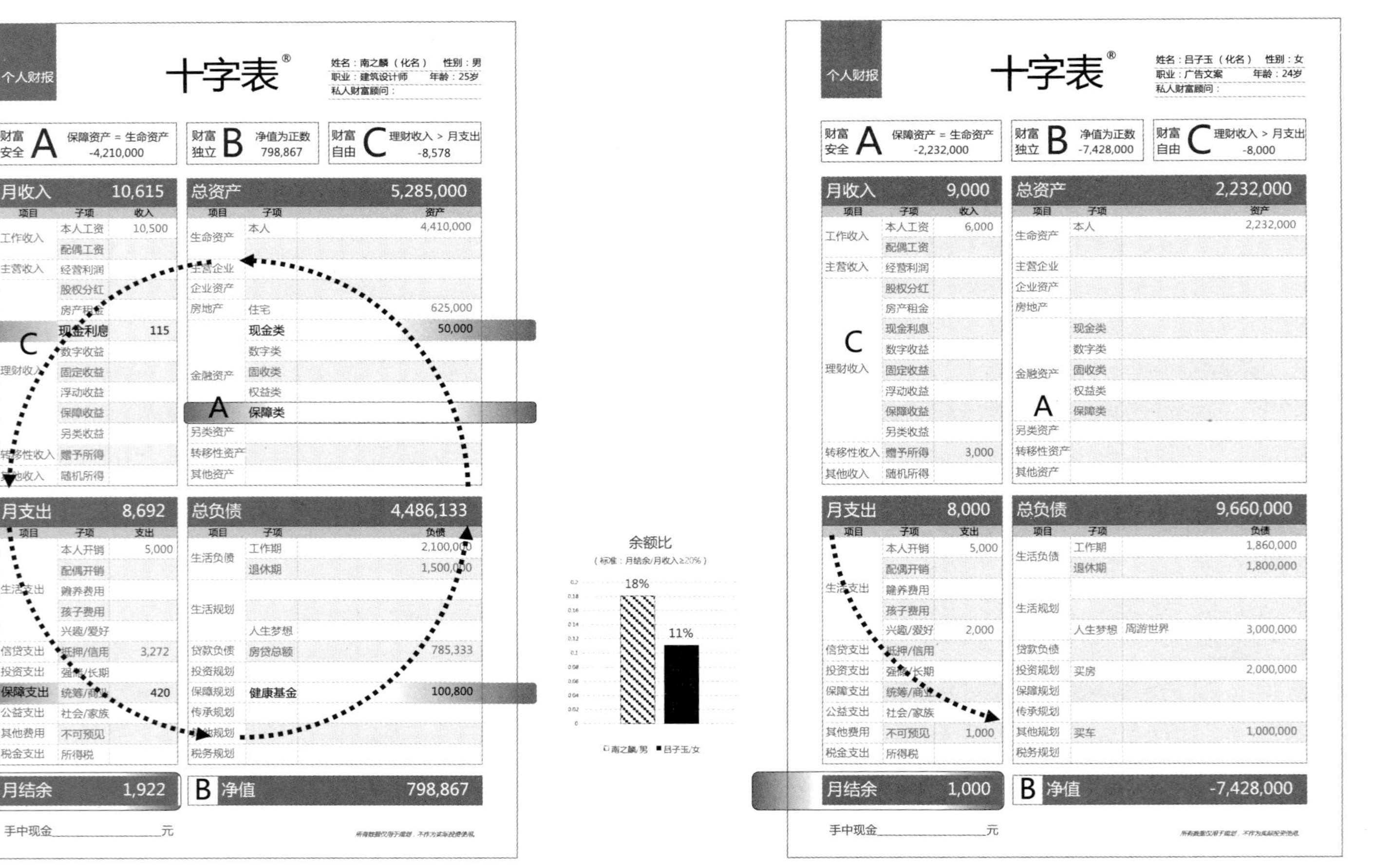

图 4–3 以结余资金和投资资金为推动力的循环系统对比图

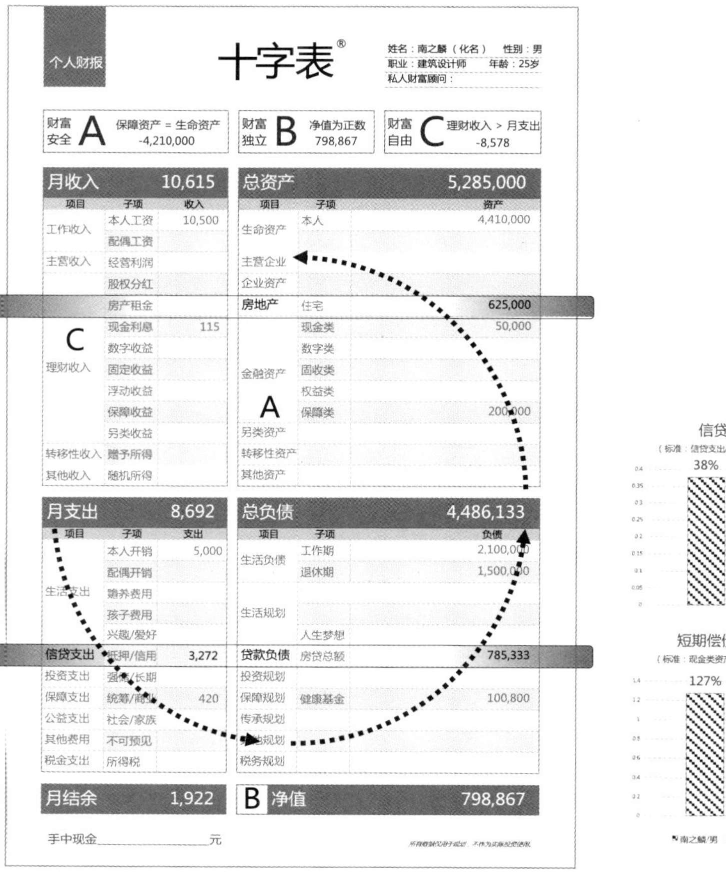

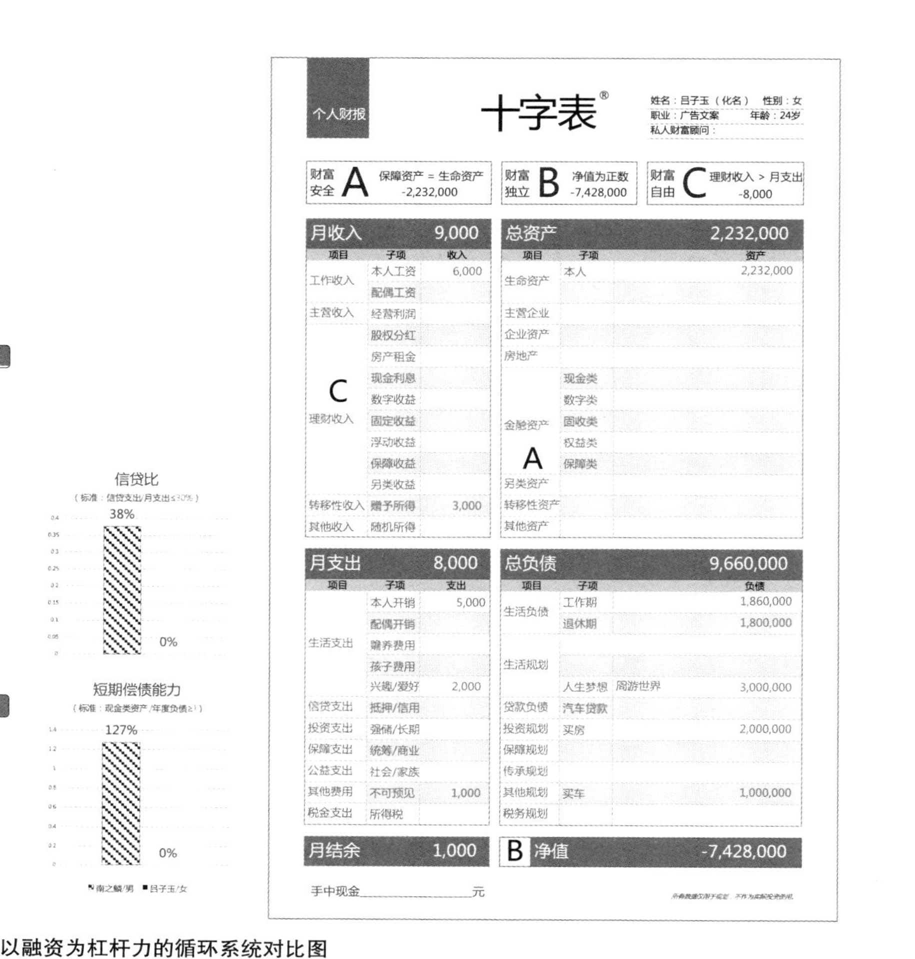

图4-4　以融资为杠杆力的循环系统对比图

男孩子信贷比为38%，略高一点点，贷款购买了自住房，但目前尚未形成闭环运转，还属于举债性资产阶段。好在短期偿债能力为127%，足以面对短期债务风险。而女孩子还没有启动，信贷比为0，没有信贷的记录和习惯，同时短期偿债能力为0，既没负债也没储蓄。

最后从财富平衡的三大指数上看一下，双方的目标达成状况，如图4-5所示。

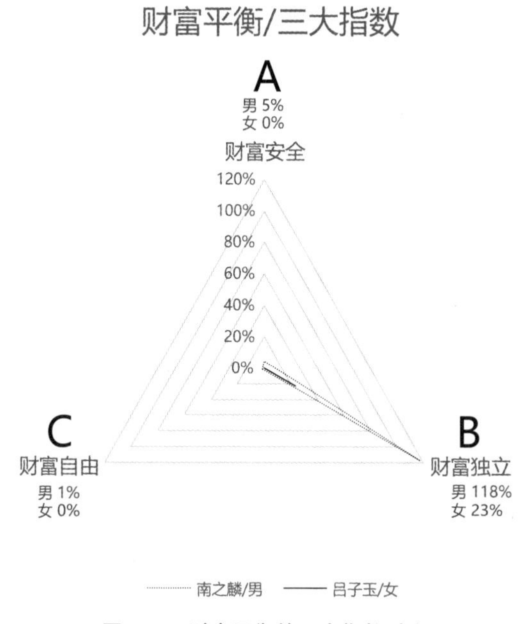

图4-5 财富平衡的三大指数对比

男孩子的财富安全指数为5%，属于刚刚起步的状态；而女孩子的财富安全指数为0，还处在意识薄弱的状态中。男孩子的财富独立指数已经阶段性地达标并超出了18个百分点；而女孩子仅为23%，还有巨大的缺口。男孩子的财富自由指数只有1%，处在萌芽状态；女孩子的财富自由指数为0，基本上还没有意识。

我们从以上双方“个人财报”的数据中看出，男女双方的经济条件、习惯能力和未来状况各有差异。如果双方的价值观和习性模式有共识或互

补，能够客观面对彼此的特质，愿意接受未来共同的挑战，再加上双方父母的支撑，这两个年轻人是可以走到一起的。如果彼此不愿意面对和接受对方的现状、习惯和未来打算，这就需要从长计议了。

第二节　用“个人财报”把控自己的幸福

我们再来体会一下另一个案例，看看从中能学到些什么。

这算是一对大龄男女青年，男士化名“钱鑫”，女士化名“宫萍”。在一次商务酒会上相识，由于业务关系双方经过几次接触，彼此有了一定的了解和好感，逐渐走进各自的生活中。同时，双方对彼此的价值观、喜好、习惯模式以及经济状况有了更深入的了解，他们能否走到下一步，让我们来分析和判断一下。

“钱鑫”33岁，出生在农民家庭，从小就想把农产品运到城市中去卖，长大后几经波折终于和朋友一起创办了一家物流公司，专门从事城乡农产品运输的生意，规模越做越大，深受乡亲们的爱戴。经过多年的打拼，自己赚了一些钱，过上了又买房、又买车、又借钱的生活，外表看上去是一位年轻有为的企业家，但从财务的角度看却是危机四伏。

价值125万元的房子是贷款100万元购买的，20年付清，每月还贷6,544元，总计还款约为157万元。价值百万的车子也是贷款80万元购买的，5年付清，每月还贷15,006元，总计还款约为90万元。另外，与朋友合伙（参股20%）创办的物流公司，其注册资本100万元的大部分也是东拼西凑而成。再加上目前资金链紧张，又到处借钱融资，累计借款已达100万元，每月支付利息8,333元。

目前依靠每月28,000元的主营收入生活，按工作至60岁退休，工作27年计算，一生所累积的“生命资产”就是907.2万元（增减变量暂不考虑）。每月还需要10,000元的生活开销，这样就形成了未来的长期生活负债，工作期按27年计算就是324万元；退休期假定生活至85岁止，25年需要准备300万元（通货膨胀暂不考虑）。

除了生活开销之外，还有大把的贷款需要偿还，每个月都要面对拆东墙补西墙的局面，因此至今未婚。在这种状况下，自己仍然坚守着梦想，未来想创办一家智能分解物流系统公司，彻底解决农产品时效与保鲜的痛点，这至少还需要500万元的梦想启动资金。

“宫萍”30岁，出生在商人家庭，家底殷实。从小看到生意往来、是是非非、纠纷不断，萌生了伸张公平的侠义之心，长大后攻读了法律专业，成为一名律师。工作之余帮助父母操持一点生意，日后也好方便接手，生活过得很惬意，眼光很高至今没有遇见意中人。虽然和父母经常生活在一起，但已经独自居住、独立生活了。

“宫萍”的工作收入很稳定，每月工资10,000元，按55岁退休，工作25年计算，她的“生命资产”是300万元（增减变量暂不考虑）；同时每月生活开销需要7,500元，这样也形成了未来的长期生活负债，工作期按25年计算就是225万元，退休期按85岁止，需要准备30年就是270万元（通货膨胀暂不考虑）。

自己贷款80万元购买了一处价值100万元的自住房，20年付清，每月还贷5,236元，累计还款约为126万元。又投资了80万元的固收类资产，每月平均收益3,333元。还有30万元的储蓄，每月平均能有688元的利息收入。同时还购买了100万元的综合保障，每月支付2,000元，20年缴清，累计缴费48万元。这么一看，她还是一位理财能手呢！父母将一处价值200万元的商铺交给她打理，每个月增加8,000元租金收入，这也算是转移性资产和赠予收入了。

面对两人较为复杂的财务信息，我们还得运用“十字表”盘点一下，将收入、支出所对应的资产与负债的关联数据进行推算，核算出6大数据（月收入、月支出、月结余；总资产、总负债、净值）和财富平衡的三大指数（财富安全、财富独立、财富自由）。这样两个人的“个人财报”就

呈现出来了，以便于我们更清晰地看到全貌。如图 4-6 所示。

个人财报　十字表®

姓名：钱鑫（化名）　性别：男
职业：私企业主　年龄：33岁
私人财富顾问：

财富安全 A	财富独立 B	财富自由 C
保障资产 = 生命资产 -9,072,000	净值为正数 -2,388,997	理财收入 > 月支出 -39,883

月收入		28,000
项目	子项	收入
工作收入	本人工资	
	配偶工资	
主营收入	经营利润	28,000
	股权分红	
	房产租金	
C	现金利息	
	数字收益	
理财收入	固定收益	
	浮动收益	
	保障收益	
	另类收益	
转移性收入	赠予所得	
其他收入	随机所得	

总资产			12,322,000
项目	子项		资产
生命资产	本人		9,072,000
主营企业	物流公司		1,000,000
企业资产			
房地产	住宅		1,250,000
	现金类		
	数字类		
金融资产	固收类		
	权益类		
A	保障类		
另类资产			
转移性资产			
其他资产	汽车		1,000,000

月支出		39,883
项目	子项	支出
	本人开销	10,000
	配偶开销	
生活支出	赡养费用	
	孩子费用	
	兴趣/爱好	
信贷支出	房贷支出	6,544
	车贷支出	15,006
	其他贷款	8,333
投资支出	强储/长期	
保障支出	统筹/商业	
公益支出	社会/家族	
其他费用	不可预见	
税金支出	所得税	

总负债			14,710,997
项目	子项		负债
生活负债	工作期		3,240,000
	退休期		3,000,000
生活规划			
	人生梦想	智能分解物流	5,000,000
贷款负债	房贷总额		1,570,666
	汽车贷款		900,332
	贷款总额		1,000,000
投资规划			
保障规划			
传承规划			
其他规划			
税务规划			

月结余	-11,883	B 净值	-2,388,997

手中现金________元

个人财报　十字表®

姓名：宫萍（化名）　性别：女
职业：律师　年龄：30岁
私人财富顾问：

财富安全 A	财富独立 B	财富自由 C
保障资产 = 生命资产 -2,000,000	净值为正数 1,413,468	理财收入 > 月支出 -8,715

月收入		22,021
项目	子项	收入
工作收入	本人工资	10,000
	配偶工资	
主营收入	经营利润	
	股权分红	
	房产租金	
C	现金利息	688
	数字收益	
理财收入	固定收益	3,333
	浮动收益	
	保障收益	
	另类收益	
转移性收入	赠予所得	8,000
其他收入	随机所得	

总资产		8,100,000
项目	子项	资产
生命资产	本人	3,000,000
主营企业		
企业资产		
房地产	住宅	1,000,000
	现金类	300,000
	数字类	
金融资产	固收类	800,000
	权益类	
A	保障类	1,000,000
另类资产		
转移性资产	商铺	2,000,000
其他资产		

月支出		12,736
项目	子项	支出
	本人开销	7,500
	配偶开销	
生活支出	赡养费用	
	孩子费用	
	兴趣/爱好	
信贷支出	房贷支出	5,236
投资支出	强储/长期	
保障支出	统筹/商业	2,000
公益支出	社会/家族	
其他费用	不可预见	
税金支出	所得税	

总负债		6,686,532
项目	子项	负债
生活负债	工作期	2,250,000
	退休期	2,700,000
生活规划		
	人生梦想	
贷款负债	房贷总额	1,256,532
投资规划		
保障规划		480,000
传承规划		
其他规划		
税务规划		

月结余	9,285	B 净值	1,413,468

手中现金________元

图 4-6　“钱鑫”和“宫萍”二人财报对比图

我们可以先从这两张“个人财报”的基本结构和关联逻辑的数据对比中，看出二人还是有着很大的不同。男士是一个执着的创业者，盈利来源单一，支出管理糟糕，特别是信贷支出是失控状态，结余负得离谱，是属于借钱度日、死要面子的窘境。看似有不少资产，实则都是举债性资产和贬值性资产，主营企业背负着借款、房子是按揭的、豪车是分期付款的。只有自己的生命资产是值钱的，而且还有更大的梦想要实现。如果此刻清盘核算，净值是负值。这种结余、净值双双为负，资产空心化，现金流匮乏的状况，或许代表着当下一批奋不顾身投身于创业之中的创业者吧。

相反，女士是一位比较稳健的职业人。收入结构比较丰富，有工资收入、理财收入、转移性收入。支出控制得也比较合理，有很大的结余可供支配。收支管理水平已经过关，流动性稍微有点过剩，略显保守。资产配置做得也相当不错，主要集中在房地产和金融资产上。负债占比最大的则体现在长期生活成本上，这也是比较合理的。净值已经为正，人生比较有底。

我们再从资金流转的角度来看一看二人对金钱的掌控能力，如图 4-7 所示。

首先，我们从“生命资产”为原动力的主循环系统上看，男士的核心收入大于女士（主营收入 28,000 元/月>工作收入 10,000 元/月），随之“生命资产”的价值也高于女士（907.2 万元>300 万元）。单纯从这一循环中看，男士的运转动力要优于女士，并且最终生命资产减生活负债，还有盈余。不过在整个循环中，男士没有任何保障，女士却有 33.3%的保障。

其次，我们从结余与投资为推动力的循环系统上看，男士与女士的差距瞬间就拉开了。男士与女士的结余比正好相反，男士为-42%，女士为 42%，这说明两个人对金钱的态度、投资习惯和掌控能力相差实在是太大了。男士属于不计后果的冒险，不但没有结余，还靠借钱融资来维持生计。同时，男士的紧急周转金为 0，造成现金流与现金储备双双枯竭，无

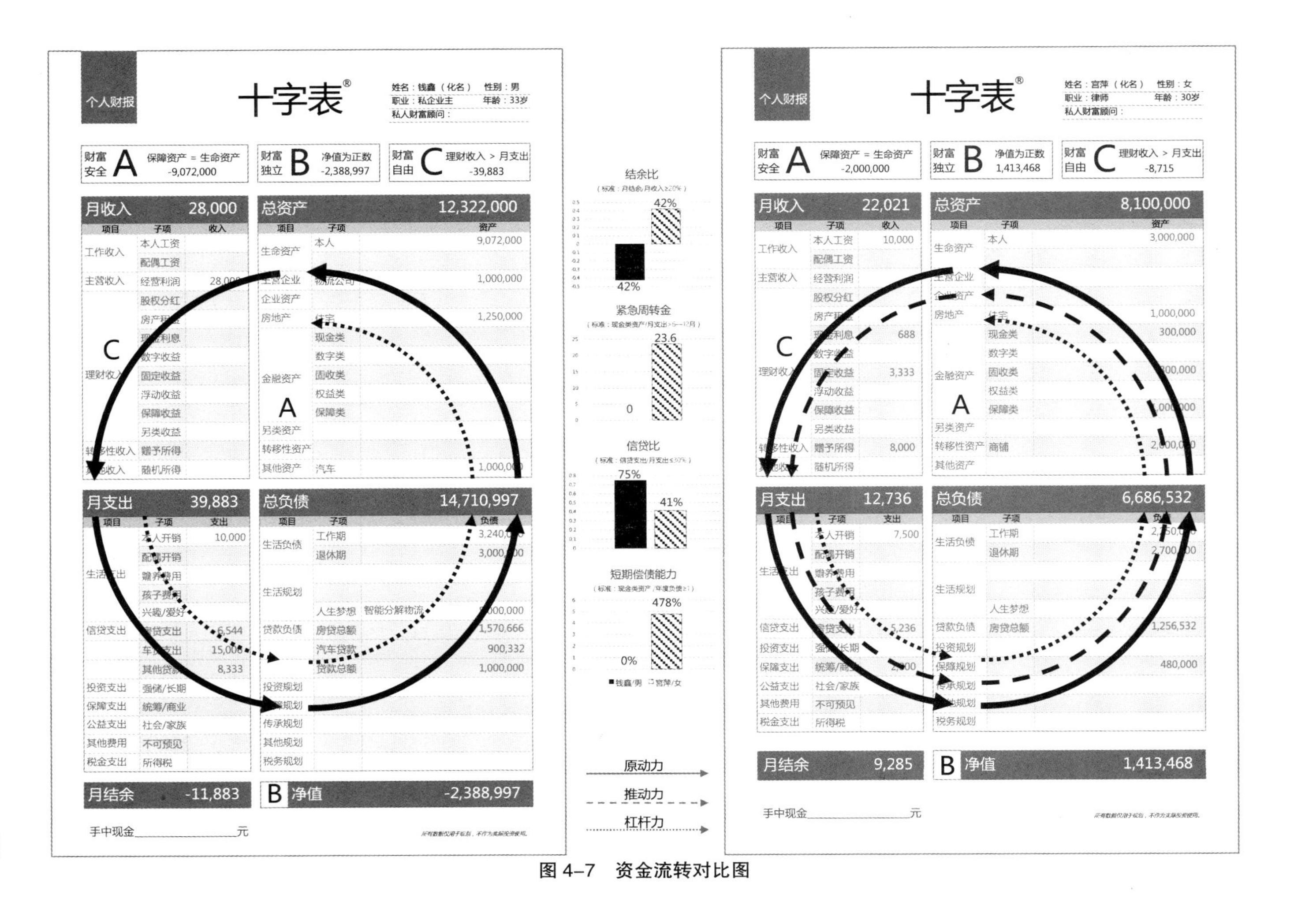

个人财报
十字表®
姓名：钱鑫（化名） 性别：男
职业：私企业主 年龄：33岁
私人财富顾问：
财富安全 A 保障资产 = 生命资产
-9,072,000
财富独立 B 净值为正数
-2,388,997
财富自由 C 理财收入 > 月支出
-39,883
月收入 28,000
总资产 12,322,000
月支出 39,883
总负债 14,710,997
月结余 -11,883
B 净值 -2,388,997
手中现金 元
结余比
42%
42%
紧急周转金
23.6
0
信贷比
75%
41%
短期偿债能力
478%
0%
钱鑫/男 宫萍/女
原动力
推动力
杠杆力
个人财报
十字表®
姓名：宫萍（化名） 性别：女
职业：律师 年龄：30岁
私人财富顾问：
财富安全 A 保障资产 = 生命资产
-2,000,000
财富独立 B 净值为正数
1,413,468
财富自由 C 理财收入 > 月支出
-8,715
月收入 22,021
总资产 8,100,000
月支出 12,736
总负债 6,686,532
月结余 9,285
B 净值 1,413,468
手中现金 元

图 4-7　资金流转对比图

法面对任何风险。致使没有能力有效启动投资运转这个循环系统。女士则属于张弛有度，有足够的持续投资动力，已形成了有效的资产配置并获得了理财收入，完成了资金运转的闭环。同时，紧急周转金也可以应对23.6个月的生活所需，无任何后顾之忧。另外，父母赠予的转移性资产（商铺），也获得了不错的收益并起到了积极的推动作用。

第三，我们从外部融资为杠杆力的循环系统上看，男士的信贷比为惊人的75%，这种压力可不是普通人能承受的。同时，男士的短期偿债能力为0，面对12万元之多的年度负债，没有任何化解风险的能力与措施。而女士的信贷比为41%，虽然高了一些，这是由于在月支出中各类项目的支出较少，大量资金沉淀到了月结余中，显得信贷占比偏高。同时，女士的短期偿债能力为478%，足以解决各种风险。

最后从财富平衡的三大指数上看一下，双方的目标达成状况，如图4-8所示。

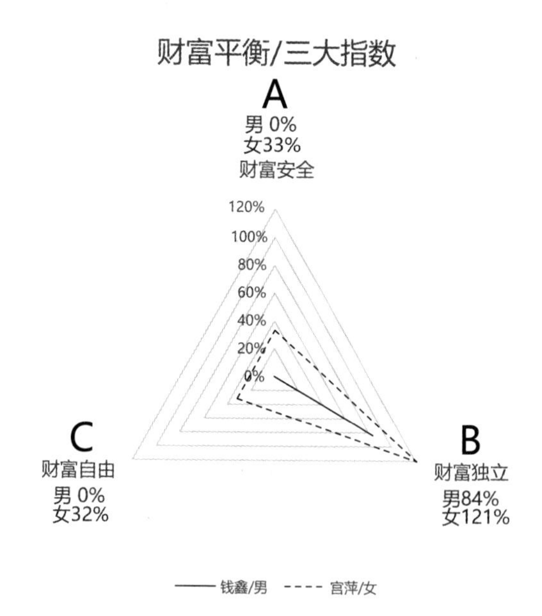

图4-8 财富平衡的三大指数对比

男士的财富安全指数为 0，基本上是没有安全保障意识；而女士的财富安全指数为 33%，已经有了一定的安全感。男士的财富独立指数为 84%，已经有了很多的积累，但人生终局还处于资不抵债的状态，还有一定的缺口；女士已经阶段性地达标并超出了 21 个百分点。男士的财富自由指数也是 0，基本属于还没开窍；女士的财富自由指数为 32%，已经有一定的经验值了。

我们从以上双方“个人财报”的数据中看出，男士是多么冒险和身处险境，而女士是多么从容和有底。双方除了情感关系外，在经济方面需要冷静看待和认真选择了。

第三节　结婚就是将“个人财报”合并为“家庭财报”

在爱情的道路上，总会遇见自己命中注定的另一半，由此两个独立的生命体，经过价值观的碰撞和习性模式的磨合，逐步形成了共识或互补，最终走向婚姻的归宿。

那么婚姻是什么呢？

婚姻其实是人生中最大的一笔投资和契约。婚姻也是将两个人的“个人财报”合并报表成为一张“家庭财报”。婚姻更是将“以自己名字命名的生命有限公司”重组成“以夫妻为股东的家庭合伙企业”。

也就是说，夫妻二人将彼此最宝贵的生命资产、余生的时间、共同的财富、专属的情感以及美好的梦想都投入其中，双方秉承着契约精神，共同经营好这个家庭合伙企业，持续获得爱与幸福，并将这份共同财富得以持续增值与传承。

那么我们要如何组建这个新家庭呢？如何在爱情的基础上，把双方的财务进行一次合并报表呢？我们通过几个案例来体验一下。

这是一对职业学校的同学，男士“唐辉”（化名），今年 24 岁；女士

“高宇”（化名），今年22岁。“唐辉”学习的是摄影专业；“高宇”学习的是化妆专业。双方都出生在一个小县城，父母都是普通工人和农民。两人毕业参加工作后一直在交往，感情稳定决定结婚，双方父母也同意。于是，一个幸福的小家庭就这样组建诞生了。下面我们就来理顺由两个人背后的两个家庭组建的这个小家庭所呈现出的财务信息。

“唐辉”目前每月的工资收入是8,500元，按60岁退休，工作36年计算，一生的“生命资产”是367.2万元（增减变量暂不考虑）。同时每月生活开销需要5,000元，这样形成了未来的长期生活负债，工作期按36年计算就是216万元；退休期按85岁止，需要准备25年就是150万元（通货膨胀暂不考虑）。

由于“唐辉”酷爱摄影，每个月在兴趣爱好上的投入也需要2,000元。不断地学习进修，实地考察摄影，并且他有一个梦想，就是专门拍摄濒临灭种的鸟类，用摄影图片将它们记录下来，让后人看见，这个梦想大约需要持续投入100万元的资金才能实现。

另外，“唐辉”也有一点保险和储蓄的意识，每月支付210元购买了10万元的综合保障，缴费20年共计5.04万元。还有3万元的储蓄并获得了一点小利息。这就是“唐辉”自己的一本账。如图4-9所示。

再来看看“高宇”的财务状况，“高宇”目前每月的工资收入是7,000元，按55岁退休，工作33年计算，一生的“生命资产”是277.2万元（增减变量暂不考虑）。同时每月生活开销与“唐辉”差不多，需要5,000元，这样也形成了未来的长期生活负债，工作期按33年计算就是198万元；退休期按85岁止，需要准备30年就是180万元（通货膨胀暂不考虑）。

另外，作为女孩子每个月还有一些不可预见的花费，也要1,000元左右。由于“高宇”从事化妆师的工作，总是喜欢随手涂鸦，未来她很想设计一款玩偶，陪伴自己和好友一起成长、一起玩。“高宇”的这本账比

“唐辉”的简单多了。如图 4-10 所示。

个人财报

十字表®

姓名：唐辉（化名）　性别：男
职业：摄影师　年龄：24岁
私人财富顾问：

财富安全 A	保障资产 = 生命资产 -3,572,000
财富独立 B	净值为正数 -908,400
财富自由 C	理财收入 > 月支出 -7,141

月收入		8,569
项目	子项	收入
工作收入	本人工资	8,500
	配偶工资	
主营收入	经营利润	
C 理财收入	股权分红	
	房产租金	
	现金利息	69
	数字收益	
	固定收益	
	浮动收益	
	保障收益	
	另类收益	
转移性收入	赠予所得	
其他收入	随机所得	

总资产		3,802,000
项目	子项	资产
生命资产	本人	3,672,000
主营企业		
企业资产		
房地产	住宅	
A 金融资产	现金类	30,000
	数字类	
	固收类	
	权益类	
	保障类	100,000
另类资产		
转移性资产		
其他资产		

月支出		7,210
项目	子项	支出
生活支出	本人开销	5,000
	配偶开销	
	赡养费用	
	孩子费用	
	兴趣/爱好	2,000
信贷支出	抵押/信用	
投资支出	强储/长期	
保障支出	统筹/商业	210
公益支出	社会/家族	
其他费用	不可预见	
税金支出	所得税	

总负债			4,710,400
项目	子项		负债
生活负债	工作期		2,160,000
	退休期		1,500,000
生活规划			
	人生梦想	濒危鸟类摄影	1,000,000
贷款负债			
投资规划			
保障规划	健康基金		50,400
传承规划			
其他规划			
税务规划			

月结余　1,359

B 净值　-908,400

手中现金＿＿＿＿＿＿元

所有数据仅用于规划，不作为实际投资使用。

图 4-9 “唐辉”的个人财报

个人财报

十字表®

姓名：高宇（化名） 性别：女
职业：化妆师 年龄：22岁
私人财富顾问：

财富安全 A	财富独立 B	财富自由 C
保障资产 = 生命资产 -2,772,000	净值为正数 -1,008,000	理财收入 > 月支出 -6,000

月收入 7,000

项目	子项	收入
工作收入	本人工资	7,000
	配偶工资	
主营收入	经营利润	
C 理财收入	股权分红	
	房产租金	
	现金利息	
	数字收益	
	固定收益	
	浮动收益	
	保障收益	
	另类收益	
转移性收入	赠予所得	
其他收入	随机所得	

总资产 2,772,000

项目	子项	资产
生命资产	本人	2,772,000
主营企业		
企业资产		
房地产		
金融资产 A	现金类	
	数字类	
	固收类	
	权益类	
	保障类	
另类资产		
转移性资产		
其他资产		

月支出 6,000

项目	子项	支出
生活支出	本人开销	5,000
	配偶开销	
	赡养费用	
	孩子费用	
	兴趣/爱好	
信贷支出	抵押/信用	
投资支出	强储/长期	
保障支出	统筹/商业	
公益支出	社会/家族	
其他费用	不可预见	1,000
税金支出	所得税	

总负债 3,780,000

项目	子项	负债
生活负债	工作期	1,980,000
	退休期	1,800,000
生活规划		
	人生梦想	设计玩偶
贷款负债		
投资规划		
保障规划		
传承规划		
其他规划		
税务规划		

月结余 1,000

B 净值 -1,008,000

手中现金________元

所有数据仅用于规划，不作为实际投资使用。

图 4-10 “高宇”的个人财报

从两个年轻人的财务状况看，最起码是做到了自食其力。作为双方的父母，看着两个孩子长大成人并结成伴侣都很欣慰，除了衷心的祝福之外，也愿意倾其所有为孩子们组建一个自己的家。不过限于双方父母家庭在经济上和家境上并不富裕，还有其他的子女需要照料，只能尽力而为。

“唐辉”的父母赠予了30万元，希望能帮助小夫妻买个房子，哪怕只够付首付款也行。“高宇”的父母也赠予了10万元，希望俩人有个底，算是幸福的本钱吧。

这样一来，小夫妻就决定将彼此的收入支出合并在一起，建立起一个共同的账本，同时将父母赠予的40万元分成三份来规划使用。第一份20万元用作购房，首付20万元，购买了一个价值50万元的房子，贷款30万元，分30年付清，每月还贷1,592元，贷款总额约为57.3万元。第二份10万元用作装修、装饰，准备结婚。第三份10万元用作储蓄，准备婚后经营家庭使用。

这么多的财务信息与数据该如何理顺并合并呈现出来呢？这还需要借助“十字表”家庭财报这个工具。如图4-11所示。

这也许就是许多家庭面对孩子结婚时所呈现出来的财务状况吧！从一个大家庭中分离出来，学着独立面对和承担自己的一切。随着姻缘所致再组建起一个小家庭，所有的愿望伴随着金钱在每一份“个人/家庭财报”之间流淌。

这样“唐辉”与“高宇”就将彼此最宝贵的生命资产、余生的时间、共同的财富、专属的情感以及美好的梦想都投入到这个小家庭中了。也将双方的“个人财报”合并为一个“家庭财报”了。以“自己名字命名的生命有限公司”升级为以“夫妻为股东的家庭合伙企业”了。这就是人生中最大的一笔投资和契约了。

那么，新组建的小家庭该怎么分工？钱由谁来管理？目前的财务状况该如何优化？未来有哪些规划打算？这一系列问题都摆在小夫妻的面前。这也是许多年轻人刚结婚组建小家庭时需要面对的共同课题吧。

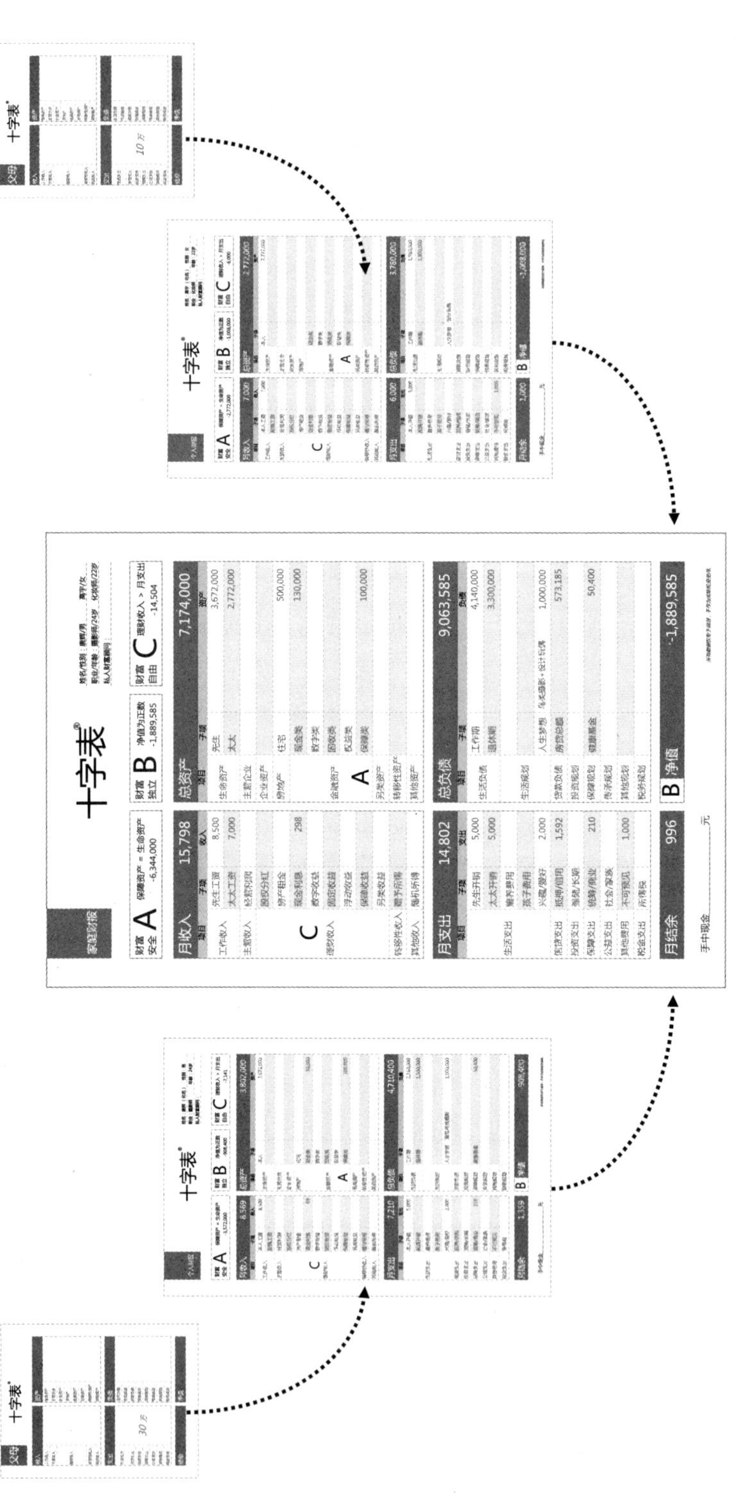

图 4-11　合并报表

家庭财报

十字表®

姓名/性别：唐辉/男 高宇/女
职业/年龄：摄影师/24岁 化妆师/22岁
私人财富顾问：

财富安全 A	保障资产 = 生命资产 -6,144,000

财富独立 B	净值为正数 -296,385

财富自由 C	理财收入 > 月支出 -12,878

月收入		16,844
项目	子项	收入
工作收入	先生工资	8,500
	太太工资	7,000
主营收入	经营利润+	1,000
C 理财收入	股权分红	
	房产租金	
	现金利息+	344
	数字收益	
	固定收益	
	浮动收益	
	保障收益	
	另类收益	
转移性收入	赠予所得	
其他收入	随机所得	

总资产			7,404,000
项目	子项		资产
生命资产	先生		3,672,000
	太太		2,772,000
主营企业	兼职创业+		10,000
企业资产			
房地产	住宅		500,000
A 金融资产	现金类+		150,000
	数字类		
	固收类		
	权益类		
	保障类+		300,000
另类资产			
转移性资产			
其他资产			

月支出		13,222
项目	子项	支出
生活支出	先生开销-	3,000
	太太开销	5,000
	赡养费用	
	孩子费用	
	兴趣/爱好+	3,000
信贷支出	抵押/信用	1,592
投资支出	强储/长期	
保障支出	统筹/商业+	630
公益支出	社会/家族	
其他费用	不可预见-	
税金支出	所得税	

总负债			7,700,385
项目	子项		负债
生活负债	工作期-		3,276,000
	退休期-		2,700,000
生活规划			
	人生梦想	鸟类摄影+设计玩偶	1,000,000
贷款负债	房贷总额		573,185
投资规划			
保障规划	健康基金+		151,200
传承规划			
其他规划			
税务规划			

月结余	3,622

B 净值	-296,385

手中现金________________元

所有数据仅用于规划，不作为实际投资使用。

图 4-12 家庭决议

经过夫妻俩深入的探讨，做出了7项决议，这也算是新家庭的第一次股东决议吧！同时夫妻俩也按照这个计划执行了一段时间，效果还是不错的，我们就借助“家庭财报”这个工具做个说明，如图4-12所示。

第一，家庭财务分工，先生管账，太太管钱，每个月盘点一次，所有决策均由夫妻二人达成共识后决定，有任何一方反对都不能执行。

第二，合并后的“家庭财报”中，两个人的基本生活开销合在一起显然偏高了，于是先生主动要求降低自己的生活成本至每月3,000元，太太的水准不动，这样未来的生活负债也随之下调。

第三，太太取消了不可预见费用的花销，努力控制自己的支出在计划之内。

第四，为太太购买了15万元的保险，同时增加了先生的保障额度至15万元。

第五，加大了先生的爱好投入至每个月3,000元，太太也将时间与兴趣投入其中，准备创业。

第六，经过夫妻俩的畅聊，碰撞出了一个火花，就是将先生用摄影记录濒临灭种的鸟类与太太设计陪伴玩偶的梦想结合在了一起。他们用数字方式创意设计出绝版的鸟类图腾，在互联网上销售给发烧友。投入了1万元利用业余时间兼职办起了公司，没想到效果还不错，平均每个月都有超过1,000元的收入。

第七，经过调整和执行后，每个月都有了一定的结余，于是夫妻俩开始了强制储蓄，将存款提高至15万元。

经过了夫妻俩的调整与执行，这个小家庭的财务状况也发生了很多改变，我们先从“家庭财报”三组资金循环流转的状况看一下，如图4-13所示。

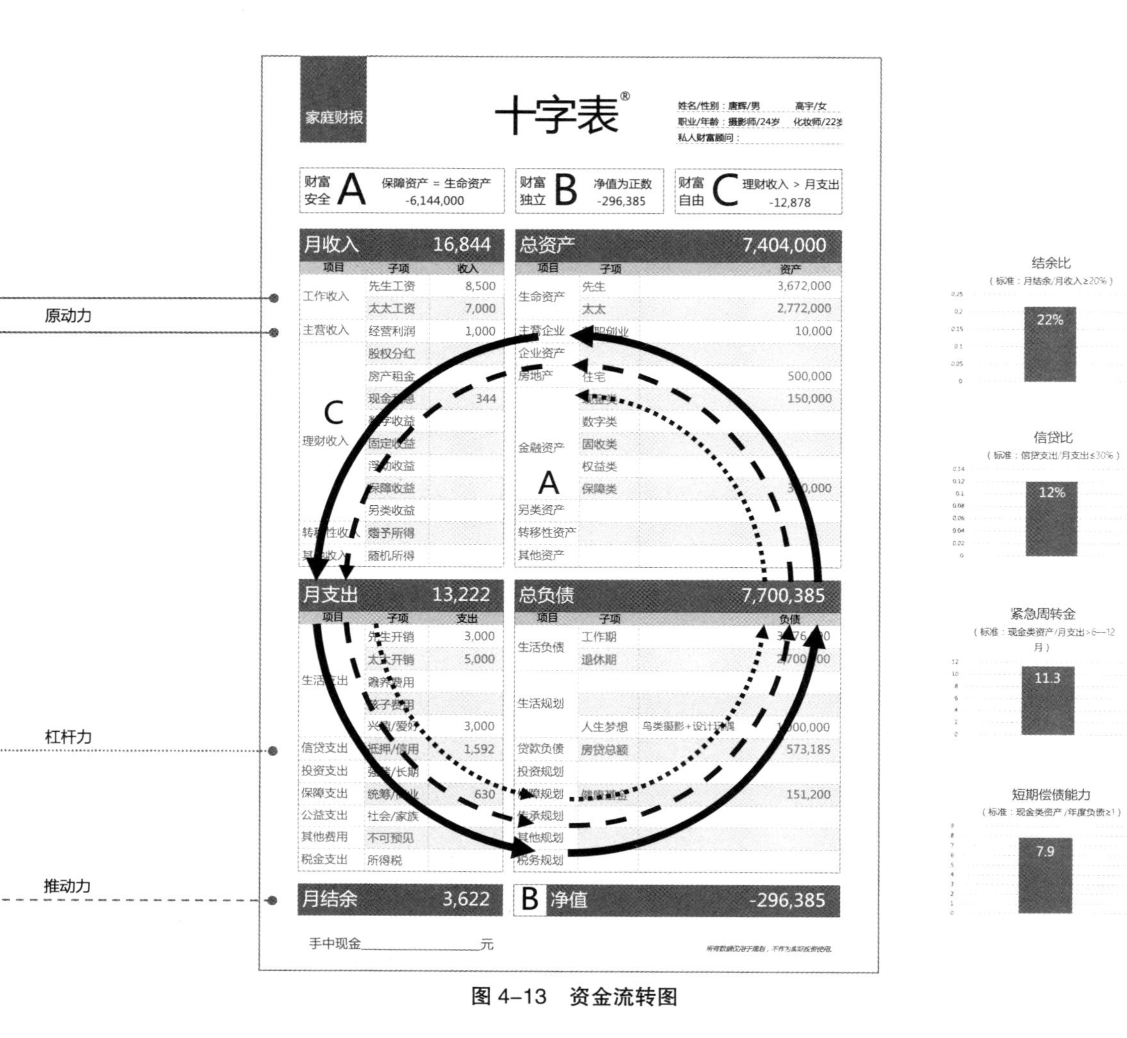
家庭财报
十字表®
姓名/性别：唐辉/男　高宇/女
职业/年龄：摄影师/24岁　化妆师/22岁
私人财富顾问：
财富安全 A 保障资产 = 生命资产 -6,144,000
财富独立 B 净值为正数 -296,385
财富自由 C 理财收入 > 月支出 -12,878
月收入 16,844
总资产 7,404,000
月支出 13,222
总负债 7,700,385
月结余 3,622
B 净值 -296,385
手中现金　元
原动力
杠杆力
推动力
结余比
（标准：月结余/月收入≥20%）
22%
信贷比
（标准：信贷支出/月支出≤30%）
12%
紧急周转金
（标准：现金类资产/月支出>6—12月）
11.3
短期偿债能力
（标准：现金类资产/年度负债≥1）
7.9

图 4-13　资金流转图

首先，我们从“生命资产”为原动力的主循环系统上看，夫妻俩产生了两条创富的循环系统。第一条是夫妻俩价值 644.4 万元的“生命资产”推动着每个月 15,500 元的收入，随着每个月 8,000 元的生活开销，形成了 597.6 万元的长期生活负债来维护“生命资产”的运行，这一循环系统最终还有盈余。另一条是以夫妻俩的兴趣爱好和共同梦想为驱动的兼职创业，虽然目前尚未产生强大的现金流，不过已经形成增长性循环。

其次，我们从结余与投资为推动力的循环系统上看，夫妻俩的现金流与现金储备都有所增长。结余比已经达到 22%，较之前有很大的成长，开始养成了强制储蓄的习惯。现金资产已有 15 万元，产生了少量的利息收入，完成了资金运转的闭环。同时紧急周转金也可以应对 11.3 个月生活所需。这些都是比较健康且合理的财务指标了。

第三，我们从外部融资为杠杆力的循环系统上看，夫妻俩只有结婚时购买的自住房，这是属于举债性的资产，没有形成循环运转。好在信贷比控制在 12%，短期偿债能力为 7.9 倍，基本上是风险可控。

我们再从“家庭财报”中关键的 6 大数据在调整前后的对比上看一看，如图 4-14 所示。

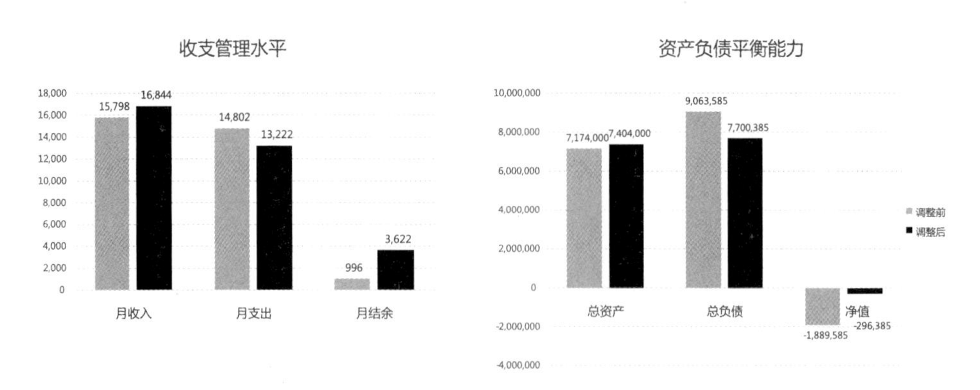

图 4-14　6 大数据对比图

夫妻俩在收支管理上有了很大的改善，收入结构发生了变化，增加了主营收入，同时利息收入也有所提高，致使整体月收入提升了 1,046 元。支出管理也得到了有效的控制和调整，降低了基础的生活开销，取消了不可预见支出，加大了兴趣爱好和保障的投入，不但没有增加成本，反而降低了 1,580 元的月支出。这样一来结余就增加了 2,626 元，结余比达到了 22%。强制储蓄的习惯会慢慢地养成，这也是小夫妻婚后经营的成果呀！

夫妻俩在资产与负债的平衡方面也有了很大的提升，资产结构得到了一定的优化，启动了兼职公司进行创业，将 1 万元的现金资产转投进兼职公司成为注册资本。同时增加了双方的保障资产和现金储备，让总资产得到了 23 万元的小幅增长。关键在于有效地控制了生活开销，致使未来的工作期与退休期的生活负债规划降了下来，即便增加了一部分健康基金的规划，总负债也大幅降低了约 136 万元。最终减小了约为 159 万元净值的差额，让这一生命资产与负债的平衡能力得到了提高。

最后从财富平衡的三大指数调整前后对比上看一看，如图 4-15 所示。

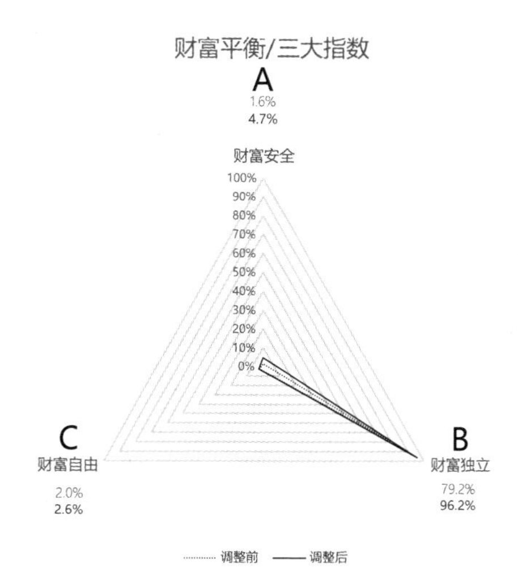

图 4-15　财富平衡三大指数的对比图

夫妻俩的安全保障意识有所提升，上升了 3.1 个百分点，现阶段还需依靠“生命资产”来创造财富，避免风险增强安全感是首要任务。独立性提升得最快，上升了 17 个百分点，离打平人生的这本账越来越近了。自由度也稍微提升了 0.6 个百分点，虽然离目标有很大距离，但是成长的趋势已经有了。

这是一对朴实、彼此了解、价值观与习惯有共识，拥有共同愿景的小夫妻，随着时间与经验的积累，这些数据会慢慢优化和完善的，幸福也会自然来敲门的。

第四节　AA 制如何组建一个家庭

不是每一对夫妻都能完全融合，并合并财务报表的。因各种原因所限，彼此需要保留一部分隐私和财务信息，只能建立一个共同的生活基金或采用 AA 制来分摊所发生的成本。这种方式往往是再婚人士和特殊阶层所使用的，我们通过一个案例来体会一下。

这是一对大龄青年，男士名字是“李晓白”（化名），35 岁单身，是一位自由职业者。女士的名字是“刘静安”（化名），30 岁离异，有一个 3 岁的男孩，是一位销售精英。二人经过朋友的介绍相识，双方有一个共同的爱好就是虚拟游戏，无论在游戏里还是在生活中，彼此慢慢建立起一种相互依赖、情投意合的感情，最终决定结婚。不过双方在经济上还是存在着一定的差距，我们来盘点一下。

“李晓白”每个月有 10,000 元的收入，如果工作到 60 岁退休，还有 25 年的时间，累积的“生命资产”就是 300 万元（增减变量暂不考虑）；同时每月生活开销需要 5,000 元，这样形成了未来的长期生活负债，工作期按 25 年计算就是 150 万元，退休期按 85 岁止，需要准备 25 年就是 150 万元（通货膨胀暂不考虑）。

贷款50万元购买了一个价值80万元的房子，每个月支付2,894元贷款，需25年付清共计86.8万元。由于“李晓白”喜欢打各种游戏，整个房子有一半是工作间，摆放着各种电脑及游戏设备，每个月在兴趣爱好上的开销不低于1,000元，不过恰恰是这一爱好，让他成为高级玩家并帮助许多商家解决技术难题，为此每个月能获得3,000元的其他收入。未来有自己亲手开发一款虚拟游戏的梦想，这至少还需要100万元的启动资金才能实现。

另外，“李晓白”也有一点保险和储蓄的意识，每月支付220元购买了10万元的综合保障，缴费20年共计5.28万元；还有5万元的储蓄，月均可获得229元的利息。这就是“李晓白”自己的经济条件。如图4-16所示。

再来看看“刘静安”的财务状况，她目前每月的工资收入是20,000元，按55岁退休，工作25年计算，她的“生命资产”是600万元（增减变量暂不考虑）；同时每月生活开销需要10,000元，这样也形成了未来的长期生活负债，工作期按25年计算就是300万元，退休期按生活到85岁止，需要准备30年就是360万元（通货膨胀暂不考虑）。

“刘静安”除了有不错的工资收入，还很善于理财，多年积累了100万元的存款，月均利息2,292元。又投资了30万元的固收类资产，月均收益1,250元。还投保了综合保障100万元，每月支付2,000元保费，20年累计48万元。

离婚之后还将价值150万元的自住房出租了出去，带着孩子搬回父母家居住，以方便照顾孩子与老人，这样每月又获得租金2,500元，但还是不够支付每月6,544元的贷款。这个房子是贷款100万元购买的，20年付清，累计还款约为157万元。

另外，孩子每个月要花费3,000元左右，到18岁至少需要54万元，还得准备一笔100万元的教育基金。

作为父母唯一的女儿，父母将多年经营的牙科诊所提前赠予女儿，这个诊所及物业价值在200万元以上，每个月净收入有5,000元。这就

个人财报

十字表®

姓名：李晓白（化名） 性别：男
职业：自由职业者 年龄：35岁
私人财富顾问：

财富安全 A	保障资产 = 生命资产 -2,900,000
财富独立 B	净值为正数 79,033
财富自由 C	理财收入 > 月支出 -8,885

月收入		13,229
项目		
工作收入	本人工资	10,000
	配偶工资	
主营收入	经营利润	
C 理财收入	股权分红	
	房产租金	
	数字收益	
	固定收益	
	浮动收益	
	保障收益	
	另类收益	
转移性收入	赠予所得	
其他收入	随机所得	3,000

总资产		4,000,000
项目		
生命资产	本人	3,000,000
主营企业		
企业资产		
房地产	住宅	800,000
		100,000
金融资产 A	数字类	
	固收类	
	保障类	100,000
另类资产		
转移性资产		
其他资产		

月支出		9,114
项目		
生活支出		
	兴趣/爱好	1,000
信贷支出	抵押/信用	2,894
投资支出	强储/长期	
保障支出	统筹/商业	220
公益支出	社会/家族	
其他费用	不可预见	
税金支出	所得税	

总负债			3,920,967
项目			
生活负债			1,500,000
			1,500,000
生活规划			
	人生梦想	虚拟游戏	1,000,000
贷款负债	房贷总额		868,167
投资规划			
保障规划	健康基金		52,800
传承规划			
其他规划			
税务规划			

月结余	4,115

B 净值	79,033

手中现金____________元

所有数据仅用于规划，不作为实际投资使用。

图 4-16 “李晓白”的个人财报

个人财报

十字表®

姓名：刘静安（化名）　性别：女
职业：销售精英　年龄：30岁
私人财富顾问：

财富安全 A	财富独立 B	财富自由 C
保障资产 = 生命资产 -5,000,000	净值为正数 1,609,334	理财收入 > 月支出 -15,503

月收入		31,042	总资产		11,800,000
项目			项目		
工作收入	本人工资	20,000	生命资产	本人	6,000,000
	配偶工资				
主营收入	经营利润		主营企业		
	股权分红		企业资产		
	房产租金	2,500	房地产	住宅	1,500,000
C					1,000,000
	数字收益			数字类	
理财收入	固定收益	1,250	金融资产	固收类	300,000
	保障收益		A	保障类	1,000,000
	另类收益		另类资产		
转移性收入	赠予所得	5,000	转移性资产	牙科诊所	2,000,000
其他收入	随机所得		其他资产		

月支出		21,544	总负债		10,190,666
项目			项目		
生活支出			生活负债		3,000,000
					3,600,000
			生活规划		540,000
	兴趣/爱好			教育规划	1,000,000
信贷支出	抵押/信用	6,544	贷款负债	房贷总额	1,570,666
投资支出	强储/长期		投资规划		
保障支出	统筹/商业	2,000	保障规划	健康基金	480,000
公益支出	社会/家族		传承规划		
其他费用	不可预见		其他规划		
税金支出	所得税		税务规划		

月结余	9,497	B 净值	1,609,334

手中现金________元

所有数据仅用于规划，不作为实际投资使用。

图 4-17　“刘静安”的个人财报

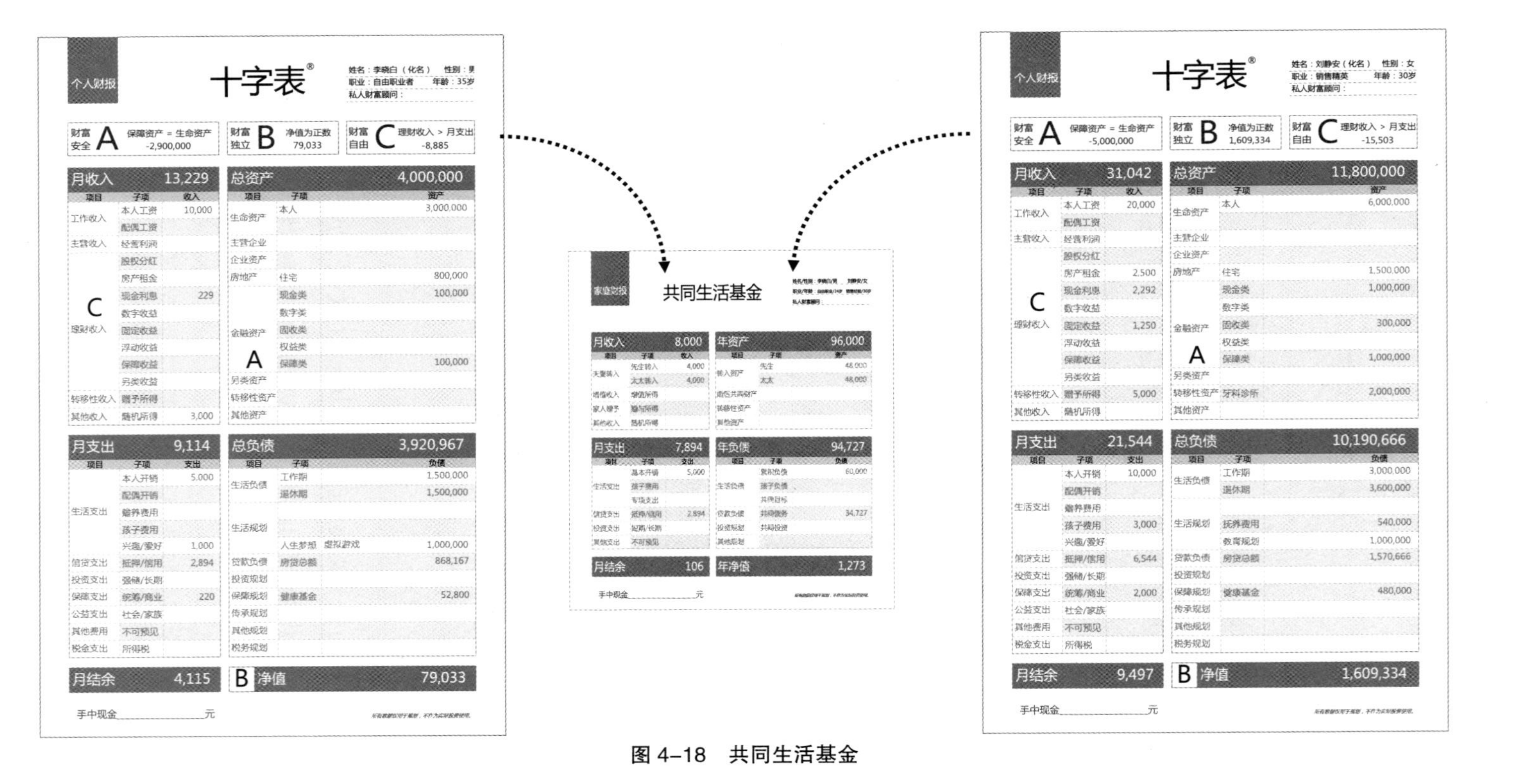
个人财报
十字表®
姓名：李晓白（化名） 性别：男
职业：自由职业者 年龄：35岁
私人财富顾问：
财富安全 A 保障资产 = 生命资产 -2,900,000
财富独立 B 净值为正数 79,033
财富自由 C 理财收入 > 月支出 -8,885
月收入 13,229
项目 子项 收入
工作收入 本人工资 10,000
配偶工资
主营收入 经营利润
股权分红
房产租金
现金利息 229
数字收益
固定收益
浮动收益
保障收益
另类收益
C 理财收入
转移性收入 赠予所得
其他收入 随机所得 3,000
总资产 4,000,000
项目 子项 资产
生命资产 本人 3,000,000
主营企业
企业资产
房地产 住宅 800,000
现金类 100,000
数字类
固收类
权益类
A 金融资产 保障类 100,000
另类资产
转移性资产
其他资产
月支出 9,114
项目 子项 支出
本人开销 5,000
配偶开销
赡养费用
孩子费用
生活支出 兴趣/爱好 1,000
信贷支出 抵押/信用 2,894
投资支出 强制/长期
保障支出 统筹/商业 220
公益支出 社会/家族
其他费用 不可预见
税金支出 所得税
总负债 3,920,967
项目 子项 负债
生活负债 工作期 1,500,000
退休期 1,500,000
生活规划 人生梦想 虚拟游戏 1,000,000
贷款负债 房贷总额 868,167
投资规划
保障规划 健康基金 52,800
传承规划
其他规划
税务规划
月结余 4,115
B 净值 79,033
手中现金＿＿＿＿元
家庭财报
共同生活基金
月收入 8,000
先生转入 4,000
太太转入 4,000
年资产 96,000
先生 48,000
太太 48,000
月支出 7,894
基本开销 5,000
孩子费用
专项支出
抵押/信用 2,894
不可预见
年负债 94,727
60,000
共同债务 34,727
共同投资
月结余 106
年净值 1,273
手中现金＿＿＿＿元
个人财报
十字表®
姓名：刘静安（化名） 性别：女
职业：销售精英 年龄：30岁
私人财富顾问：
财富安全 A 保障资产 = 生命资产 -5,000,000
财富独立 B 净值为正数 1,609,334
财富自由 C 理财收入 > 月支出 -15,503
月收入 31,042
项目 子项 收入
工作收入 本人工资 20,000
配偶工资
主营收入 经营利润
股权分红
房产租金 2,500
现金利息 2,292
数字收益
固定收益 1,250
浮动收益
保障收益
另类收益
C 理财收入
转移性收入 赠予所得 5,000
其他收入 随机所得
总资产 11,800,000
项目 子项 资产
生命资产 本人 6,000,000
主营企业
企业资产
房地产 住宅 1,500,000
现金类 1,000,000
数字类
固收类 300,000
权益类
A 金融资产 保障类 1,000,000
另类资产
转移性资产 牙科诊所 2,000,000
其他资产
月支出 21,544
项目 子项 支出
本人开销 10,000
配偶开销
赡养费用
孩子费用 3,000
生活支出 兴趣/爱好
信贷支出 抵押/信用 6,544
投资支出 强制/长期
保障支出 统筹/商业 2,000
公益支出 社会/家族
其他费用 不可预见
税金支出 所得税
总负债 10,190,666
项目 子项 负债
生活负债 工作期 3,000,000
退休期 3,600,000
生活规划 抚养费用 540,000
教育规划 1,000,000
贷款负债 房贷总额 1,570,666
投资规划
保障规划 健康基金 480,000
传承规划
其他规划
税务规划
月结余 9,497
B 净值 1,609,334
手中现金＿＿＿＿元

图 4-18　共同生活基金

是“刘静安”的经济状况，这本账要比“李晓白”的复杂一些。如图 4-17 所示。

基于二人的家庭背景、成长经历、经济条件及潜在担忧，两个人慎重地决定结婚后采用建立共同生活基金的方式来组建新家庭，也就是 AA 制的原则来分摊生活成本。如图 4-18 所示。

这样夫妻二人每个月分别向共同生活基金转入 4,000 元，合计 8,000 元，一年下来就是 96,000 元，作为家庭的总收入。每个月的基础生活开销 5,000 元，年度累计 60,000 元，就从这个共同生活基金中扣除。另外，夫妻俩决定结婚后暂时住在“李晓白”的房子里，过一段时间再考虑购买新房子，这样“李晓白”每月的房贷 2,984 元，就从共同生活基金中支出。这份共同生活基金算下来还略有盈余，如果遇到特定事件和新的打算，夫妻俩可以追加投入或商量解决方案。夫妻双方其他的收支及资产负债都由各自一方负责。

就这样，两个人独立而幸福地生活在一起……

第五节　幸福的婚姻是经营出来的

婚姻的组成形式是家庭，家庭需要经营，如同企业一样，夫妻俩构成了股东会，共同经营这个家。企业经营的目标是持续盈利，而家庭经营的目标是持续获得爱与幸福。因此这个“家庭财报”就变成了夫妻俩的幸福账本，那么要如何经营好家庭这本账呢？让我们透过一个案例来看看。

“李成”（男/化名）和“刘蕾”（女/化名），结婚已经 5 年了。两人是大学校友，来自不同的家乡，毕业后留在了同一个城市。“李成”去了一家民企打工，拼搏至今成为一位高管。“刘蕾”在校期间成绩优异并入了党，毕业后就直接留校任教了。两个人在大学期间相识、相知和相恋，毕业后在感情和经济方面都很稳定，于是两人便在工作的城市结了婚。虽然两人没有买婚房，一直在外面租房子，不过小日子过得还是挺乐呵！小两口也攒了一些钱、投了一点资。现在准备要孩子，也考虑买房子，这在人生规划和财富管理中都是比较重要的节点和重大的决策了，这需要好好评估一下夫妻俩目前的财务状况。

“李成”每个月收入是15,000元，按60岁退休，还有30年的工作时间，累计的“生命资产”就是540万元（增减变量暂不考虑）。而“刘蕾”每个月的收入是8,000元，按55岁退休，还有27年的工作时间，累计的“生命资产”就是259.2万元（增减变量暂不考虑）。同时夫妻俩每个月各自的生活开销都需要5,000元，这样形成了未来的长期生活负债，“李成”工作期按30年计算就是180万元；退休期按85岁止，需要准备25年就是150万元（通货膨胀暂不考虑）。而“刘蕾”工作期按27年计算就是162万元；退休期按85岁止，需要准备30年就是180万元（通货膨胀暂不考虑）。这样两人合计工作期是342万元，退休期是330万元。

夫妻俩在投资方面做了一些尝试，在同学创办的在线教育投资了30万元，平均每月能有2,500元的分红收入。又投资了10万元固收类的基金，平均每月能有417元的收益。还投保了40万元的保险，每人20万元，每月支付900元，20年缴清累计21.6万元。另外有50万元的储蓄，平均每月能有1,146元利息收入。

除了夫妻俩基本的生活开销以外，每个月还需支付3,500元的房租，若按10年计算，共累计42万元的房租负债。另外夫妻俩都有看书阅读、看电影的习惯，并把观后感做成各种PPT或模型教具，因此两个人每月拿出1,000元设立了专项支出。未来还想投资100万元针对职业衔接教育做点事，来解决大学生就业的难题。同时夫妻俩养成了每个月强制储蓄3,000元的好习惯，若按10年计划下来就能积累36万元的投资基金。

这些财务数据所构成的夫妻俩的幸福账本到底经营得如何？这就需要用“十字表”家庭财报来呈现出来。如图4-19所示。

家庭财报

十字表®

姓名/性别：李成/男　　刘蕾/女
职业/年龄：高管/30岁　　大学老师/28岁
私人财富顾问：

财富安全 A	财富独立 B	财富自由 C
保障资产 = 生命资产 -7,592,000	净值为正数 576,000	理财收入 > 月支出 -14,338

月收入　27,063

项目	子项	收入
工作收入	先生工资	15,000
	太太工资	8,000
主营收入	经营利润	
C 理财收入	股权分红	2,500
	房产租金	
	现金利息	1,146
	数字收益	
	固定收益	417
	浮动收益	
	保障收益	
	另类收益	
转移性收入	赠予所得	
其他收入	随机所得	

总资产　9,292,000

项目	子项		资产
生命资产	先生		5,400,000
	太太		2,592,000
主营企业			
企业资产	在线教育		300,000
房地产			
金融资产 A	现金类		500,000
	数字类		
	固收类		100,000
	权益类		
	保障类		400,000
另类资产			
转移性资产			
其他资产			

月支出　18,400

项目	子项	支出
生活支出	先生开销	5,000
	太太开销	5,000
	房租费用	3,500
	孩子费用	
	兴趣/爱好	1,000
信贷支出	抵押/信用	
投资支出	强储/长期	3,000
保障支出	统筹/商业	900
公益支出	社会/家族	
其他费用	不可预见	
税金支出	所得税	

总负债　8,716,000

项目	子项		负债
生活负债	工作期		3,420,000
	退休期		3,300,000
生活规划	累计房租		420,000
	人生梦想	职业衔接教育	1,000,000
贷款负债			
投资规划	投资基金		360,000
保障规划	健康基金		216,000
传承规划			
其他规划			
税务规划			

月结余　8,663

B 净值　576,000

手中现金＿＿＿＿＿＿＿元

所有数据仅用于规划，不作为实际投资使用。

图 4-19　家庭财报

“十字表”家庭财报是一个合成汇总的财务数据报表，包括了个人资产、家庭资产和归属于股东部分的企业资产，贯穿了收支管理、资产负债管理和现金流管理，作为一个整体，进行着人生规划和财富管理。同时，随着家庭成员的变化以及资产的变动，整个财务表的数据也将随之动态调整。

从夫妻俩的“家庭财报”不难看出，双方都是高知分子，自律性很强，收入稳定，结余充足，有一定的资产积累，人生的净值是正数，是一个快速成长中的幸福家庭。为了更加精准地评估与决策，我们将进一步拆解与分析一下，透过“十字表”家庭财报4个象限的结构与关联逻辑、三组资金循环流转状况和财富平衡的三大指数，来看一看夫妻俩经营的成果。

1. 我们先从4个象限的结构与关联逻辑上看一看夫妻俩的经营成果：

第一，我们先来看一看夫妻俩的收支管理水平怎么样。这是第2、3象限组合所反映的数据。如图4-20所示。

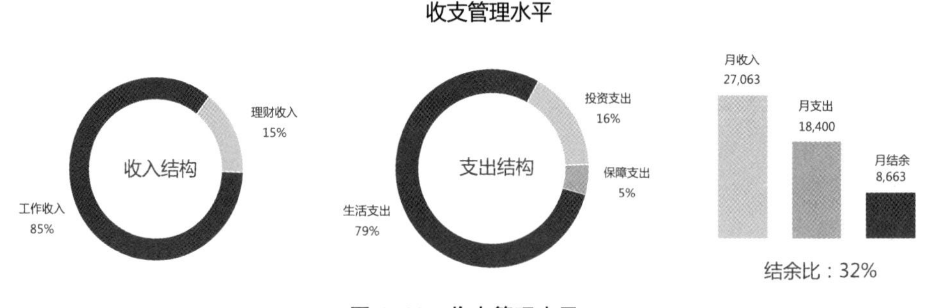

图4-20 收支管理水平

在收入结构中，有两部分收入构成，首先占比最高的是夫妻俩的工作收入，达到了85%。其次是理财收入，占比15%。这说明夫妻俩主要是依靠“生命资产”来创造价值并获得收入的。同时，开始形成了互补性的理财收入，这是迈向财富自由关键的一步。

在支出结构中，由三部分支出构成。占比最高的是生活支出，其中包

括房租，达到了79%。其次是投资支出，也就是强制储蓄，占比16%。第三是保障支出，占比5%。没有贷款和其他支出，基本上是以生活为主的消费模式，也是比较合理且自律的。

结余比为32%。在保有16%强制储蓄习惯的基础上，还能留有充足的现金流，实在是难能可贵，这就是一切投资的动力源。夫妻俩整个收支管理水平还是很高的。

第二，我们再来看一看夫妻俩的资产与负债的平衡能力如何。这是第1、4象限组合所反映的数据。如图4-21所示。

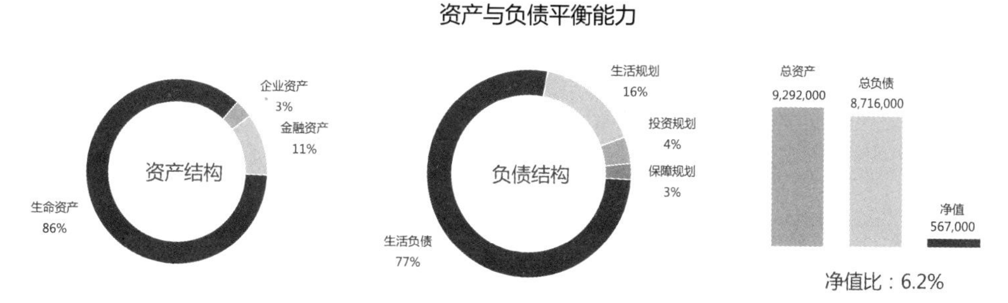

图4-21　资产与负债平衡能力

在资产结构中，有三项资产构成。比重最大的是“生命资产”，占比86%，这是与生俱来的根本财富。其次是金融资产，占比11%，其中保障资产占比40%，有一定的保障意识，流动性比较充足。然后是企业资产，占比3%，跟投了自己比较熟悉的领域，而且是同学，风险基本可控。整个资产配置是以人为本，积累了充足的流动性，兼顾了一些收益性。

在负债结构中，由四个部分构成。比重最大的是生活负债，占比77%，这是维系“生命资产”生存与创造的经济基础。其次是生活规划，占比16%，主要由长期房租和未来创业梦想组成，这或许也是一种动力吧！然后是投资规划，占比4%，这是一笔强制储蓄所形成的10年期投资基金规划，随着时间的推移，这笔资金会从负债的规划进入资产的配置中而获得收益。最后是保障规划，占比 3%，这是对应夫妻俩 40 万元保障所累计的保费。整体负债还是以人的生存与生活为主，亮点是透过强制储蓄形成了一笔长期投资基金。不足是虽然有了一定的保障意识，但还是无法全面保障夫妻俩的“生命资产”，需要逐渐增加和完善。

净值比为 6.2%（净值/总资产），净值为正。超出了 57.6 万元，人生的这本账阶段上取得了平衡。夫妻俩是自力更生、独立自主的，不过随着时间和境遇的改变，这个结果也会跟着变化，需要动态调整。

第三，我们看一看夫妻俩在资产与资金的收益效率方面做得如何。这是第 1、2 象限组合所反映的数据。如图 4-22 所示。

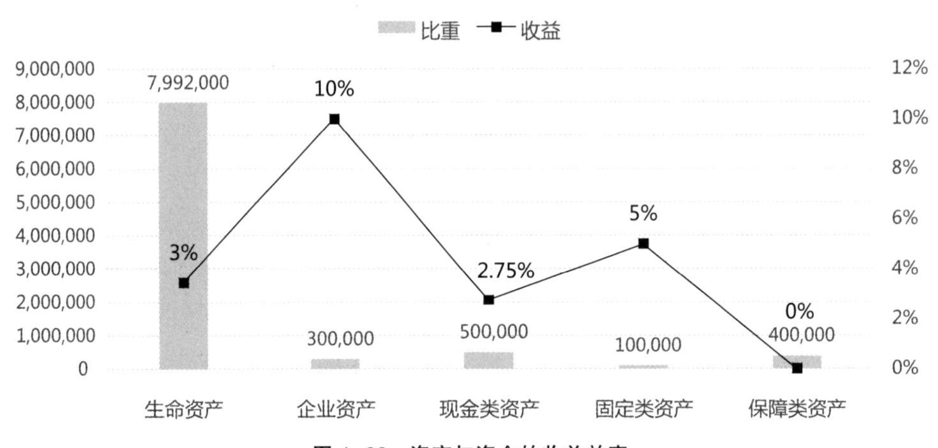

图 4-22　资产与资金的收益效率

首先，收益最高的是企业投资所带来的股权分红，年平均收益为 10%（资产占比 3%），这是一项不错的投资。也为夫妻俩未来创业增加了信心和经验，毕竟职业衔接教育也需要借鉴在线教育的模式，在熟悉的领域里复制成功率会高一些。其次，是金融资产中的固收类基金所带来的收益，年平均收益为 5%，也是一项不错的尝试。接着，是“生命资产”所创造的工作收入，年平均收益为 3%（资产占比 86%），虽然收益不高，但这是

与生俱来的原生资产，拥有持久且稳定的收益，还会伴随着自己核心能力的提升而增长。然后，就是金融资产中的现金储蓄了，年平均收益仅为2.75%，这主要体现在现金储备和流动性上。最后，是金融资产中的保障资产，平时很少有收益性，在遇到风险时，按约定给付急用现金，来对冲风险所造成的损失。

整个资产与资金的收益比较稳健，有持续的投资储备和流动性。

第四，我们看一看夫妻俩在支出与负债的流动轨迹方面控制得怎样。这是第3、4象限组合所反映的数据。如图4-23所示。

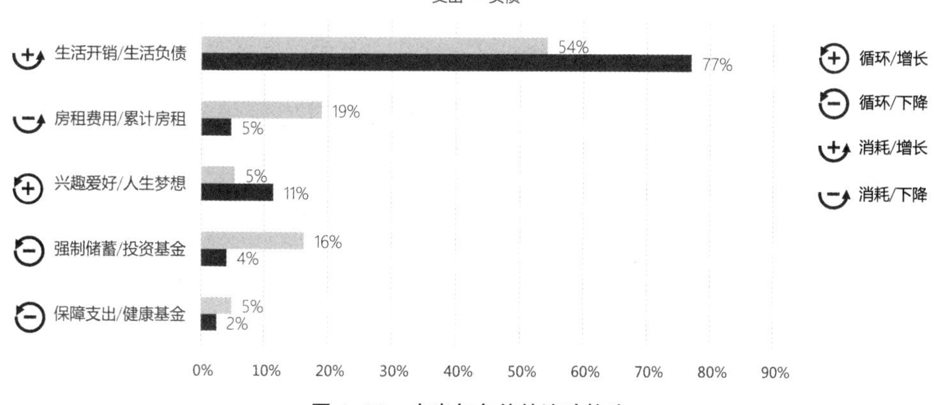

图4-23　支出与负债的流动轨迹

首先，资金流出最多的是从生活开销占比54%，到形成生活负债占比77%的消耗性现金流，呈现增长趋势，大笔资金通过短期和长期的生活所需消耗掉了。如果能将这些负债通过有效的规划转化为资产，进入财务自循环系统当中创造出收益，那样会更美好。其次，资金流出较多的是从房租费用占比19%，到形成10年累计房租负债占比5%的消耗性现金流，呈现出下降趋势，是因为只有10年的租房打算。在资金储备和现金流充沛的条件下，可以量力而行地考虑贷款购买自住房，还款总额与每月房贷支出应该与目前的租金和累计房租负债相比较，做出最优的替代方案。接着，从兴趣爱好占比5%，到未来准备投资人生梦想占比11%的循环性现金流，虽然目前处于培育阶段，未来势必呈现增长趋势，是夫妻俩创富的增长点，只要做好风险控制就能完成闭环推动。然后，从强制储蓄占比16%，到形成10年期投资基金占比4%的循环性现金流，是一笔极具价值的投资规划和资金流动，可延长时间，持续保持这个好习惯。最后，从保障支出占比5%，到形成健康基金占比2%的循环性现金流，虽然平时看不到循环和收益，但在遭遇重大风险丧失核心能力（“生命资产”）及收入中断的情况下，要有保障资产能够创造出急用现金来对冲风险所带来的损失，确保人生的这本账得以持续地循环运行。

2. 我们再来看看夫妻俩的三组资金流转状况：如图4-24所示。

在三组资金流中，夫妻俩只启动了两组且运转得良好。

首先，我们从“生命资产”为原动力的主循环系统上看，夫妻俩价值799.2万元的“生命资产”推动着每个月23,000元的工作收入，随着每个月10,000元的生活开销，再加上每个月3,500元的房租，形成了672万元的长期生活负债，再加上42万元的累计房租，来维护和推动着“生命资产”的运行，这一循环系统最终还有盈余。

其次，我们从结余与投资为推动力的循环系统上看，夫妻俩无论在强制储蓄上，还是在月结余管理上，乃至现金储备方面都有很好的习惯和积累。在强制储蓄占比16%的前提下，结余比能达到32%，这是非常自律且有管控能力的夫妻俩，同时还有50万元的现金储备，紧急周转金也可以应对27.2个月的生活所需。整个资金流转所获得的收益合计为4,063元，收入占比15%。收益性与流动性都存在着很大的成长空间，这已经是一个非常不错的成果了。

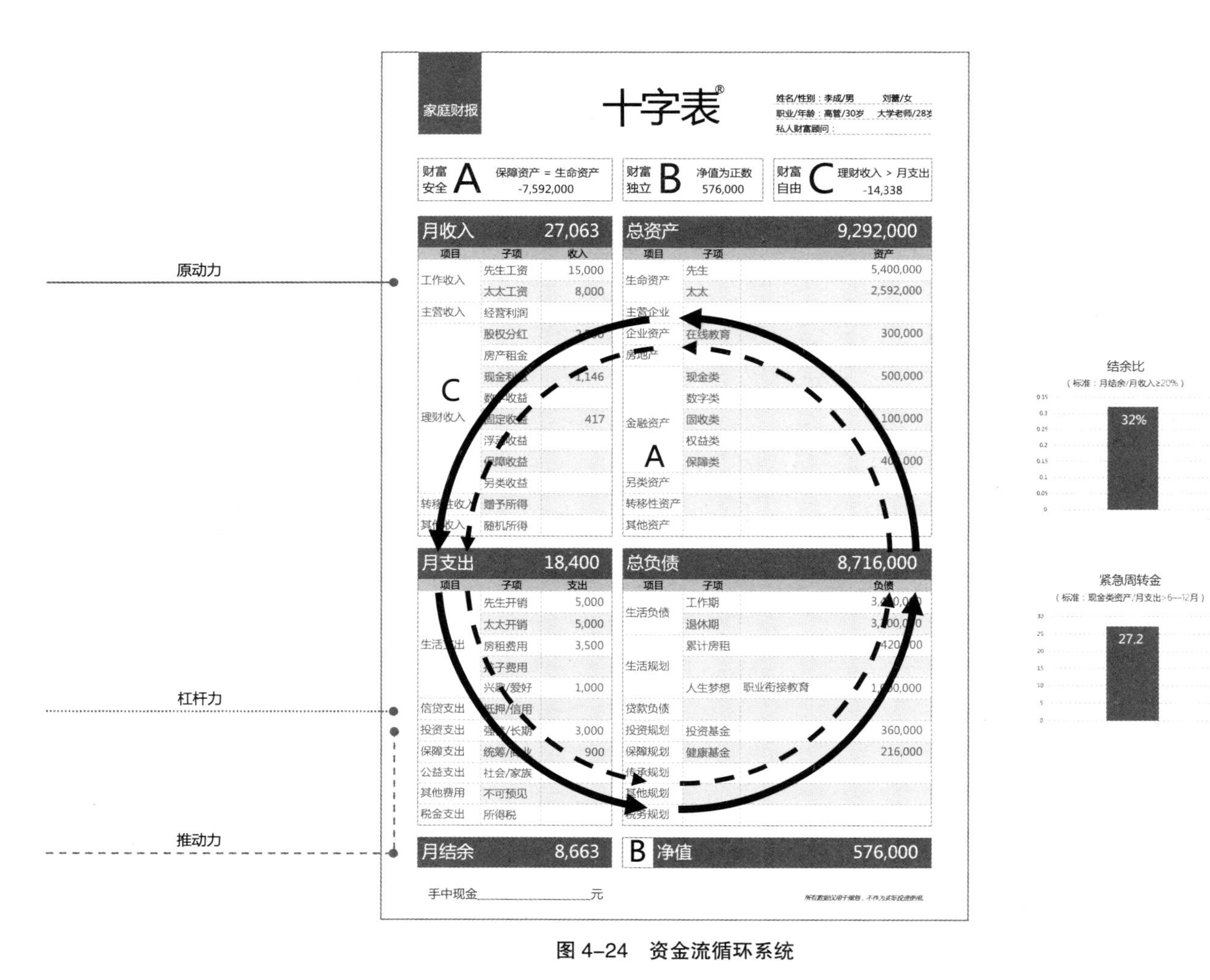

图 4-24　资金流循环系统

最后，我们从外部融资为杠杆力的循环系统上看，夫妻俩没有任何贷款支出，也没有举债性资产，所以信贷比和短期偿债能力对于夫妻俩来说已经没有意义了。

3. 最后看一看夫妻俩财富平衡的三大指数达成状况：如图 4－25 所示。

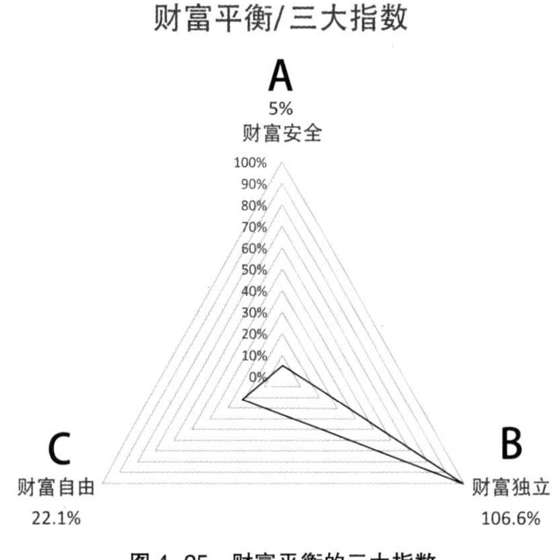

图 4-25 财富平衡的三大指数

在A 财富安全指数方面，夫妻俩赖以生存的“生命资产”（占资产比重的 86%）及工作收入（占收入比重的 85%），只有 5%得到了保护，绝大部分处于无保障状态之下，如遇风险，人生的这本账将无法运行，甚至是满盘皆输。需提高保障意识，逐步增加与完善保障资产。

在B 财富独立指数方面，已经阶段性地达成，充满了独立性与幸福感。要知道这是以目前的收支状况设定与规划的人生终局，其间会有许多变化，需要随之动态调整与改变。

在C 财富自由指数方面，已完成了 22.1%，这是一个不小的成果，也有了一定的经验值，还需要加油，充分运用自己的存量资金和充沛的现金

流，优化自己的资产配置，提高资产的收益性，进一步增加理财收入。

通过以上比较系统的分析，我们可以回答夫妻俩先前提出的两项计划了，一个是想买房子，另一个是想生孩子。基于“李成”和“刘蕾”夫妻俩家庭财务的经营数据，是完全可以进行规划并实现的。于是夫妻俩便召开了一次“家庭财报重大规划和决议的股东会”，为此提前一周收集了相关资源，经过了充分地探讨和缜密地规划，最终形成了家庭成长的优化方案。如图 4-26 所示。

夫妻俩做出了四项关键决议：

首先，决定购房。

先定下两条原则，一是不影响目前的正常生活；二是不透支目前的财务范围。

那么购房主要由三部分要素构成：

1）首付款，夫妻俩从储蓄中拨出 20 万元，还剩 30 万元，这是可承受的。

2）贷款总额，夫妻俩贷款 50 万元，贷款利率 4.9%，分 20 年付清，总计还款总额为 78.5 万元，低于 20 年的累计房租（84 万元），这是在财务预算范围之内的。

3）每月房贷支出，夫妻俩每月需支付 3,272 元，低于原房租支出（3,500 元），不影响目前的正常生活，属于自然转换。

关于房子装修的费用可酌情调整。

其次，准备生娃。

原则是开始准备，设立专项孩子成长基金，将支出与负债转换为资产，着手学习育才之道。

从即刻起，每月定存 2,500 元，进入专项基金，周期 18 年，这笔资金属于专款专用。关于大学教育基金，待下一步考虑规划。

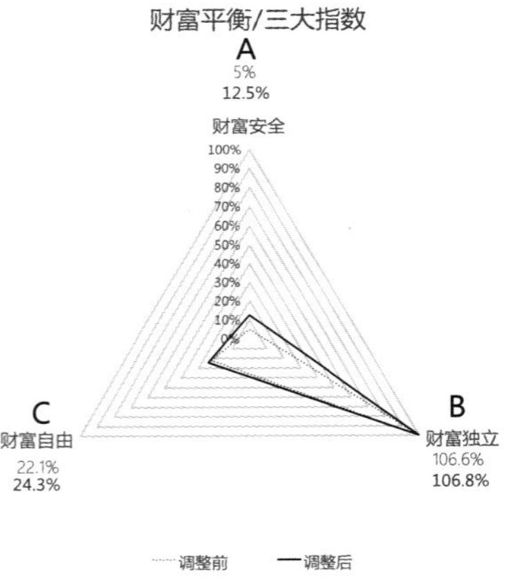

家庭财报

十字表®

姓名/性别：李成/男　刘蕾/女
职业/年龄：高管/30岁　大学老师/28岁
私人财富顾问：

财富安全 A	财富独立 B	财富自由 C
保障资产 = 生命资产 -6,992,000	净值为正数 676,667	理财收入 > 月支出 -16,676

月收入		28,346
项目	子项	收入
工作收入	先生工资	15,000
	太太工资	8,000
主营收入	经营利润	
理财收入（C）	股权分红+	4,167
	房产租金	
	现金利息-	688
	专项收益+	75
	固定收益	417
	浮动收益	
	保障收益	
	另类收益	
转移性收入	赠予所得	
其他收入	随机所得	

总资产		10,622,000
项目	子项	资产
生命资产	先生	5,400,000
	太太	2,592,000
主营企业		
企业资产	在线教育+	500,000
房地产	住宅+	700,000
金融资产（A）	现金类-	300,000
	专项基金+	30,000
	固收类	100,000
	权益类	
	保障类+	1,000,000
另类资产		
转移性资产		
其他资产		

月支出		22,022
项目	子项	支出
生活支出	先生开销	5,000
	太太开销	5,000
	房租费用-	
	孩子费用+	2,500
	兴趣/爱好	1,000
信贷支出	抵押/信用+	3,272
投资支出	强储/长期	3,000
保障支出	统筹/商业+	2,250
公益支出	社会/家族	
其他费用	不可预见	
税金支出	所得税	

总负债			9,945,333
项目	子项		负债
生活负债	工作期		3,420,000
	退休期		3,300,000
生活规划	累积房租-		
	孩子负债+		540,000
	人生梦想	职业衔接教育	1,000,000
贷款负债	贷款总额+		785,333
投资规划	投资基金		360,000
保障规划	健康基金+		540,000
传承规划			
其他规划			
税务规划			

月结余	6,324

B 净值	676,667

手中现金________元

所有数据仅用于规划，不作为实际投资使用。

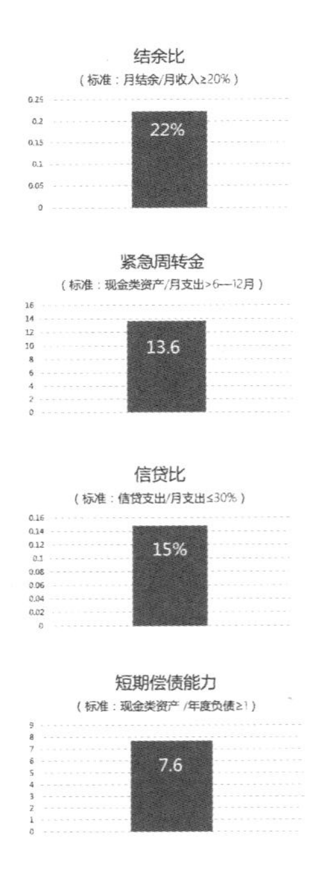

图 4–26　家庭优化方案

然后，增加保障。

将夫妻俩的综合保障增加至100万元，每人50万元，每月支付2,250元。随着收入增长再逐步完善。

最后，优化收益。

由于买房支付首付款动用了现金，为孩子成立了专项基金增加了支出，提高保障额度也增加了支出，这样促使成本增加、结余减少、收益下滑。为了对冲收益缺口并保持持续增长，夫妻俩找到了跟投“在线教育”的同学，说服他拓展启动一个新项目“职业衔接教育”。同时，愿意再投资20万元，这样就获得了一个快速成长的机会，也为下一步创业或并购积累了经验。于是，夫妻俩将过去一年的强制储蓄和结余转投到了原企业投资中，这样既增加了资产（从30万元增加到50万元），也提高了收益（从2,500元提高到4,167元）。

经过夫妻俩的规划与操作，“家庭财报”的各项财务指标都得到了不同程度的优化。结余比为22%，符合标准。紧急周转金可以维系生活所需13.6个月，超出标准。信贷比控制在15%以内，属于可控范围。短期偿债能力是7.6倍，无后顾之忧。整个资金流转畅通。

同时，A财富安全指数提高了7.5个百分点，达到了12.5%，夫妻俩“生命资产”的保障得到了有效的提升。B财富独立指数微升了0.2个百分点，结构有所优化。C财富自由指数提升了2.2个百分点，达到了24.3%，这是一个很不容易的小突破。

在整个目标规划与结构调整中，充分体现了夫妻俩用心经营家庭幸福账本的点点滴滴，充分说明幸福的婚姻是经营出来的。

第六节　莫让虚荣和攀比毁了一个家

幸福的家庭离不开稳固的经济基础，稳固的经济基础离不开量力而行的财务管理。无论是钱多还是钱少，根据自己的创富能力和生活所需进行有效的平衡，日子过得都不会太差。最怕的是能力有限，欲望无限，为了虚荣与别人攀比，透支信用到处借钱，最终掉进负债的陷阱，导致家庭破裂身陷泥潭，严重的还会触碰法律的红线。在我们身边有不少这样的案例，这里拆解一个案例引以为鉴吧。

主人公“陈露”女士（化名），出生在一个偏远的城镇，单亲家庭，妈妈把她和弟弟抚养长大。“陈露”有很强的表演欲，喜欢舞台，善于沟通。由于家境一般，读完职业高中后就开始工作了。自己很能闯荡，去过许多城市，做过很多工作，也参加过众多的培训，慢慢地就将自己塑造成为一名化妆品行业的讲师。经常站在讲台上演讲，光芒四射陶醉其中，这也是她一直向往和追求的生活方式。但是她的收入却支撑不了她那光鲜亮丽背后的成本，为了更好地包装自己获得成就感，她开始使用信用卡，有时也向朋友借钱，逐渐地她已经习惯了这种透支信用、借钱度日的生活方式。

婚姻的确是一种姻缘，在工作中她遇见了生命中的另一半，名字叫“李英杰”（化名），也是一位在外漂泊多年、持续拼搏的大男孩，从事销售工作。在明知“陈露”财务透支的状况下，欣然帮她还清了所有债务，于是两个人就走到了一起，不久两人便结婚并生下了一个孩子。

那么他们现在生活得怎么样呢？让我们来看一看这两个人目前的财务状况：

先生“李英杰”33岁了，每个月的收入是12,000元，按60岁退休，还有27年的工作时间，累积的“生命资产”就是388.8万元（增减变量暂不考虑）；太太“陈露”28岁，每个月的收入是8,000元，按55岁退休，还有27年的工作时间，累积的“生命资产”就是259.2万元（增减变量暂不考虑）。

同时夫妻俩每个月各自的生活开销不一样，先生需要5,000元，太太尽量控制在10,000元以内，这样就形成了未来的长期生活负债。“李英杰”

工作期按27年计算就是162万元，退休期按85岁止，需要准备25年就是150万元（通货膨胀暂不考虑）；而“陈露”工作期按27年计算就是324万元，退休期按85岁止，需要准备30年就是360万元（通货膨胀暂不考虑）。这样两人合计工作期是486万元，退休期是510万元。

除了夫妻俩基本的生活开销以外，孩子每个月还需要花费2,000元，抚养到18岁成人累计需要43.2万元。另外，夫妻俩始终没有积累下买房的钱，目前还处在租房的阶段，每个月房租支出需要3,000元，按10年计算就需要支付36万元。

由于“陈露”的生活习惯难以改变，婚后更加追求高品质的生活，为了维持自身的光环和优越感，不得不透支家庭开支，不惜动用多张信用卡，甚至借遍了亲朋好友，信用卡欠下了20万元，向朋友借的款也有30万元。这样每个月必须还信用卡的利息是1,200元，欠朋友的钱能拖就拖着。同时，每个月说不清楚且不可预见的费用需要1,000多元。总之，钱不够花，借钱也不够花。

我们将这些财务数据用“十字表”家庭财报整理一下会看得更清楚。如图4-27所示。

我们从夫妻俩的“家庭财报”中很容易就能看出这个家庭的特点，收入和资产都比较单一，支出与负债比较繁多，结余与净值都是负数。整个家庭充满了财务的压力，生活过得比较艰难。如果没有经过“十字表”家庭财报的梳理，两个人根本看不清楚自己的现状，还是稀里糊涂地生活，不知道究竟差在哪里。为了把问题搞清楚，我们从资金流转、6大数据与资金流出分析、财富平衡的三大指数三个方面来拆解与分析一下。

家庭财报

十字表®

姓名/性别：李英杰/男　陈露/女
职业/年龄：销售/33岁　讲师/28岁
私人财富顾问：

财富安全 A	财富独立 B	财富自由 C
保障资产 = 生命资产 -6,480,000	净值为正数 -4,772,000	理财收入 > 月支出 -22,200

月收入 20,000

项目	子项	收入
工作收入	先生工资	12,000
	太太工资	8,000
主营收入	经营利润	
C 理财收入	股权分红	
	房产租金	
	现金利息	
	数字收益	
	固定收益	
	浮动收益	
	保障收益	
	另类收益	
转移性收入	赠予所得	
其他收入	随机所得	

总资产 6,480,000

项目	子项	资产
生命资产	先生	3,888,000
	太太	2,592,000
主营企业		
企业资产		
房地产		
金融资产 A	现金类	
	数字类	
	固收类	
	权益类	
	保障类	
另类资产		
转移性资产		
其他资产		

月支出 22,200

项目	子项	支出
生活支出	先生开销	5,000
	太太开销	10,000
	房租费用	3,000
	孩子费用	2,000
	兴趣/爱好	
信贷支出	信用卡	1,200
	朋友借款	
保障支出	统筹/商业	
公益支出	社会/家族	
其他费用	不可预见	1,000
税金支出	所得税	

总负债 11,252,000

项目	子项	负债
生活负债	工作期	4,860,000
	退休期	5,100,000
生活规划	累计房租	360,000
	孩子负债	432,000
	人生梦想	
贷款负债	贷款总额	200,000
	借款总额	300,000
保障规划		
传承规划		
其他规划		
税务规划		

月结余 -2,200

B 净值 -4,772,000

手中现金________元

所有数据仅用于规划，不作为实际投资使用。

图 4-27 “李英杰”和“陈露”的家庭财报

1. 我们先从以“生命资产”为原动力的主循环系统上，看一看资金流转出了什么问题，如图 4-28 所示。

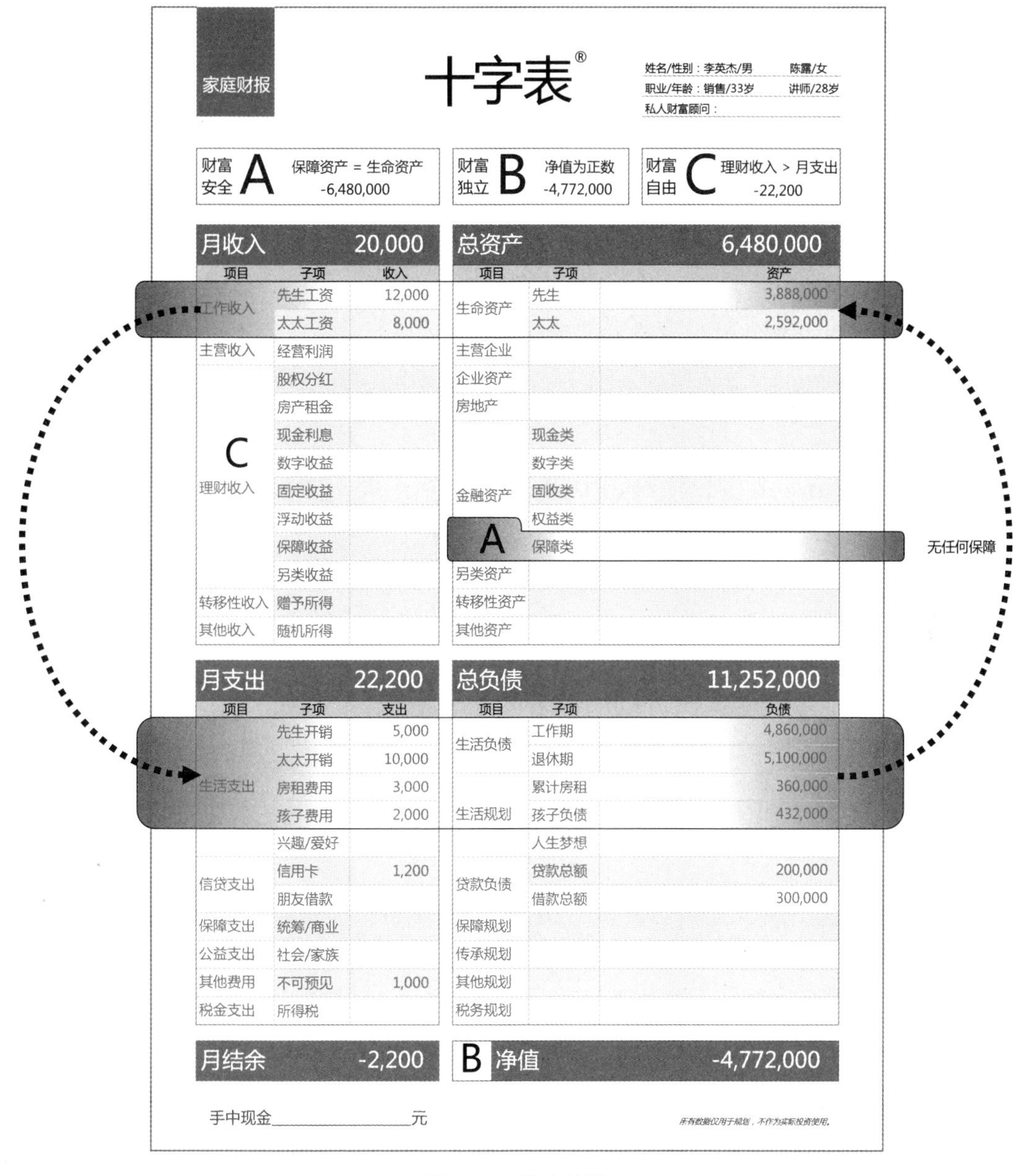

家庭财报 十字表®

姓名/性别：李英杰/男 陈露/女
职业/年龄：销售/33岁 讲师/28岁
私人财富顾问：

财富安全 A	财富独立 B	财富自由 C
保障资产 = 生命资产 -6,480,000	净值为正数 -4,772,000	理财收入 > 月支出 -22,200

月收入		20,000
项目	子项	收入
工作收入	先生工资	12,000
	太太工资	8,000
主营收入	经营利润	
C 理财收入	股权分红	
	房产租金	
	现金利息	
	数字收益	
	固定收益	
	浮动收益	
	保障收益	
	另类收益	
转移性收入	赠予所得	
其他收入	随机所得	

总资产		6,480,000
项目	子项	资产
生命资产	先生	3,888,000
	太太	2,592,000
主营企业		
企业资产		
房地产		
金融资产	现金类	
	数字类	
	固收类	
	权益类	
A	保障类	
另类资产		
转移性资产		
其他资产		

月支出		22,200
项目	子项	支出
生活支出	先生开销	5,000
	太太开销	10,000
	房租费用	3,000
	孩子费用	2,000
	兴趣/爱好	
信贷支出	信用卡	1,200
	朋友借款	
保障支出	统筹/商业	
公益支出	社会/家族	
其他费用	不可预见	1,000
税金支出	所得税	

总负债		11,252,000
项目	子项	负债
生活负债	工作期	4,860,000
	退休期	5,100,000
	累计房租	360,000
生活规划	孩子负债	432,000
	人生梦想	
贷款负债	贷款总额	200,000
	借款总额	300,000
保障规划		
传承规划		
其他规划		
税务规划		

月结余	-2,200	B 净值	-4,772,000

手中现金________元

所有数据仅用于规划，不作为实际投资使用。

图 4-28 资金流转

首先，我们从“生命资产”为原动力的主循环系统上看，夫妻俩价值648万元的“生命资产”推动着每个月20,000元的工作收入，伴随着每个月15,000元的生活开销，再加上每个月3,000元的房租和2,000元的孩子费用，合计是20,000元的月支出，基本持平没有结余。同时形成了996万元的长期生活负债，再加上36万元的累计房租和43.2万元养育孩子负债，合计为1,075.2万元。这是无法维持和推动“生命资产”运行的，这一循环系统是亏损的，即便扣除租房和孩子的成本也无法运转。只能提升“生命资产”的价值创造更高的收入或者降低生活成本控制生活负债。否则就会形成借钱度日、负债生活。值得注意的一点还有，整个循环过程中最宝贵的“生命资产”没有丝毫的保障。

其次，我们从这对夫妻没有结余与投资为推动力的第二组资金流转循环系统可以看出，这个家庭不可能有理财收入。

最后，从以外部融资为杠杆力的循环系统上看，他们所采用的透支信用卡还有朋友借款，都是为了补充生活所需，也就是支撑第一组循环的。这样既不能产生收益，也无法偿还本金，势必会落入一种负债加速运行的陷阱，一生难以解脱。

2. 我们再从6大数据和资金流出结构中看一看能发现些什么，如图4-29所示。

“十字表”家庭财报的6大数据分别是：月收入、月支出、月结余，总资产、总负债、净值。月收入、月支出、月结余能反映出收支管理水平，聚焦于支出结构更能看出资金流出的特征与属性。总资产、总负债、净值能反映出资产与负债的平衡能力，聚焦于负债结构能看出需求与欲望的差别。

我们先来看看收支管理水平，结余比为-11%，每个月-2,200元，这说明每个月都需要借钱维持生活。那么钱都花到哪里去了？钱主要花在生活支出上占比90%，其中太太自己的生活开销占了一半。剩余10%由信贷支出和不可预见费用各占5%，基本上也是太太的支出。

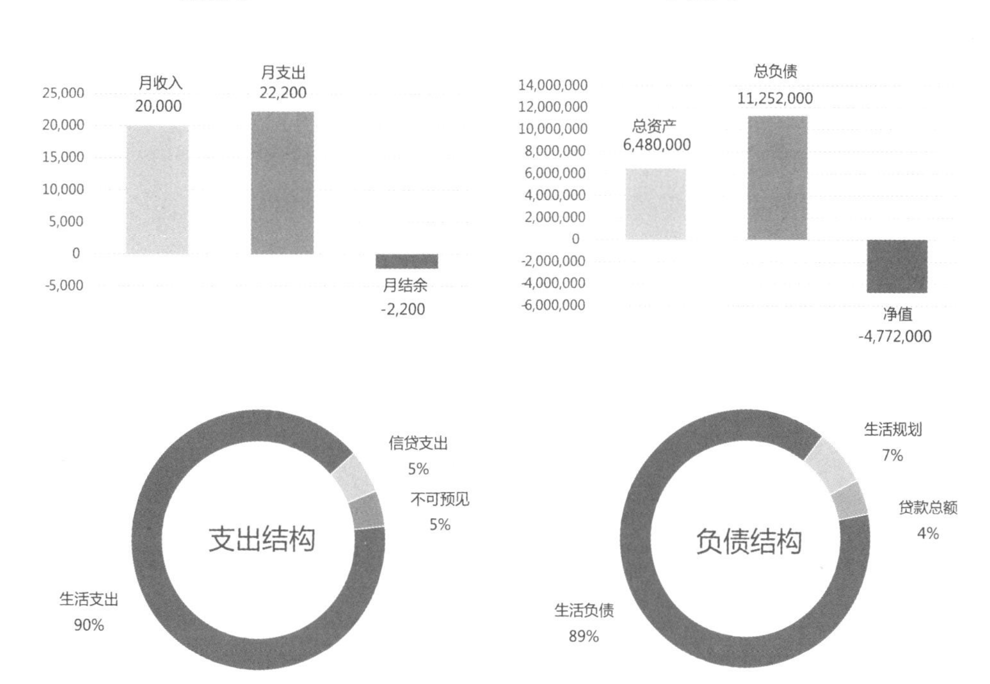

图 4-29　6 大数据与资金流出分析

我们再来看看资产与负债的平衡能力，净值比为-74%，缺口为-477.2万元，这说明一辈子赚的钱也不够花。欲望和负债太高了，生活负债与规划就占比 96%，剩下的 4%是信用卡和亲朋好友借款的总额。

从夫妻俩的 6 大数据、支出与负债的结构来看，这是一个典型的入不敷出、资不抵债的财务困境，处于家庭财务破产的边缘，靠外部借钱来维持生计。不过夫妻俩之前完全没有这个意识，先生只是觉得很辛苦，而太太却乐在其中，并且认为能借到钱也是一种本事。

3. 最后我们来看一下财富平衡的三大指数能说明什么。如图 4-30 所示。

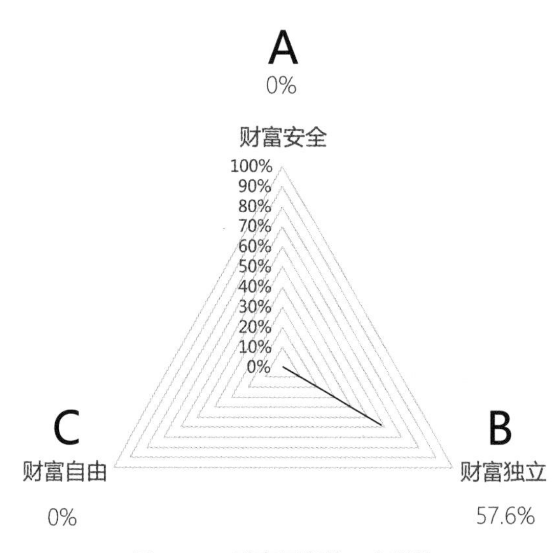

图 4-30 财富平衡的三大指数

A 财富安全指数为 0%，没有丝毫保障意识。夫妻俩唯一的资产就是自己的“生命资产”及其工作收入，没有任何保障。如遇风险，不但人生的这本账无法运行，所欠下的账也将留给自己最亲的人去承受。

B 财富独立指数为 57.6%，还有很多的缺口。要么努力工作增加收入，要么减少欲望降低负债。

C 财富自由指数为 0%，基本上没有投资理财的意识，更关键的是没有本金和习惯。

基于这种财务状况下，夫妻俩日子过得很艰难，外面看着很光鲜，而家里已经快揭不开锅了，为了维持一直以来的生活品质、不让别人看不起、比周围的朋友强，夫妻俩开始频繁地换工作、换城市、换人脉、把向朋友“融资”用到了极限，信用卡已经无法再透支了。就这样一路被银行

和朋友们追债，在走投无路的情况下选择了更为冒险的金融借贷销售工作企图翻身，结果踩踏了法律的红线锒铛入狱。家庭也随之破裂，未成年的孩子只能交由爷爷奶奶抚养。这一切都是不懂财务、不懂人性所造成的。

第七节　离婚也要有原则

在婚姻生活与经营中，有许多的沟沟坎坎。由于夫妻双方来自不同家庭的成长环境，已经养成的价值观和生活习惯存在着很大差异。经过了爱情的甜蜜期进入到生活的磨合期，面对意想不到又措手不及的许多事，没有得到相应教育和辅导，更没有经验去处理。并且现在都是小家庭，比较脆弱没有缓冲的空间，不能自救也无贵人相助，最终走到了离婚的边缘。

对于每一桩婚姻来说，离婚就相当于家庭的破产。相互依赖的情感彻底破碎，共同创造的财富需要分割，夫妻双方合伙组建的家庭这个企业也面临着注销结束，这犹如一次破产的冲击。如何做到有原则、有底线地处理好家庭的这本账，这将是人生的一次严峻而又严肃的考验。我们可以从一个案例中借鉴点经验。

这原本是一对很恩爱且般配的夫妻，结婚 7 年，孩子也 3 岁了。先生“李国盛”（化名）35 岁，是一个理工男，在国企做工程师；太太“兰宁”（化名）30 岁，是一名公务员。结婚后在太太的支持下，先生从国企出来，创办了一家工程自动化企业，发展得还不错。不幸的是太太患上了一种奇怪的疾病，始终没有治愈，导致太太的性情大变。在这种家庭氛围下，夫妻俩出现了隔阂也渐行渐远，逐渐开始了分居生活。我们先从“家庭财报”的数据中回顾一下夫妻俩曾经的幸福生活。如图 4-31 所示。

家庭财报

十字表®

姓名/性别：李国盛/男　兰宁/女
职业/年龄：私企业主/35岁　公务员/30岁
私人财富顾问：

财富安全 A	保障资产 = 生命资产 -8,540,000
财富独立 B	净值为正数 2,663,075
财富自由 C	理财收入 > 月支出 -26,135

月收入　48,738

项目	子项	收入
工作收入	先生工资	
	太太工资	6,800
主营收入	经营利润	25,000
C 理财收入	股权分红	
	自用租金	15,000
	房产租金	
	现金利息	688
	数字收益	
	固定收益	1,250
	浮动收益	
	保障收益	
	另类收益	
转移性收入	赠予所得	
其他收入	随机所得	

总资产　16,940,000

项目	子项	资产
生命资产	先生	7,500,000
	太太	2,040,000
主营企业	工程自动化	1,000,000
企业资产		
房地产	写字间	3,000,000
	住宅	1,000,000
金融资产 A	现金类	300,000
	数字类	
	固收类	300,000
	权益类	
	保障类	1,000,000
另类资产		
转移性资产	岳父住宅	800,000
其他资产		

月支出　43,072

项目	子项	支出
生活支出	先生开销	5,000
	太太开销	5,000
	赡养费用	
	孩子费用	3,000
	孩子教育	
	兴趣/爱好	2,000
信贷支出	写字间贷款	15,837
	住宅贷款	5,236
投资支出	强储/长期	5,000
保障支出	统筹/商业	2,000
公益支出	社会/家族	
其他费用	不可预见	
税金支出	所得税	

总负债　14,276,925

项目	子项		负债
生活负债	工作期		3,000,000
	退休期		3,300,000
生活规划			
	孩子负债		540,000
	教育基金		2,000,000
	人生梦想	周游世界	1,200,000
贷款负债	写字间负债		1,900,393
	住宅负债		1,256,532
投资规划	投资基金		600,000
保障规划	健康基金		480,000
传承规划			
其他规划			
税务规划			

月结余　5,665

B 净值　2,663,075

手中现金＿＿＿＿＿＿＿元

所有数据仅用于规划，不作为实际投资使用。

图 4-31　“李国盛”与“兰宁”的家庭财报

先生“李国盛”投资了100万元创办的工程自动化企业，每个月有25000元的收入，若按60岁退休，还有25年的工作时间，累积的“生命资产”就是750万元（增减变量暂不考虑）；而太太“兰宁”每个月的收入是6,800元，按55岁退休，还有25年的工作时间，累积的“生命资产”就是204万元（增减变量暂不考虑）。同时夫妻俩每个月的生活开销有10,000元，平均每人5,000元，这样就形成了未来的长期生活负债，“李国盛”工作期按25年计算就是150万元，退休期按85岁止，需要准备25年就是150万元（通货膨胀暂不考虑）；而“兰宁”工作期按25年计算也是150万元，退休期按85岁止，需要准备30年就是180万元（通货膨胀暂不考虑）。这样两人合计工作期需要300万元，退休期需要330万元。

夫妻俩刚结婚的时候没钱买房，是岳父赠予了价值80万元的婚房，后来经济条件好转了，夫妻俩又首付了20万元，贷款80万元购买了一处价值100万元的新房，每月支付5,236元贷款，贷款20年累计还款总额为125.7万元。另外，由于先生的公司发展很快需要提升实力和扩大规模，为了支持先生拥有一个属于自己的公司总部，夫妻俩决定用个人的名义首付50%，再贷款150万元，分10年付清，购买一个价值300万元的整层写字间，然后再转租给公司，每月的租金15,000元，几乎抵消了每月的还贷15,837元，10年累计还款总额190万元，这样既解决了公司发展需要，又增加了一份资产。

从“家庭财报”中可以看出，夫妻俩是比较善于理财的，特别是太太在工作之余是很关注投资的。除了热衷于房地产以外，对金融产品也有所涉猎，每月投保2,000元，为夫妻俩分别购买了保额50万元的综合保障，合计100万元，20年缴清累计48万元。还投资了年化收益5%的固收类基金30万元，月均收益1,250元。另外留有30万元的现金储备，月均利息收入688元。此外，夫妻俩还有一个好习惯，就是每月坚持强制储蓄5,000元，若按10年规划下来就能积累60万元。

除了夫妻俩基本的生活开销以外，孩子每个月还需要花费3,000元，抚养到18岁成人还有15年，累计需要54万元。这里值得一提的是夫妻俩曾经很恩爱，每个月都有2,000元的旅游支出，还准备了120万元用于将来周游世界。

面对曾经恩爱的夫妻俩，由于特殊原因走到了婚姻的尽头，要如何进行一场有原则、有底线、有智慧的财产分割，的确不是一件容易的事。

基于夫妻俩过往的恩情和坦诚的沟通，双方达成了以下财产分割及义务承担方案，如图4-32所示。

这个方案基本上由四个部分构成：

第一部分，双方分割各自独立的部分。包括夫妻俩各自的工作收入、生活支出和保险支出以及所对应的生命资产、生活负债和综合保障。

第二部分，剥离无争议的婚前财产。岳父赠予女儿的80万元房产，归属于太太所有。

第三部分，分割婚内共同财产。基于婚内双方共同财产总额为560万元，经双方协商同意，将价值100万元的住宅、30万元的现金和30万元的基金分割给太太所有。将价值400万元的公司股权和写字间产权分割给先生所有。同时先生再支付120万元现金给予太太作为补偿，这样太太合计分割到280万元的财产。

第四部分，承担相关义务。太太拥有孩子的抚养权，先生每月承担2,000元抚养费至18岁。未来还准备为孩子提供100万元的教育基金，这项是先生自愿而非承诺性的。

无论是多么合理的分割，只要走到这一步，婚姻破灭所带来的创伤，在经济上、情感上，甚至是心灵上，都是无法用得到的财产来弥补的。因为当初彼此投入的是最宝贵的生命资产、余生的时间、共同的财富、专属的情感以及最美好的梦想和期待。而现在这一切都破碎了，随着财产的分割，这张“家庭财报”也将分割成两个独立的财报。如图4-33所示。

财产分割及义务承担方案

项目	子项	夫妻共有（分割前）				原则	先生所得（分割后）				太太所得（分割后）			
		资产	负债	收入	支出		资产	负债	收入	支出	资产	负债	收入	支出
生命资产	工作期	9,540,000	3,000,000	31,800	10,000	分割各自部分	7,500,000	1,500,000	25,000	5,000	2,040,000	1,500,000	6,800	5,000
	退休期		3,300,000					1,500,000				1,800,000		
主营企业	工程自动化	1,000,000		25,000		经协商将公司股权及写字间产权归属先生，先生补偿太太120万元现金。	1,000,000		25,000					
房地产	写字间	3,000,000	1,900,393	15,000	15,837		3,000,000	1,900,393	15,000	15,837	1,200,000			
	岳父住宅	800,000				属于婚前财产归太太所有					800,000			
	住宅	1,000,000	1,256,532		5,236	经协商将住宅、现金类和固收类资产给予太太。					1,000,000	1,256,532		5,236
金融资产	现金类	300,000		688							300,000		688	
	固收类	300,000		1,250							300,000		1,250	
	保障类	1,000,000	480,000		2,000	分割各自部分	500,000	264,000		1,100	500,000	216,000		900
孩子抚养	孩子费用		540,000		3,000	太太拥有抚养权，先生每月承担2000元抚养费至18岁。未来准备100万元教育基金（自愿/非承		360,000		2,000		180,000		1,000
	孩子教育		2,000,000					1,000,000				1,000,000		

图 4–32　财产分割及义务承担方案

家庭财报　**十字表®**

姓名/性别：李国盛/男
职业/年龄：私企业主/35岁
私人财富顾问：

财富安全 A	财富独立 B	财富自由 C
保障资产 = 生命资产 -7,000,000	净值为正数 4,185,607	理财收入 > 月支出 -16,137

月收入		40,000
项目	子项	收入
工作收入	本人工资	
	配偶工资	
主营收入	经营利润	25,000
C 理财收入	股权分红	
	自用租金	15,000
	现金利息	
	数字收益	
	固定收益	
	浮动收益	
	保障收益	
	另类收益	
转移性收入	赠予所得	
其他收入	随机所得	

总资产		12,000,000
项目	子项	资产
生命资产	本人	7,500,000
	配偶	
主营企业	工程自动化	1,000,000
企业资产		
房地产	写字间	3,000,000
金融资产 A	现金类	
	数字类	
	固收类	
	权益类	
	保障类	500,000
另类资产		
转移性资产		
其他资产		

月支出		31,137
项目	子项	支出
生活支出	本人开销	5,000
	配偶开销	
	赡养费用	
	孩子费用	2,000
	孩子教育	
	兴趣/爱好	
信贷支出	写字间贷款	15,837
	信用贷款	7,200
投资支出	强储/长期	
保障支出	统筹/商业	1,100
公益支出	社会/家族	
其他费用	不可预见	
税金支出	所得税	

总负债		7,814,393
项目	子项	负债
生活负债	工作期	1,500,000
	退休期	1,500,000
生活规划		
	孩子负债	450,000
	教育基金	1,000,000
	人生梦想	
贷款负债	写字间负债	1,900,393
	信贷总额	1,200,000
投资规划		
保障规划	健康基金	264,000
传承规划		
其他规划		
税务规划		

月结余	8,863	B 净值	4,185,607

手中现金________元

所有数据仅用于规划，不作为实际投资使用。

家庭财报　**十字表®**

姓名/性别：兰宁/女
职业/年龄：公务员/30岁
私人财富顾问：

财富安全 A	财富独立 B	财富自由 C
保障资产 = 生命资产 -1,540,000	净值为正数 547,468	理财收入 > 月支出 -7,448

月收入		13,488
项目	子项	收入
工作收入	本人工资	6,800
	配偶工资	
主营收入	经营利润	
C 理财收入	股权分红	
	房产租金	
	现金利息	3,438
	数字收益	
	固定收益	1,250
	浮动收益	
	保障收益	
	另类收益	
转移性收入	赠予所得	
	抚养费	2,000
其他收入	随机所得	

总资产		6,500,000
项目	子项	资产
生命资产	本人	2,040,000
	配偶	
主营企业		
企业资产		
房地产	住宅	1,000,000
金融资产 A	现金类	1,500,000
	数字类	
	固收类	300,000
	权益类	
	保障类	500,000
另类资产		
转移性资产	父母住宅	800,000
	抚养基金	360,000
其他资产		

月支出		12,136
项目	子项	支出
生活支出	本人开销	5,000
	配偶开销	
	赡养费用	
	孩子费用	1,000
	孩子教育	
	兴趣/爱好	
信贷支出	住宅贷款	5,236
投资支出	强储/长期	
保障支出	统筹/商业	900
公益支出	社会/家族	
其他费用	不可预见	
税金支出	所得税	

总负债		5,952,532
项目	子项	负债
生活负债	工作期	1,500,000
	退休期	1,800,000
生活规划		
	孩子负债	180,000
	教育基金	1,000,000
	人生梦想	
贷款负债	住宅负债	1,256,532
投资规划		
保障规划	健康基金	216,000
传承规划		
其他规划		
税务规划		

月结余	1,352	B 净值	547,468

手中现金________元

所有数据仅用于规划，不作为实际投资使用。

图 4–33　分割后的“家庭财报”

面对这两张分割后的“家庭财报”，我们能做的就是从其中找到一些宝贵的经验与教训，把它当成礼物珍藏起来。接下来我们从资产结构与资金管理两个角度来分析一下数据的变化，以便从中有所收获。

首先，我们从资产结构的角度看一看，双方在婚内和离婚后所持有的资产有何特点，如图 4-34 所示。

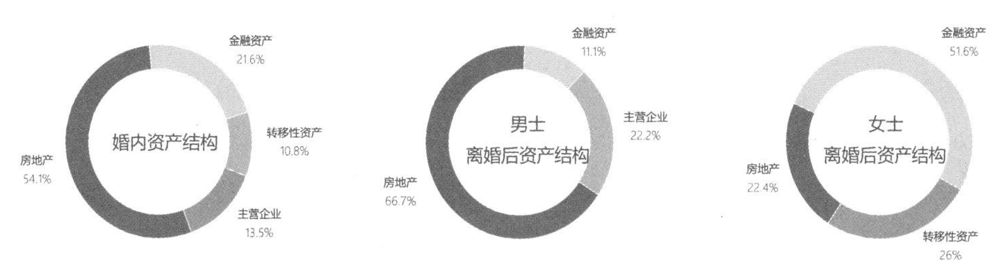

图 4-34　资产结构分析

在婚姻存续期间，夫妻俩的资产配置以房地产为主，超过了一半，再加上转移性资产也是房产，合计超过了 60%。而其中比重最大的写字间是为主营企业（占比 13.5%）做配套的，因为主营企业的收益是最高的。金融资产位居第二，以夫妻俩的保障为主，兼顾一定的收益与流动性。

在离婚后，男士努力争取到的是自己赖以生存的主营企业（占比 22.2%），以及为之配套的办公物业（占比 66.7%），为此还借贷 120 万元给太太做了补偿，同时承担着月均 7,200 元的利息支出。余下的就是一部分金融保险了（占比 11.1%）。这充分表明男士对自己创办的公司过于自信，忽视现金储备和流动性的重要性。

而女士获得的大部分是金融资产（占比 51.6%），其中 150 万元是现金，拥有充足的流动性，还有 30 万元的基金和 50 万元的保险。同时还有两套房产和相关转移性的抚养金。这也充分说明了彼此是相互理解和妥善处理的。

其次，我们从资金管理的关键指标对比上看一看，双方在婚内及离婚后各自的状态有何不同，如图 4-35 所示。

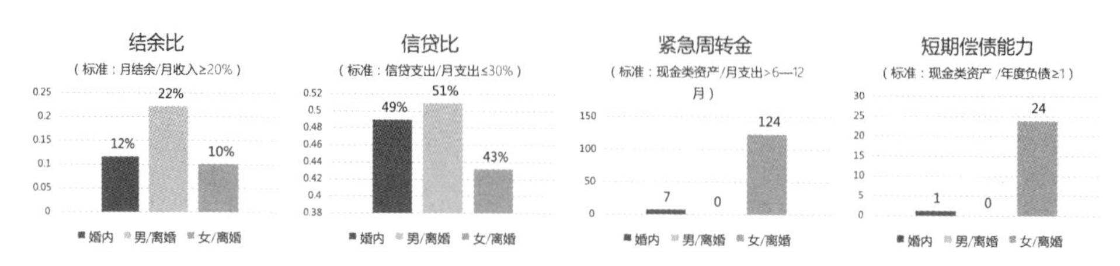

图 4-35　资金管理的关键指标对比图

从结余比上看，男士还是有很强的盈利能力，即便有不小的支出压力，也能保持 22%的结余比，高于婚姻存续期间，实属不易。女士却略有压力，结余比只有 10%，低于婚姻存续期间，不过也有盈余，能够正常生活。

从信贷比上看，男士的数据比较危险，超过了一半达到了 51%，高于婚姻存续期间，其中主要是写字间的贷款支出，基本上自用租金就可以支付贷款。不过凡事都有两面，如果公司经营顺利，租金就是很小的成本，假如公司经营不善，就会面临租金和房贷的双重压力。而女士的压力也不小，虽然低于婚姻存续期间，但一个人带着孩子还着房贷，也是一件不容易的事。

从紧急周转金上看，女士显然好太多了，她的现金储备可以维持正常生活所需长达 124 个月。而男士不但没有丝毫的现金储备，还有 120 万元的借款，他是无法停下来的，既不能失业也不能破产。婚姻存续期间，夫妻俩还有 7 个月的储备。

从短期偿债能力上看，女士的优势很明显，她的短期偿债能力达到了 24 倍，没有后顾之忧。而男士的短期偿债能力为 0，是极其脆弱的，不能发生任何风险。婚姻存续期间，夫妻俩还有 1 倍的偿付能力。

看到这里我们就会发现，好端端的一个家、一本账被拆分开了，兴趣爱好的支出没有了，强制储蓄的好习惯也看不见了，压力、风险与失衡贯

穿其中。

这已经是一个比较合理且有智慧的分割方案了。在现实生活中，离婚这种事已经越来越普遍了，致使离婚率年年攀升。许多夫妻走到了无法挽回局面的这一步，眼看着一起奋斗所创造的财富面临着分割，激起了彼此心底阴暗的防线，因为离婚是财富缩水和流失最快的方式。于是婚前、婚后财产算得清清楚楚，双方的亲人也加入到了战场助阵，请来律师更有用武之地，生怕自己的一方吃亏，甚至带着恨和怨不给对方留一点余地。

所以，真的到了非分不可的地步，双方需要开动智慧、心平气和、妥善合理地处理好相关事务，照顾好弱者和孩子，安抚好双方老人，把伤害尽量降到最小。毕竟这是我们一生中代价最大的投资呀！

在新的《民法典》中，规定了30天的离婚冷静期，这就是一个很好的机制，这对每对夫妻都会有所帮助的。

我们要在婚姻的聚散离合中，智慧地处理好人生的这本账，做到婚前不糊涂，婚后有规划，离婚有原则。

小训练：看看“以夫妻为股东的家庭合伙企业”经营得怎么样！

无论是恋爱、结婚、经营家庭还是走向离婚，在体验爱情的聚散离合背后，都离不开财务这点事，那就用“十字表”家庭财报来帮帮忙吧！

1. 假如现在正处在恋爱阶段：

可以借用“十字表”家庭财报，来了解一下彼此的财务状况和人生打算，看看是否具有良好的金融素养、财务能力和成长潜力，远离盲目的攀比与索取，科学而客观地为爱情保驾护航。

2. 假如现在正处在结婚阶段：

可以借助“十字表”家庭财报，将两个人的个人财务合并为家庭财报，将彼此最宝贵的生命资产、余生的时间、共同的财富、专属的情感以及美好的梦想都投入其中，双方秉承着契约精神，共同经营好人生中最大的这笔投资——家庭合伙企业。

3. 假如现在正处在家庭婚姻经营阶段：

可以将“十字表”家庭财报，变成夫妻俩的幸福账本，共同经营好这个家庭合伙企业，持续获得爱与幸福。

4. 假如现在正处在离婚的阶段：

可以借助“十字表”家庭财报，尽量做到有原则、有底线，妥善合理处理好家庭的这本账，把伤害尽量降到最小，毕竟这是一生中代价最大的投资呀！

小训练
只看不练，功夫白费！我们也来训练一下吧：

第五章

一生中周期最长的天使投资

如果说婚姻是人生中最大的一笔投资和契约，那么生育和养育一个孩子就是一生中周期最长的天使投资了。因为培育一个孩子大约需要 20 年，还需要无怨无悔地持续投入资金与精力，结果却是不确定的。所以父母就是孩子的天使投资人，不但给予孩子一个与生俱来、无与伦比的生命资产，还不计代价、不求回报地投资与培育孩子成长、成才，这也许就是为人父母的爱心吧。

第一节　为什么不敢生孩子

生命的延续本应是一种很正常的社会现象，如今却出现了另一种趋势，就是许多年轻的夫妻不敢或不愿意生孩子。这究竟原因何在，我们来看一个案例。

这是一对因猫结缘的小夫妻。男士化名“阳光”，从事广告设计工作，女士化名“薇薇”，从事人力资源工作。身处他乡互不相识的两个人，在下班回家的路上遇到了一只橘色的流浪猫，好像是刚断奶就跑丢了。两个人从小都喜欢养小猫咪，长大成人后来到陌生的城市里打拼，人情淡薄无依无靠，看到了小猫咪仿佛遇见了亲人一般，爱从心底涌出，都想把它带回家收养。小猫咪也是自来熟，一会蹭蹭男孩，一会又舔舔女孩，像一家人一样。面对眼前这只可爱的小橘猫，两个人商量决定轮流收养，每周一调。就这样两个人的姻缘被一只小橘猫牵成了，慢慢地两个人就走到了一起，过上了幸福的日子，小橘猫再也不用每周奔波了。那么这对夫妻现在过得怎么样呢？我们来看一看他们的“十字表”家庭财报就知道了，如图 5-1 所示。

“阳光”今年 29 岁，“薇薇”今年 28 岁，两人已经结婚 3 年了，小橘猫已经变成了大橘猫。两个人工作都很努力，同时在双方家长的帮助下提前过上了有房有车的幸福生活。

家庭财报

十字表®

姓名/性别：阳光/男　　薇薇/女
职业/年龄：广告设计/29岁　人力资源/28岁
私人财富顾问：

财富安全 A	财富独立 B	财富自由 C
保障资产 = 生命资产 -8,268,000	净值为正数 305,383	理财收入 > 月支出 -22,496

月收入		25,080
项目	子项	收入
工作收入	先生工资	16,000
	太太工资	9,000
主营收入	经营利润	
C 理财收入	股权分红	
	房产租金	
	现金利息	80
	数字收益	
	固定收益	
	浮动收益	
	保障收益	
	另类收益	
转移性收入	赠予所得	
其他收入	随机所得	

总资产		10,833,000
项目	子项	资产
生命资产	先生	5,952,000
	太太	2,916,000
主营企业		
企业资产		
房地产	住宅	1,080,000
A 金融资产	现金类	35,000
	数字类	
	固收类	
	权益类	
	保障类	600,000
另类资产		
转移性资产		
其他资产	汽车	250,000

月支出		22,576
项目	子项	支出
生活支出	先生开销	6,000
	太太开销	6,000
	赡养费用	
	孩子费用	
	兴趣/爱好	1,000
信贷支出	房贷支出	5,563
	车贷支出	2,814
投资支出	强储/长期	
保障支出	统筹/商业	1,200
公益支出	社会/家族	
其他费用	不可预见	
税金支出	所得税	

总负债			10,527,617
项目	子项		负债
生活负债	工作期		4,176,000
	退休期		3,960,000
生活规划			
	人生梦想	宠物收养中心	300,000
贷款负债	房贷余额		1,134,805
	车贷总额		168,812
投资规划			
保障规划	健康基金		288,000
传承规划			
其他规划	买皮卡		500,000
税务规划			

月结余	2,504

B 净值	305,383

手中现金__________元

所有数据仅用于规划，不作为实际投资使用。

图 5-1　“阳光”与“薇薇”的家庭财报

“阳光”每个月有16,000元的收入，若按60岁退休，还有31年的工作时间，累计的“生命资产”就是595.2万元（增减变量暂不考虑）；太太“薇薇”每个月的收入是9,000元，若按55岁退休，还有27年的工作时间，累计的“生命资产”就是291.6万元（增减变量暂不考虑）。夫妻俩每个月的生活开销需要12,000元，平均每人6,000元，这样就形成了未来的长期生活负债，“阳光”工作期按31年计算就是223.2万元，退休期按85岁止，需要准备25年就是180万元（通货膨胀暂不考虑）；而“薇薇”工作期按27年计算就是194.4万元，退休期按85岁止，需要准备30年就是216万元（通货膨胀暂不考虑）。这样两人合计工作期需要417.6万元，退休期需要396万元。

夫妻俩结婚时，双方家长提供了首付，购买了价值108万元的房子，贷款85万元20年付清，贷款由夫妻俩偿还，每月支付5,563元，贷款还有17年累计还款余额113.5万元。另外，两人一直想拥有一辆自己的汽车带着橘猫去远足，于是，自己花了10万元，贷款15万元购买了一辆价值25万元的汽车，每月需支付2,814元的贷款，5年付清共计16.9万元。

夫妻俩也有一定的保障意识，每人购买了30万元的保险，合计60万元的保障，每月支付1,200元的保费，20年累计投入28.8万元。同时，有3.5万元的存款，月均还有80元微弱的利息。

别忘了夫妻俩还有一个共同的爱好，那就是养猫！目前已经收养了3只猫，每个月杂七杂八的支出也需要1,000元。未来还有一个梦想就是建一个宠物收养中心，大概需要投入30万元。另外，想再买一辆皮卡，专门运输小动物，这大概也需要50万元。

从夫妻俩“十字表”家庭财报的财务数据上看，日子过得还算是挺幸福的！双方父母却不怎么满意，因为都有一个共同的心愿没有完成，就是想早一点抱上孙子。可是夫妻俩并不打算生孩子，面对不断上涨的生活成本、贷款压力以及巨额的教育费用，连自己的生存都不敢保证，更何况增加一个新生命。无论是资金上的准备，还是教育上的经验都很匮乏。另外，夫妻俩觉得养了这么多的小猫咪不就是自己的孩子吗，好玩又可爱！

为了探讨可否生孩子的事情，夫妻俩和私人财富顾问做了一次“家庭财报”的诊断分析，看看以目前的财务状况适不适合要孩子。如图 5-2 所示。

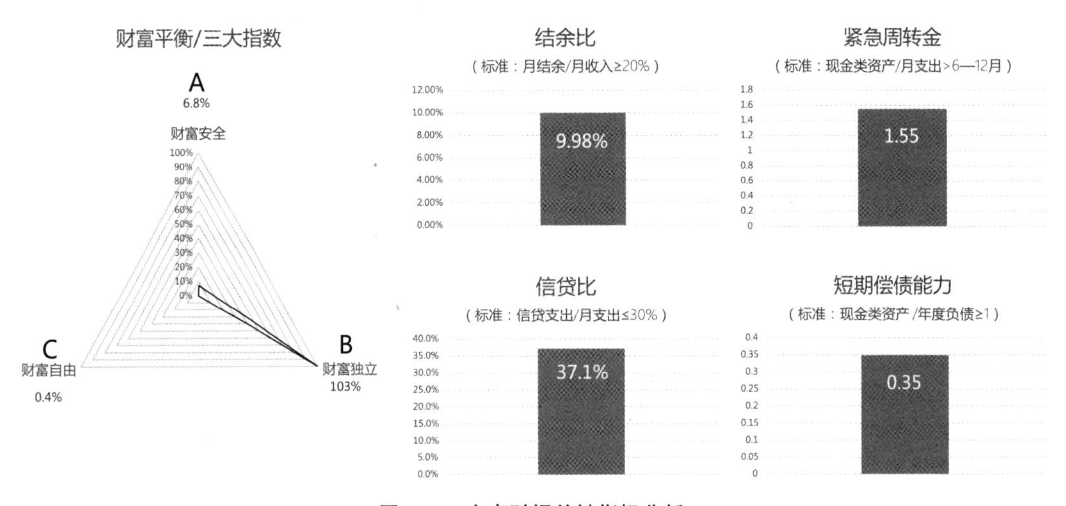

图 5-2　家庭财报关键指标分析

虽然夫妻俩生活还算是挺幸福的，但从关键财务数据上看还是很有压力的。

首先，从财富平衡的三大指数上看。A 财富安全的指数只有 6.8%，也就是说，夫妻俩赖以生存的工资收入和“生命资产”绝大部分没有保障。如果发生任何意外状况，夫妻俩没有对冲风险的机制和转移风险的能力。不但守护不了自己将要创造的财富（生命资产 826.8 万元），也无法偿还自己所欠下的负债（贷款总额 130 多万元），安全感过低。B 财富独立的指数目前是正值，这也是夫妻俩幸福的底线，不过这会随着时间和需

求的变化而改变的，需要时刻保持独立性和平衡力。C 财富自由的指数可就太低了，只有 0.4%，基本上是还没起步，这充分说明收入结构过于刚性，没有自由度。

其次，从四个细节指标上看一下。第一个是结余比，接近 10%，虽然没达标，但没有成为月光族和负翁就很不错了。第二个是紧急周转金，是 1 个半月，也就是说，如果出现收入中断或失业等状况，现金只能维持 1 个半月的生活费用，这个指标实在是太低了，压力过大。第三个是信贷比，是 37.1%，超出预警线，说明有房有车的幸福生活背后有点冒险。第四个是短期偿债能力，是 0.35 倍，也就是说，用于偿还一年内贷款的流动性现金不足，只有三分之一，这容易造成挤兑的压力。

从以上数据的分析看，夫妻俩的财务管理有点紧张且不太健康，是有待优化和调整的。为了进一步确认能否生孩子，我们测算一下一个孩子从小到大所需的成长费用，再填入夫妻俩的“十字表”家庭财报中验证一下，这样一看便知。

那么，培养一个孩子到底需要多少钱呢？

每个家庭都各有不同。要面对生存现状、生活压力和未来收入的可能，来规划和准备一笔长达 20 年以上的专项基金。这项基金包括基本的生活抚养费用、进阶的基础教育费用、深造的专项费用和风险启动备用金。如果条件允许，还可以考虑准备一部分婚嫁金和创业金。这项基金要求专款专用、持久稳定，无论发生任何风险都不受影响、不能挪用。这项基金如同一笔天使投资基金，不计代价、不计回报、充满慈爱、充满期盼。

这项基金到底需要准备多少钱呢？这需要根据具体的生活区域、所处的年代、想要达到的标准以及个人家庭条件而定。一般情况从一个孩子的出生、上幼儿园、读小学、初中、高中到大学，基本上要准备 100 万元左右。如果要留学深造，还需要再准备 100 万元左右。至于结婚和创业，那就不好说了，这需要因人而异。

我们再换一个角度算一笔账。假如培养这个孩子需要100万元，当孩子长大成人后非常孝顺，每个月给父母1,000元，作为报答对自己的养育之恩。这需要83.3年才能还清父母给自己的经济投入，这还不包括情感投入，这说明用一生的时间都回报不完父母对孩子的爱。因此，父母要做好持续投入、不计回报的长期价值投资的心理准备。

如此我们就将100万元（仅供参考）作为一个孩子的成长基金，填写进“阳光”和“薇薇”的“十字表”家庭财报中，看一看会发生什么变化。如图5-3所示。

很显然，我们将一个孩子100万元的成长基金平均到24年当中，分解到每个月就是3,472元。这样一来，夫妻俩当下的月结余就变成了-968元，一生的净值就变成了-69万元。这个结果就是让许多年轻夫妻不敢或不愿生孩子的原因，也是当今社会存在的一种现象。如果想改变这种状况，除了情感因素外，还需要养成良好的财务管理习惯和人生规划的能力。

第二节　生命是需要延续的

那么，年轻人是不是都是如此呢？这就需要我们再来了解一下另一个案例。

这是一对从小学、初中到高中一直在一所学校，并且在同一个班级里的两个小县城的孩子。高考选择了不同的城市和不同的医科学院，但缘分又将两个人分配到了同一家医院，一位是外科医生，一位是妇产科护士，就此展开了他们的爱情故事。

男士的名字是“刘小龙”（化名），祖上三代都是中医，父亲这辈开始运用中西医结合，在县城开办了一家便民诊所，为乡里乡亲们看病。“刘小龙”排行老二，从小就在救死扶伤的环境中长大，自然体内也流淌着医生世家的血统。女士的名字是“董小燕”（化名），家里有两个哥哥，父母都

家庭财报

十字表®

姓名/性别：阳光/男　薇薇/女
职业/年龄：广告设计/29岁　人力资源/28岁
私人财富顾问：

财富安全 A	财富独立 B	财富自由 C
保障资产 = 生命资产 -8,268,000	净值为正数 305,383	理财收入 > 月支出 -22,496

月收入		25,080
项目	子项	收入
工作收入	先生工资	16,000
	太太工资	9,000
主营收入	经营利润	
理财收入（C）	股权分红	
	房产租金	
	现金利息	80
	数字收益	
	固定收益	
	浮动收益	
	保障收益	
	另类收益	
转移性收入	赠予所得	
其他收入	随机所得	

总资产		10,833,000
项目	子项	资产
生命资产	先生	5,952,000
	太太	2,916,000
主营企业		
企业资产		
房地产	住宅	1,080,000
金融资产（A）	现金类	35,000
	数字类	
	固收类	
	权益类	
	保障类	600,000
另类资产		
转移性资产		
其他资产	汽车	250,000

月支出		22,576
项目	子项	支出
生活支出	先生开销	6,000
	太太开销	6,000
	赡养费用	
	孩子费用	
	兴趣/爱好	1,000
信贷支出	房贷支出	5,563
	车贷支出	2,814
投资支出	强储/长期	
保障支出	统筹/商业	1,200
公益支出	社会/家族	
其他费用	不可预见	
税金支出	所得税	

总负债			10,527,617
项目	子项		负债
生活负债	工作期		4,176,000
	退休期		3,960,000
生活规划			
	人生梦想	宠物收养中心	300,000
贷款负债	房贷余额		1,134,805
	车贷总额		168,812
投资规划			
保障规划	健康基金		288,000
传承规划			
其他规划	买皮卡		500,000
税务规划			

月结余　2,504

B 净值　305,383

手中现金______元

家庭财报

十字表®

姓名/性别：阳光/男　薇薇/女
职业/年龄：广告设计/29岁　人力资源/28岁
私人财富顾问：

财富安全 A	财富独立 B	财富自由 C
保障资产 = 生命资产 -8,268,000	净值为正数 -694,617	理财收入 > 月支出 -25,968

月收入		25,080
项目	子项	收入
工作收入	先生工资	16,000
	太太工资	9,000
主营收入	经营利润	
理财收入（C）	股权分红	
	房产租金	
	现金利息	80
	数字收益	
	固定收益	
	浮动收益	
	保障收益	
	另类收益	
转移性收入	赠予所得	
其他收入	随机所得	

总资产		10,833,000
项目	子项	资产
生命资产	先生	5,952,000
	太太	2,916,000
主营企业		
企业资产		
房地产	住宅	1,080,000
金融资产（A）	现金类	35,000
	数字类	
	固收类	
	权益类	
	保障类	600,000
另类资产		
转移性资产		
其他资产	汽车	250,000

月支出		26,049
项目	子项	支出
生活支出	先生开销	6,000
	太太开销	6,000
	赡养费用	
	孩子费用+	**3,472**
	兴趣/爱好	1,000
信贷支出	房贷支出	5,563
	车贷支出	2,814
投资支出	强储/长期	
保障支出	统筹/商业	1,200
公益支出	社会/家族	
其他费用	不可预见	
税金支出	所得税	

总负债			11,527,617
项目	子项		负债
生活负债	工作期		4,176,000
	退休期		3,960,000
生活规划	**成长基金+**		**1,000,000**
	人生梦想	宠物收养中心	300,000
贷款负债	房贷余额		1,134,805
	车贷总额		168,812
投资规划			
保障规划	健康基金		288,000
传承规划			
其他规划	买皮卡		500,000
税务规划			

月结余　-968

B 净值　-694,617

手中现金______元

图 5-3　“阳光”和“薇薇”家庭财报的前后对照

是务农的，经常上山采药材送到诊所，有时父母忙农活就让“董小燕”把药材送到诊所。两家人关系很好，两个孩子自然也就很熟悉了。

两个孩子在读初三的时候，在一次户外体育课时，配合抢救了一名落水儿童，不经意间展现了医生的潜质和协助能力，之后被校方表扬，也得到了落难家属的感谢，就此两人便结下了奇妙的情感种子。随着学业的压力和时间的流逝，两个人都埋头学习奔向各自的人生旅途。结果命运让彼此又一次走到一起，这回两个人毫不犹豫地生活在了一起。

在婚后幸福的生活里，太太“董小燕”总是给先生“刘小龙”分享在医院里助产的故事。看着每一个小生命呱呱坠地来到人间，看见每一对父母慈爱的笑容和感恩的眼泪，感觉自己就像天使一般，让生命得以延续。这也深深地唤起了自己也想要一个宝宝的心愿，于是夫妻俩决定生一个孩子。

面对工作不久、积累不足的局面，能否独立地养活一个孩子，夫妻俩还是不太有底，很想好好地测算和规划一下小家庭的未来。那么就让我们一起来帮忙把把关，看看夫妻俩“十字表”家庭财报的财务状况能不能完成这个心愿，如图 5-4 所示。

“刘小龙”今年 28 岁，“董小燕”今年 27 岁，两人也是结婚 3 年了。和“阳光”与“薇薇”夫妻俩的年龄、收入等状况差不多。两个人的工作节奏都很快，好在可以一起上班、一起下班，工作生活两不误。

“刘小龙”每个月有 15,000 元的收入，若按 60 岁退休，还有 32 年的工作时间，累积的“生命资产”就是 576 万元（增减变量暂不考虑）；太太“董小燕”每个月的收入是 8,000 元，若按 55 岁退休，还有 28 年的工作时间，累积的“生命资产”就是 268.8 万元（增减变量暂不考虑）。夫妻俩每个月的生活开销需要 11,000 元，其中，先生每月 5,000 元，太太每月 6,000 元，这样就形成了未来的长期生活负债，“刘小龙”工作期按 32 年计算就是 192 万元，退休期按 85 岁止，需要准备 25 年就是 150 万元

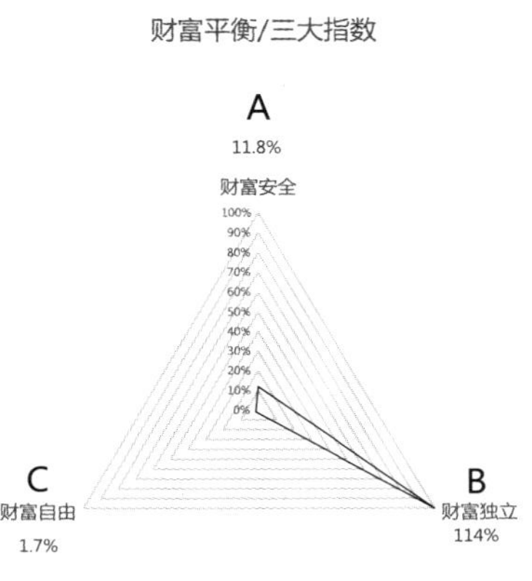

家庭财报

十字表®

姓名/性别：刘小龙/男　董小燕/女
职业/年龄：医生/28岁　护士/27岁
私人财富顾问：

财富安全 A	财富独立 B	财富自由 C
保障资产 = 生命资产 -7,448,000	净值为正数 1,280,961	理财收入 > 月支出 -18,604

月收入		23,323
项目	子项	收入
工作收入	先生工资	15,000
	太太工资	8,000
主营收入	经营利润	
C 理财收入	股权分红	
	房产租金	
	现金利息	115
	数字收益	
	固定收益	208
	浮动收益	
	保障收益	
	另类收益	
转移性收入	赠予所得	
其他收入	随机所得	

总资产		10,398,000
项目	子项	资产
生命资产	先生	5,760,000
	太太	2,688,000
主营企业		
企业资产		
房地产	住宅	850,000
金融资产	现金类	50,000
	数字类	
	固收类	50,000
	权益类	
A	保障类	1,000,000
另类资产		
转移性资产		
其他资产		

月支出		18,927
项目	子项	支出
生活支出	先生开销	5,000
	太太开销	6,000
	赡养费用	
	孩子费用	
	兴趣/爱好	
信贷支出	房贷支出	3,927
投资支出	强储/长期	2,000
保障支出	统筹/商业	2,000
公益支出	社会/家族	
其他费用	不可预见	
税金支出	所得税	

总负债		9,117,039
项目	子项	负债
生活负债	工作期	3,936,000
	退休期	3,660,000
生活规划		
	人生梦想	
贷款负债	房贷余额	801,039
投资规划	投资基金	240,000
保障规划	健康基金	480,000
传承规划		
其他规划		
税务规划		

月结余	4,396

B 净值	1,280,961

手中现金＿＿＿＿＿＿元

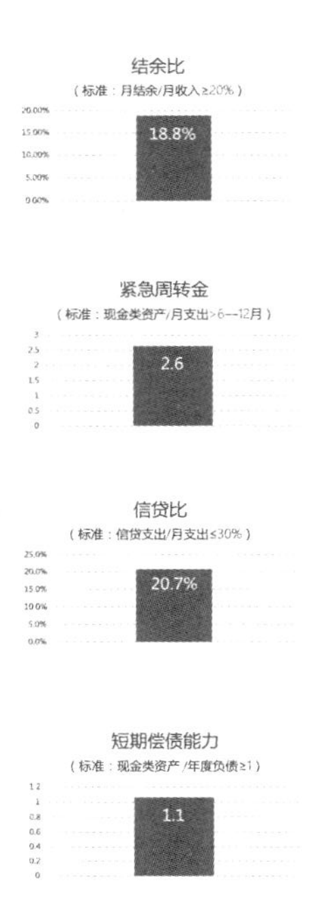

图 5-4 “刘小龙”和“董小燕”的家庭财报

（通货膨胀暂不考虑）；“董小燕”工作期按28年计算就是201.6万元，退休期按85岁止，需要准备30年就是216万元（通货膨胀暂不考虑）。这样两人合计工作期需要393.6万元，退休期需要366万元。

夫妻俩结婚时，双方家长同样提供了首付，购买了价值85万元的房子，贷款60万元20年付清，贷款由夫妻俩偿还，每月约支付3,927元，贷款还有17年，累计还款余额约为80.1万元。

夫妻俩也有一定的理财意识，除了攒下5万元的存款，月均能有115元的利息外，还投资了5万元的固收类基金和债券资产，每个月平均能有208元的收益。同时，夫妻俩每个人都投保了50万元的保障资产，合计100万元的保障，每个月支付2,000元保费，20年累计投入48万元。另外，夫妻俩有一个很好的习惯，就是每个月坚持强制储蓄2,000元，计划10年存下24万元，为孩子做准备。

虽然“刘小龙”和“董小燕”夫妻俩的收入与资产状况没有“阳光”和“薇薇”夫妻俩的多，但是在财务管理方面稍好一些。我们也从财富平衡的三大指数和几个关键指标的数据上看一看。

首先，从财富平衡的三大指数上看。A财富安全的指数为11.8%，属于有了一定的保障意识，但还有很大的缺口等待夫妻俩逐步完善。尽管夫妻俩都是医务人员，也需要运用经济的方式来解决风险突发时所需要的成本。B财富独立的指数目前是正值，这也是夫妻俩一生终局的平衡尺度，随着时间和需求的变化时刻保持这种状态。C财富自由的指数只有1.7%，算是刚刚起步吧。

其次，从四个细节指标上看一下。第一个结余比是18.8%，在每个月都有2,000元强制储蓄的前提下，这个指标已经很棒了，说明夫妻俩有很好的自律习惯。第二个紧急周转金是2.6个月，比较低，好在双方的工作性质比较安全稳定。第三个信贷比是20.7%，完全可控没有压力。第四个短期偿债能力1.1倍，足以覆盖一年内的债务风险。

家庭财报

十字表®

姓名/性别：刘小龙/男　　董小燕/女
职业/年龄：医生/28岁　　护士/27岁
私人财富顾问：

财富安全 A	财富独立 B	财富自由 C
保障资产 = 生命资产 -7,448,000	净值为正数 520,961	理财收入 > 月支出 -20,076

月收入		23,323
项目	子项	收入
工作收入	先生工资	15,000
	太太工资	8,000
主营收入	经营利润	
C 理财收入	股权分红	
	房产租金	
	现金利息	115
	数字收益	
	固定收益	208
	浮动收益	
	保障收益	
	另类收益	
转移性收入	赠予所得	
其他收入	随机所得	

总资产		10,398,000
项目	子项	资产
生命资产	先生	5,760,000
	太太	2,688,000
主营企业		
企业资产		
房地产	住宅	850,000
A 金融资产	现金类	50,000
	数字类	
	固收类	50,000
	权益类	
	保障类	1,000,000
另类资产		
转移性资产		
其他资产		

月支出		20,399
项目	子项	支出
生活支出	先生开销	5,000
	太太开销	6,000
	赡养费用	
	孩子费用+	3,472
	兴趣/爱好	
信贷支出	房贷支出	3,927
投资支出	**强储/长期-**	
保障支出	统筹/商业	2,000
公益支出	社会/家族	
其他费用	不可预见	
税金支出	所得税	

总负债		9,877,039
项目	子项	负债
生活负债	工作期	3,936,000
	退休期	3,660,000
生活规划	**成长基金+**	1,000,000
	人生梦想	
贷款负债	房贷余额	801,039
投资规划	投资基金	
保障规划	健康基金	480,000
传承规划		
其他规划		
税务规划		

月结余	2,924

B 净值	520,961

手中现金______________元

所有数据仅用于规划，不作为实际投资使用。

图 5-5　生孩子的可行性

由此可见，夫妻俩在微观财务数据管理上做得还是很不错的，应该有能力抚养一个小孩子长大成人，最关键的是夫妻俩有着强烈的愿望。为了下定决心，我们将一个孩子从小到大所需的成长费用，填入夫妻俩的“十字表”家庭财报中测算一下，结果便一目了然了。如图 5-5 所示。

在月支出中，将夫妻俩每个月的强制储蓄直接转到孩子费用一栏，再补齐每个月 3,472 元的费用缺口，这样每个月还有 2,924 元的结余。同时，孩子的成长期设为 24 年，一共需要准备 100 万元的成长基金，填写进负债项中，最后人生终局的净值依然为正。这就可以肯定地说，夫妻俩具备了独立培育新生命的财务基础。

于是，优生优育的幸福工程就此展开。面对充满爱心、极其理智的夫妻俩，在双方父母和医院同事的共同祝福下，小生命也不负众望地降临到这个幸福的家庭，生命得以延续了。

第三节　父母就是孩子的天使投资人

看待新生命，有好多种角度。我们今天就新增一个视角，看看一个孩子应该被看作是资产，还是负债呢？

假如有了孩子，抚养他长大，教育他成人，独立后只要他能自食其力、养家糊口、开心快乐就算是成功了。如果能有所成就、孝敬父母、光宗耀祖那就算是超出预期了。这显然是一项优质的资产，也是一项成功的投资了。

但是，更多的可能和结果也许是这样的，有些孩子也许无法完成自己的学业；有些孩子赚到的钱支付不起自己想要的生活；有些孩子每个月要靠刷信用卡度日；有些孩子长大后仍无法自立还需要父母持续地供养；有些孩子成了别人眼中的骗子整天骗钱度日；有些孩子因为失足要在监狱中经历磨难，有些孩子躺在家族财富中尽情挥霍度过余生。这显然是一种资不抵债的状况，当然这些孩子的状况都是我们不愿看到的结果。

无论结果是好是坏，是否接受，都需要持续不断地投入金钱、时间、沟通与陪伴。其实也大可不必担忧，因为每一个生命来到这个世界上都有着自己的使命，只不过是通过父母这个通道来到了这个世界上，与我们组成了一个家庭，结下了这段缘分，共同度过一段相互陪伴、彼此成长的岁月与时光。

这其实就是一项不计代价、不计回报、长达 20 年以上的天使投资。为了提高成功率，父母需要在教育培养上做一些准备。

1. 长达 20 年的投资蓝图

新生命如同一粒种子，充满着无限的生命力和可能性，只要给予充分培育和滋养，就会茁壮成长为一棵参天大树。这就需要父母用爱心来浇灌，用智慧来培育，用耐心来守护，将这个与生俱来、无与伦比、独一无二的小生命，培养成价值非凡的生命资产。

这是一项长达 20 年的天使投资，父母需要好好地规划一下才可以。这个阶段从出生开始，一直到 24 岁长大成人、读完学业、踏入社会为止，正好是两个 12 年，是人生最关键的两轮周期。

在这个成长的周期里，又可以划分成四个时期和 8 个阶段，每一个时期内包括 2 个阶段。分别是第一个婴幼儿时期，包括 1—3 岁的出生到自我阶段和 3—6 岁自我到求知阶段；第二个童年时期，包括 6—9 岁的求知到独立阶段和 9—12 岁的独立到立志阶段；第三个少年时期，包括 12—15 岁的立志到定向阶段和 15—18 岁的定向到成人阶段；第四个青年时期，包括 18—21 岁的成人到定位阶段和 21—24 岁的定位到成才阶段。这就构成了孩子成才的整体架构、关键节点以及投资周期，如图 5-6 所示。

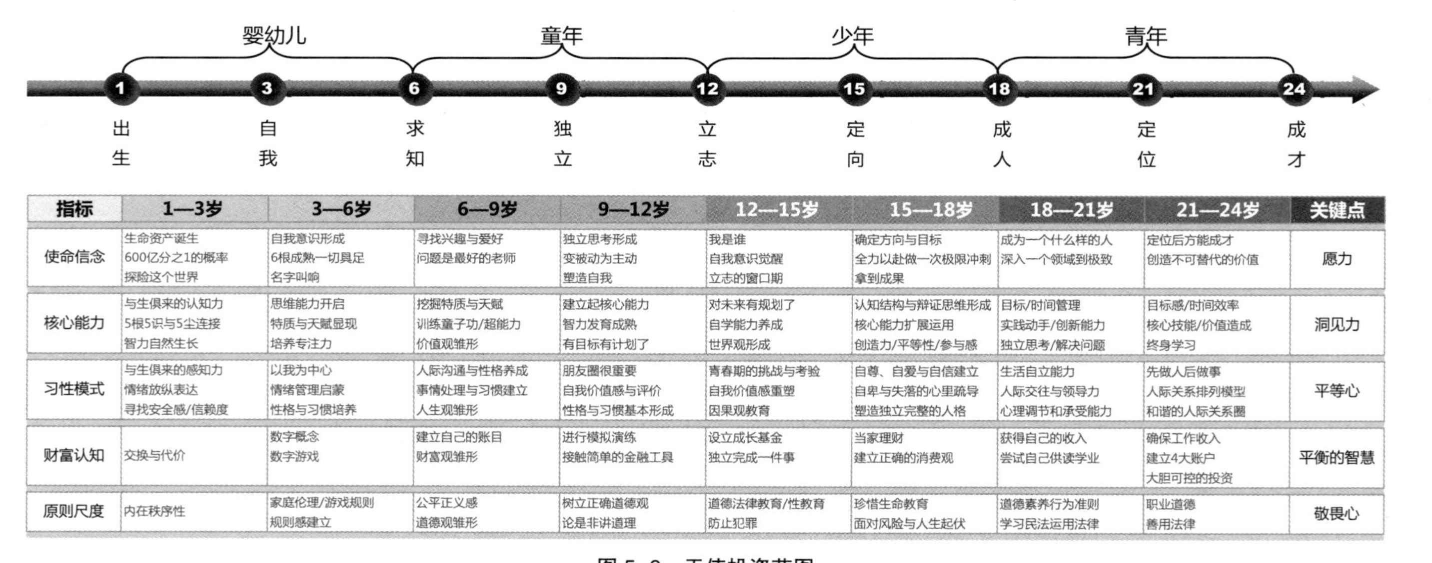

指标	1—3岁	3—6岁	6—9岁	9—12岁	12—15岁	15—18岁	18—21岁	21—24岁	关键点
使命信念	生命资产诞生 600亿分之1的概率 探险这个世界	自我意识形成 6根成熟一切具足 名字叫响	寻找兴趣与爱好 问题是最好的老师	独立思考形成 变被动为主动 塑造自我	我是谁 自我意识觉醒 立志的窗口期	确定方向与目标 全力以赴做一次极限冲刺 拿到成果	成为一个什么样的人 深入一个领域到极致	定位后方能成才 创造不可替代的价值	愿力
核心能力	与生俱来的认知力 5根5识与5尘连接 智力自然生长	思维能力开启 特质与天赋显现 培养专注力	挖掘特质与天赋 训练童子功/超能力 价值观雏形	建立起核心能力 智力发育成熟 有目标有计划了	对未来有规划了 自学能力养成 世界观形成	认知结构与辩证思维形成 核心能力扩展运用 创造力/平等性/参与感	目标/时间管理 实践动手/创新能力 独立思考/解决问题	目标感/时间效率 核心技能/价值造成 终身学习	洞见力
习性模式	与生俱来的感知力 情绪放纵表达 寻找安全感/信赖度	以我为中心 情绪管理启蒙 性格与习惯培养	人际沟通与性格养成 事情处理与习惯建立 人生观雏形	朋友圈很重要 自我价值感与评价 性格与习惯基本形成	青春期的挑战与考验 自我价值感重塑 因果观教育	自尊、自爱与自信建立 自卑与失落的心理疏导 塑造独立完整的人格	生活自立能力 人际交往与领导力 心理调节和承受能力	先做人后做事 人际关系排列模型 和谐的人际关系圈	平等心
财富认知	交换与代价	数字概念 数字游戏	建立自己的账目 财富观雏形	进行模拟演练 接触简单的金融工具	设立成长基金 独立完成一件事	当家理财 建立正确的消费观	获得自己的收入 尝试自己供读学业	确保工作收入 建立4大账户 大胆可控的投资	平衡的智慧
原则尺度	内在秩序性	家庭伦理/游戏规则 规则感建立	公平正义感 道德观雏形	树立正确道德观 论是非讲道理	道德法律教育/性教育 防止犯罪	珍惜生命教育 面对风险与人生起伏	道德素养行为准则 学习民法运用法律	职业道德 善用法律	敬畏心

图 5–6　天使投资蓝图

在不同的成长阶段里，都有着不同的培养重点和小目标，一定要咬住这些小目标，把事情做到位。如果错过了孩子每一次成长的窗口期，再培养成本会很大，甚至是难以弥补的。对于投资来说，每一个小目标都是一个成长的里程碑，只要每个阶段将这些里程碑都确立起来，最后这些里程碑会自然连接和贯穿在一起，那么最终的成果必定是顺理成章、水到渠成的事情了。所以，必须对整个过程中的关键节点进行把控、推动与管理，才能提高投资成功的可能性，将孩子培养成才。

在孩子整个成才的过程中，父母需要协助孩子，在五项素质方面进行循序渐进的深度耕耘和持续积累，最后形成聚合绽放的能量。这五项素质分别是：

（1）使命信念，对梦想与志向的探寻；

（2）核心能力，对特质与天赋的开发；

（3）习性模式，对习惯与性格的养成；

（4）财富认知，对财富与欲望的认知与驾驭；

（5）原则尺度，对道德与法律的守护。

当这五项素质被激活和培养出来之后，这个孩子就已经是非常自立、非常强大、非常成功的了。不再需要担忧他的未来，他已经成为一个优良的资产和财富，不再是一个持续投入的负债了。

这五项素质和8个成长阶段共同构成了一个孩子自我成长的坐标和蓝图，会让每一个孩子都能走出属于自己与众不同的成长轨迹。

2. 每个孩子都是一颗闪耀的星

父母都有望子成龙、望女成凤的心愿，都希望把孩子培养成才，宁可倾其所有也不想留有遗憾。其实，从孩子成长的两轮24年中不难看出，成才需要具备两个关键要素，一个是需要足够长的时间，另一个是需要核心的内涵价值。而孩子的8个成长阶段就是足够长的时间，5项素质的培养与训练就是核心的内涵价值。这5项素质在8个成长阶段中，不断地层层挖掘、培育、激发、训练、矫正、累积和聚合后，就会形成一股强大的内在力量，塑造出一颗闪闪发光、璀璨耀目的五角星。他能点亮自己的生命，照亮自己前进的路，也能化解一切烦恼与苦难，同时还能温暖别人，造福社会。如图 5-7 所示。

图 5-7　孩子就是一颗星

使命信念是对梦想与志向的探寻。一个生命从 600 亿分之 1 的成功概率中，诞生在一个家庭里成为独生子女，这是一份与生俱来、无与伦比、独一无二的生命资产。是一个十分幸运和非常难得的礼物，也是一颗极具投资价值的种子，并蕴含着所有的能量，等待着去探索这个未知的世界。

随着六根和五蕴具足之后，便形成了自我，也有了自己响亮的名字。在不断的求知与冒险中，寻找着自己的兴趣与爱好，在没完没了的问题中，一天天地长大。开始逐渐地有了自己的主见，想要独立像个小大人。

于是，就进入了第二次自我意识觉醒的阶段，经常会问自己一些终极的人生问题——我是谁？我要做什么？我想成为什么样的人？就这样人生

立志的窗口期打开了，有的孩子在这个阶段，就找到了自己的人生方向，开始聚焦优势资源，全力以赴迎接目标的挑战并取得成果，建立起信心。有的孩子仍然无法定向，只顾享受少年时光。

在步入成人之后，现实会让孩子变得成熟起来。唯有在定向中继续聚焦、精准定位，在一个细分领域里做到极致，创造出不可替代的价值，方能成才。这一路上，始终是孩子自己的初心、兴趣与爱好在推动，并有着强大的愿力、梦想与志向在引领，这就是使命信念的力量。每一个生命来到这个世界都有一个使命，只有找到他才能调动和集结所有的潜能和资源。

核心能力是对特质与天赋的开发。孩子刚出生的混沌期，依靠着与生俱来的本能和认知力，与外面的世界发生着不间断的连接。努力尝试着、模仿着、探索着、认识着、储存着各种各样的信息，刺激和开发着自己的智力和潜能，野蛮地自然生长着。

随着孩子天性的逐渐流露，总会有一种与众不同的特质与特长，时常显现出来，并在某个方面很专注，很敏锐，这就是天赋了。每一个孩子都具有天赋，哪怕是残疾的孩子，只要父母用心观察都能发现。这种特质与天赋经过长期的开发、培养与训练，就能产生超出常人的能力。慢慢地就会建立起一种属于自己的核心能力，而这种核心能力将会决定自己成为什么样的人。当这种核心能力磨炼到一定程度后，便会练就出一种穿透本质的洞见力，并爆发出源源不断的创造力，这是一种十分宝贵的内生资源。

同时，在自己的兴趣、爱好、特质与天赋中成长，还会形成一种无师自通的自学能力和方法。而这种自学能力和方法，也会慢慢转化和运用在其他的学习和生活方面，形成触类旁通的思维能力和实践方法，并逐步累积形成自己的价值观、经验值和方法论，成为自己一生认识事物和解决问题的核心能力。

习性模式是对习惯与性格的养成。从孩子与生俱来的感知力，放纵的情感表达，极度寻找安全感和信赖度，渴望得到爱的状态中成长着。这颗情绪的种子总是躲在潜意识里，不经意间操控着自己一生的喜怒哀乐，并始终持续在缺失和矛盾中寻找着自我价值感。

在从小的家庭关系中，是否被宠爱或是受嫌弃；在学校的同学交往中，能否结交小伙伴或是没人理；到了青春期，是否有可信赖的朋友还是独行侠；在竞争和攀比中，是坦然面对还是黯然退场；在诱惑和规则面前，是坚守原则和底线还是放任自流；在面对异性时，是真诚交往还是羞涩腼腆；在工作挑战中，是敢于担当还是保守退缩。孩子在自我情绪的控制和人际交往的处理中，慢慢地将点滴感受和心理阴影都转化为刻骨铭心的烙印，演变成了自己的性格与习惯，并建立起自我价值感，形成人生观，影响并创造着自己的命运。

好的培育将唤醒孩子内在的平等心，在人生每一次起伏中磨炼出不卑不亢、从容自律的独立人格。面对人际交往处理中保持同理心，换位思考将心比心地尊重和善待每一个人，并接受和感恩一切的发生。

财富认知是对财富与欲望的认知和驾驭。这需要从小潜移默化的熏陶，透过小伙伴之间的交换玩具，启蒙了价值交换和商品流动的意识；通过趣味数学游戏，认识和分辨不同面值的货币和商品的价签；设定一个目标和规则的购物游戏，调动计算能力、决策能力、时间概念、喜好度、数量价格比和目标感，充分体验金钱的流通价值和商品的交换价值，并养成节约和延迟满足的习惯。同时，循序渐进地授权和建立起孩子个人的财务管理账目，开设自己的银行账户，记录、管理和使用好自己的压岁钱、零花钱和奖励红包，以及自己的花销，从财务的角度养成自己独立的人格。进而体验当家理财，锻炼规划能力、决策能力和风控能力，全面建立起正确的财富观和消费观。

随着孩子逐渐长大，就可以参加系统性的“财悟棋局”演练了，就像军事演练一样，模拟着自己的人生，驾驭着财富的流转，读懂和明白经济周期、金融体系、资产属性和财富管理之间的关系与流转规律，其实这对

孩子人生的指导意义更大、更深远。

当孩子立志后，父母可以协助孩子设立一个专项成长基金，旨在专门帮助孩子达成理想提供资金支持。孩子可以根据自己理想的目标、推进的时间、具体执行计划以及每个阶段所需资金的安排，来进行该成长基金的融资、投资和经营，盈亏自负。这样一来，会对孩子的金钱使用、消费观念、沟通谈判、目标管理、风险控制等方面都有一定的训练和培养，既能提升孩子的财富驾驭能力，也能锻炼孩子独立负责和持续操作一个完整项目的能力。同时，可以将自己的实际操作与模拟演练相结合，把遇到的问题与困惑，带到模拟演练中去解决，这样学习会成长得更快，风险也会降低。

最具挑战性的还是让孩子尝试自己赚钱攻读学业，并经营和管理好自己的账目，安排好自己的爱好、旅游、考察及实践等事情。通过自己的核心能力参与到社会实践中去，创造价值、得到认同、获得回报。这样既能培养自己的实操动手能力，又能获得可观的收入，更能建立起自信和自立。成人之后，不贪钱、不惧怕失去钱、善用钱，成为金钱的主人，获得财富平衡和人生圆满的人生目标。

原则尺度是对道德与法律的守护。这是一个看似不重要、实则很要命，平时不在意、用时很紧迫的事情。因此法律素养与道德品质需要从小培养。每一个孩子从小生下来就有一种内在的秩序性，随着长大会慢慢形成自己的规律，像玩具放在哪里、吃饭在哪里、睡觉在哪里、什么东西不能碰、购物要排队等等事情，就是最早期秩序规范的萌芽。

随着孩子渐渐长大之后，在家庭的生活伦理中有了尊老爱幼、平等和睦、互敬互爱等家风家规的约束。在幼儿园与小朋友玩耍时要遵守游戏规则。在读书懂事后有了正义感，对是非、善恶都是火眼金睛，仿佛是维护公平和正义的英雄化身，逐渐地树立起正确的价值观。

面对青春期的挑战，以及轻生的念头，就需要各方共同做好有效的疏导和化解，守护住孩子的自尊、自爱和自信。长大成人后会有更强的法律意识，要遵守职业道德和社会秩序，成为一个知法、懂法、学法、用法、守法的现代人。

就这样一路成长，一路培养自身的法律素养和道德品质，在日积月累之中积淀出做人的原则和尺度，守住自己的底线，不触碰法律的红线，养成严谨、慎独和自律的好习惯，远离风险和隐患，练就一颗敬畏心，才能安身立命，让人生在合法、道德的阳光下独立自由地生活着。

所以这五项素质，就是这 20 多年长期投资的关键所在。这五项素质在经历了 8 个成长阶段的不断培育、相互激发、融会贯通，最终生成了一股强大的内在核心能量，将孩子塑造成才，这也是将孩子培养成财富的秘诀。

同时，对孩子所呈现的一切结果都要做好欣然接受的心理准备。因为所有事情都是变化无常的，许多初衷时常会事与愿违的。从孩子出生开始到成长的每一个阶段，无论是表现得优异还是落后，无论是做事正确还是常常犯错，我们都能接受他、理解他、帮助他、鼓励他。直到长大成人后，无论是成才了还是尚未成功，我们都要接受这个结果。并依然爱他、支持他。投资有风险，结果要面对。

第四节　别错过与孩子一同成长

有句古话说得好，前 30 年看父敬子，后 30 年看子敬父。实际上这就是生命的延续和更替，也就是说每个人都不是常胜将军，也不会长生不老，为人父母终有衰老的一天。当人到中年活力渐渐减退的时候，此刻正是孩子快速成长的时刻，父母不得不加入到孩子成长的轨道中。为了能够让孩子更好地成长，父母必须学习新的知识以便与孩子缩小代沟，这样无形中孩子给父母注入了年轻的活力。

在陪伴和培育孩子成长的过程中，会慢慢地发现，在孩子成长的每一个阶段，每一个瞬间，都有父母童年的影子，唤起了父母儿时的许多记

忆。有些伤痛已经深深地埋藏在了心底，被自己早就遗忘了，可此时却都浮现了出来。冷静下来理智思考才发觉，是当年在某一个情景受了委屈、受了误会、没有胆量、不被理解、不被原谅等情绪没有释怀，像一把尖刀插在心口，影响一生却浑然不知。另外，借由培育孩子的视角才恍然大悟，为什么当年没能在孩提时代建立起五项能力，并在8个成长阶段得到细心的培育，否则自己早就成才了。不过正是因为这个发现，才给了父母一次修复童年成长缺失的机缘，父母可以通过培育孩子，自己修复和疗愈过往成长的缺失与伤痛，这也是一次与孩子共同成长的经历。

孩子是一份礼物。因为孩子唤醒了父母的童心，并给了父母一次重生的机缘。如果没有童心是无法获得重生的，童心会使人返璞归真，智慧觉醒。借由与孩子一同成长父母也重生了，与孩子一同寻找各自的兴趣、爱好、特质和自己都惊讶的天赋，以及尘封已久的梦想与使命。陪孩子一同玩玩具、做游戏、攻难题，在全情投入的娱乐中，慢慢发觉自己的专注力更聚焦了，洞察力更敏锐了，思考力更透彻了，所有的难题都迎刃而解。同时，在与孩子的沟通中，需要平等尊重孩子的独立人格，换位思考处理孩子的情绪与关系，这样就磨炼了自己的耐心和平等心，逐渐发现自己的秉性在慢慢地发生改变。另外，自己的财富素养和法律意识都能得到充分有效的矫正和提升。更关键的是，童年的心理阴影和伤痛是无法在成人的世界中修复的，只能背负着巨大的心理压力伴随终生而挥之不去，慢慢形成自己的性格与命运。此刻与孩子一同成长犹如父母的一次重生，在点点滴滴、方方面面对过去的缺失、伤痛、恐惧、阴影和遗憾，都是一次系统性的、彻底的清理、释放、弥补、修复与重塑，让人焕然一新犹如重生，这对余生是一次莫大鼓舞和激励。

感恩孩子，来到世界上陪伴父母，带来快乐的同时还一起走过这段奇妙的人生旅程，让父母有一次自我疗愈和自己修复的机会。如果没有意识到这次机遇或没有把握而错过，那可是非常遗憾的事情了，还会像一个没有充分成长的大人一样停滞在那里慢慢地老去。其实父母在投资孩子成长的这 20 多年的过程中，不仅仅是投资了孩子，实际上是透过孩子的人生间接投资了自己，为自己过往的人生做了一次止损和修复，让自己生命的内在质量得到了一次根本性的改变与提升，这是一件天大的礼物和超值的投资。

小训练：看看自己是不是一位合格的天使投资人

每一对父母都是孩子的天使投资人，看看自己在经济准备和教育规划这两个方面是如何做的？

1. 如何准备一笔长达20年的专项成长教育基金：

运用“十字表”家庭财报测算一下，需要准备多少资金来建立一个长期稳定的专项基金。

2. 如何规划一张长达20年的投资蓝图：

在孩子8个成长阶段和五项素质方面，自己是怎么做的？

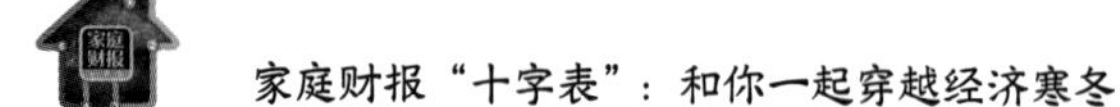

小训练
只看不练，功夫白费！我们也来训练一下吧：

第六章

从第一桶金到五项全能的资产配置

第一节　每个人都有自己的第一桶金

每个人及家庭通过持续的原始积累，或多或少都能形成自己的第一桶金。只不过财富来源的渠道和方式有所不同，不同的渠道和方式说明所依靠的资源、背景、特质、财源和运气都各不相同。如果加以分析和提炼，对未来的持续发展与投资会有很大的帮助。

我们可以将第一桶金的来源归纳为五个管道，也就是“十字表”家庭财报收入项中的五大收入：

1）工作收入；

2）主营收入；

3）理财收入；

4）转移性收入；

5）其他收入。

这五大收入的背后有着各自不同的收入模式、资产属性和身份定位。我们透过一组从小玩到大的5个童年玩伴，“蒋小帅”、“张志勇”、“董鑫”、“刘子剑”和“宫一群”（5人均为化名）的案例，从他们各自不同的成长经历和财富积累中，看一看他们第一桶金的故事。

1. 用能力兑现财富

我们先来看一看“蒋小帅”的经历，“小帅”的父母都是大学教授，从小就对“小帅”有严格的家教和良好的培育。他喜欢拆东西、做手工，对数学、物理、化学、生物及地理都感兴趣，能独立思考、有逻辑性、很自律。在学校一直是一名好学生，人品好，各项成绩也都名列前茅。在大学和研究生期间攻读的都是人工智能专业，毕业后进入一家知名的科技公司，成为一名工程师。经过自己不懈的努力，不但工作完成得很出色，还收获了一份爱情，更重要的是有了一个可爱的女儿。

在财务方面，夫妻俩拥有着不错且稳定的收入，有了自己的房子并积累起了第一个 100 万元，这就是他们的第一桶金。两个理科生对自己家庭财务的管理做得还是挺不错的，从他们的“家庭财报”中就能看出来，如图 6-1 所示。

家庭财报　十字表®

姓名/性别：蒋小帅/男　李爽/女
职业/年龄：工程师/35岁　设计师/33岁
私人财富顾问：

财富安全 A	财富独立 B	财富自由 C
保障资产 = 生命资产 -9,668,000	净值为正数 2,555,334	理财收入 > 月支出 -23,253

月收入 39,292

项目	子项	收入
工作收入	先生工资	25,000
	太太工资	12,000
主营收入	经营利润	
C 理财收入	股权分红	
	房产租金	
	现金利息	2,292
	数字收益	
	固定收益	
	浮动收益	
	保障收益	
	另类收益	
转移性收入	赠予所得	
其他收入	随机所得	

总资产 13,918,000

项目	子项	资产
生命资产	先生	7,500,000
	太太	3,168,000
主营企业		
企业资产		
房地产	住宅	1,250,000
A 金融资产	现金类	1,000,000
	数字类	
	固收类	
	权益类	
	保障类	1,000,000
另类资产		
转移性资产		
其他资产		

月支出 25,544

项目	子项	支出
生活支出	先生开销	6,000
	太太开销	8,000
	赡养费用	
	孩子费用	3,000
	兴趣/爱好	
信贷支出	房贷支出	6,544
投资支出	强储/长期	
保障支出	统筹/商业	2,000
公益支出	社会/家族	
其他费用	不可预见	
税金支出	所得税	

总负债 11,362,666

项目	子项	负债
生活负债	工作期	3,912,000
	退休期	4,680,000
生活规划	成长基金	720,000
	人生梦想	
贷款负债	房贷总额	1,570,666
投资规划		
保障规划	健康基金	480,000
传承规划		
其他规划		
税务规划		

月结余 13,747	B 净值 2,555,334

手中现金________元

所有数据仅用于规划，不作为实际投资使用。

图 6-1　职业人的第一桶金

“蒋小帅”今年35岁，每个月的收入是25,000元，按60岁退休，还有25年的工作时间，累积的“生命资产”就是750万元（增减变量暂不考虑）。太太“李爽”33岁，每个月的收入是12,000元，按55岁退休，还有22年的工作时间，累积的“生命资产”就是316.8万元（增减变量暂不考虑）。夫妻俩有着很不错且持续稳定的收入，每年还有数目相对可观的各类奖励，所以，夫妻俩积累起了100万元的储蓄，平均每月有2,292元的利息。

夫妻俩每个月的基本生活支出是17,000元，其中，先生需要6,000元，太太需要8,000元，4岁的女儿需要3,000元。这样就形成了未来的长期生活负债，“小帅”工作期按25年计算，就是180万元；退休期按85岁止，也需要准备25年同样是180万元（通货膨胀暂不考虑）。而太太工作期按22年计算，就是211.2万元；退休期按85岁止，需要准备30年就是288万元（通货膨胀暂不考虑）。这样两人合计工作期是391.2万元，退休期是468万元。女儿的成长基金计划20年，累计准备72万元。

除了夫妻俩基本的生活支出以外，为了改善居住条件，贷款100万元购买了一处价值125万元的房子，首付25万元，每月支付约6,544元的房贷，20年累计还款总额约157万元。另外，夫妻俩还购买了价值100万元的保险，夫妻互保，每个人都拥有50万元的综合保障，每个月需支付2,000元，20年累计保费48万元。

夫妻俩的结余充沛，净值为正，收支管理水平与资产负债平衡能力都很强，有着很好的财务基础，随着金融素养和投资经验的增加，财富管理的状况会更健康。

从“蒋小帅”和“李爽”这一对夫妻的“家庭财报”中，不难看出他们的主要收入和第一桶金的来源都集中在工作收入上，这就是第一个管道，这是每个人最熟悉、最习惯的赚钱方式。通过自己努力工作获得工资和奖金，成为主要的经济来源，其背后所依赖的是一个与生俱来、无与伦比、独一无二且不断增值的“生命资产”。这是一份持续的现金流，随着专业度和职业化的不断提升，核心能力会随之提升，“生命资产”的价值会不断增值，工作收入也会随之不断增加，最终通过时间价值兑现第一桶金。

在社会生活中，这类人通常属于专家、高管或职业经理人等，在某一个领域里，专注很久，积累够深，收入就高，并获得了成功。

2. 用梦想创造财富

我们再来看一看“张志勇”的经历，在这 5 个玩伴中，“志勇”是最有想法和点子的，从小就有许多奇思妙想，不是今天做个游戏比赛，就是明天搞个玩具交换，满脑子都是主意，像极了他的船长老爸。读起书来也不忘做点小买卖，同学们漂亮的文具盒、古怪的铅笔，还有各种各样的绘本，都出自“志勇”这个供货商之手。与生俱来的商业头脑让他赚够了大学期间的学费，没用家里提供一分钱，这绝对是同学们心中的大神。

“志勇”还有一个梦想，就是“不花一分钱、走遍全世界”，通过分享和推广的方式带动商业，让每一个人都能走出去看世界。于是，在大学期间就开始创业了，到现在已经是小有成就了，不但赚到了人生的第一桶金，也组建了一个幸福的家庭，让我们一起来分享一下他幸福的“家庭财报”吧，如图 6-2 所示。

“张志勇”35 岁，创办了一家自助旅游公司，累计投资了 500 万元，目前每个月领取 35,000 元作为家用，若按 60 岁退休，还有 25 年的工作时间，累积的“生命资产”就是 1,050 万元（增减变量暂不考虑）。而太太“林香”30 岁，是一位教师，每个月的收入是 6,000 元，按 55 岁退休，还有 25 年的工作时间，累积的“生命资产”就是 180 万元（增减变量暂不考虑）。夫妻俩的收入以“志勇”为主，是名副其实的家庭经济支柱，太太操持家务与财务，多年来积攒下 150 万元的积蓄，平均每月有 3,438 元的利息收入，同时首付 50 万元购买了一个价值 200 万元的房产，

家庭财报

十字表®

姓名/性别：张志勇/男　林香/女
职业/年龄：企业主/35岁　教师/30岁
私人财富顾问：

财富安全 A	保障资产 = 生命资产 -10,800,000
财富独立 B	净值为正数 8,616,002
财富自由 C	理财收入 > 月支出 -27,879

月收入 44,438

项目	子项	收入
工作收入	先生工资	
	太太工资	6,000
主营收入	经营利润	35,000
C 理财收入	股权分红	
	房产租金	
	现金利息	3,438
	数字收益	
	固定收益	
	浮动收益	
	保障收益	
	另类收益	
转移性收入	赠予所得	
其他收入	随机所得	

总资产 22,300,000

项目	子项	资产
生命资产	先生	10,500,000
	太太	1,800,000
主营企业	自助旅游	5,000,000
企业资产		
房地产	住宅	2,000,000
A 金融资产	现金类	1,500,000
	数字类	
	固收类	
	权益类	
	保障类	1,500,000
另类资产		
转移性资产		
其他资产		

月支出 31,317

项目	子项	支出
生活支出	先生开销	5,000
	太太开销	10,000
	赡养费用	
	孩子费用	3,500
	兴趣/爱好	
信贷支出	房贷支出	9,817
投资支出	强储/长期	
保障支出	统筹/商业	3,000
公益支出	社会/家族	
其他费用	不可预见	
税金支出	所得税	

总负债 13,683,998

项目	子项	负债
生活负债	工作期	4,500,000
	退休期	5,100,000
生活规划		
	成长基金	1,008,000
	人生梦想	
贷款负债	房贷总额	2,355,998
投资规划		
保障规划	健康基金	720,000
传承规划		
其他规划		
税务规划		

月结余 13,121　　**B 净值 8,616,002**

手中现金＿＿＿＿＿＿元

所有数据仅用于规划，不作为实际投资使用。

图 6-2　企业家的第一桶金

还为夫妻俩购买了价值 150 万元的保险。

夫妻俩每个月的基本生活支出是 18,500 元，其中，先生大约需要 5,000 元，太太及家用需要 10,000 元，刚出生的儿子需要 3,500 元。这样就形成了未来的长期生活负债，“志勇” 工作期按 25 年计算，就是 150 万元；退休期按85岁止，也需要准备25年，同样是150万元（通货膨胀暂不考虑）。而太太工作期按25年计算，就是300万元；退休期按85岁止，需要准备30年，就是360万元（通货膨胀暂不考虑）。这样两人合计工作期是450万元，退休期是510万元。儿子的成长基金计划24年，累计需要准备100.8万元。

除了夫妻俩基本的生活支出以外，每月需支付约9,817元的房贷，20年累计还款总额约为236万元。另外，每个月还需支付3,000元保费，20年累计保费需要72万元。

这是一个典型的创业型企业家的“家庭财报”，主要的经济来源和第一桶金的形成都聚焦在主营企业的收入上，这就是第二个管道。其最大的内在动力与依靠就是自身的梦想和胆识，在不确定的挑战中创造财富，这是一个收益与风险成正比的赚钱渠道。

在社会生活中，这类人算是幸运的创业者和企业家了。在这个大众创业、万众创新的时代中，创业是一件既幸运又艰辛的选择，面对竞争与挑战，超越以往任何一个时代，成功变得更不容易。

3. 用资本赚取财富

在这5个玩伴中，最懂投资的要数“董鑫”了。从小就喜欢钱，有一个硕大的储蓄罐，里面存满了各个国家多种面值的硬币，平时也不怎么乱花钱，关键时候还为同学们提供“短期借款”，虽然没有利息，但是大家都给他一些礼物。随着伙伴们一起慢慢长大，“董鑫”选择了金融专业，毕业后进了证券公司，没几年就自己炒起股、做起职业投资人了，很快就赚到第一桶金，逐渐完成了资本积累。由于性格稍微有点古怪，目前处于离婚单身状况。不过他是这5个玩伴中唯一实现财富自由的人，让我们一起来看一看他的“家庭财报”吧，如图6-3所示。

家庭财报　**十字表®**

姓名/性别：董鑫/男
职业/年龄：自由职业者/35岁
私人财富顾问：

财富安全 A　保障资产 = 生命资产　-3,975,000

财富独立 B　净值为正数　853,669

财富自由 C　理财收入 > 月支出　10,203

月收入　37,292

项目	子项	收入
工作收入	先生工资	
	太太工资	
主营收入	经营利润	
C 理财收入	股权分红	20,000
	房产租金	15,000
	现金利息	2,292
	数字收益	
	固定收益	
	浮动收益	
	保障收益	
	另类收益	
转移性收入	赠予所得	
其他收入	随机所得	

总资产　10,775,000

项目	子项	资产
生命资产	先生	4,475,000
	太太	
主营企业		
企业资产	环保处理	3,000,000
房地产	住宅	800,000
	商业店铺	2,500,000
金融资产 A	现金类	1,000,000
	数字类	
	固收类	
	权益类	1,000,000
	保障类	500,000
另类资产		
转移性资产		
其他资产		

月支出　27,089

项目	子项	支出
生活支出	先生开销	10,000
	太太开销	
	赡养费用	
	孩子费用	3,000
	兴趣/爱好	
信贷支出	房贷支出	13,089
投资支出	强储/长期	
保障支出	统筹/商业	1,000
公益支出	社会/家族	
其他费用	不可预见	
税金支出	所得税	

总负债　9,921,331

项目	子项	负债
生活负债	工作期	1,200,000
	退休期	4,800,000
生活规划	抚养费用	540,000
	人生梦想	
贷款负债	房贷总额	3,141,331
投资规划		
保障规划	健康基金	240,000
传承规划		
其他规划		
税务规划		

月结余　10,203　　**B 净值　853,669**

手中现金________________元　　所有数据仅用于规划，不作为实际投资使用。

图 6-3　投资者的第一桶金

“董鑫”同样是35岁，目前是自由职业者，靠专职投资生活。他所投资的领域不是简简单单在二级市场炒股票，还涉猎一级市场的股权投资、房地产等项目。

先来看看他的资产和收入状况，他投资300万元参股了一家“环保处理”的科创企业，不但市值成长很快，还有稳定的现金流回报，平均每月有20,000元的收入。同时，他还首付50万元投资了一处价值250万元的商业店铺，每个月的租金收入是15,000元。在银行和股市中各有100万元的资金，银行平均每月能产生2,292元的利息，做备用金使用，但股市的收益是不确定的。另外，为自己投保了50万元的保险，还有一处价值80万元的老房子在他的名下，这些就是“董鑫”的全部家底了。按他的理财所得合计每月37,292元计算，若保持10年（增减变量暂不考虑）的投资生涯，所累计的价值就等同于“生命资产”的价值，也就是447.5万元。

再来看看他的支出和负债状况，“董鑫”每个月的基本生活支出是13,000元，其中，自己开销是10,000元，孩子的抚养费需要3,000元。这样就形成了未来的长期生活负债，工作期按10年计算就是120万元；退休期按85岁止需要准备40年就是480万元（通货膨胀暂不考虑）；孩子的抚养费用计划15年，累计需要准备54万元。除了生活支出以外，每月还需支付约13,098元的房贷，20年累计还款总额约为314万元。另外，每个月还需支付1,000元保费，20年累计保费需要24万元。

从“董鑫”的“家庭财报”中可以很明显地看出，所有的收入皆源于理财收入，这就是第三个管道。这是一个阶段性实现了独立与自由，独身一人的生活模式。也是许多人向往的一种靠投资理财获得财富自由的生活方式。

在社会生活中，依靠投资获得持续收益的人很多，特别是在有了一定的资金和经验积累之后，许多人成为职业投资者。不过在当前全球格局动荡，金融乱象频发的周期中，能够持续保持避其风险，抓准机会的赢家，实在是太少了，这就形成了经济大洗牌和财富再分配的历史格局。

4. 靠代际传承财富

财富不仅可以创造，还可以代际传承。这就是第四个管道，也就是转移性收入。

这份收入不是靠自己有什么资产所带来的收入，而是靠其他人的转移性资产所带来的收入给自己。比如说，自己不用工作靠父母定期给予的资金来生活；或者由于祖屋拆迁获得一大笔补偿金；还有取得家族基金长期的资助；也许作为保险的受益人，获得了领取至终身的生存金；或许外婆生前的小说被拍成电影，而把版权赠予你，因此获得一笔版权使用费；可能年迈的父母留下了巨额的遗产需要继承，等等。这些都是代际传承的财富，或是赠予的财富，充满了无限的慈爱，无须投入资金或资产，便有收益的一个管道。这将是一笔不小的资产，足够让我们拥有第一桶金。

在这5个玩伴中，“刘子剑”就是这样的幸运儿。他出生在一个富裕的家庭，祖、父两代都是成功的商人，积累了殷实的家业。从小到大他所拥有的奇特玩具是伙伴们都无法想象的，这也就塑造出了一个超级玩家。在读书的同时，他就开始自己设计网络游戏，毕业后自然走上了创业的道路，只不过始终处于研发、迭代的投入阶段，没有产生持续可观的盈利。因此，生活上还需要家里贴补，至今仍然是一个单身贵族。让我们来看一看他的“家庭财报”是一个什么样的状况，如图6-4所示。

“刘子剑”也是35岁了，一直投身于网络游戏行业，自己的公司累计投资达到了500万元，但是盈利很有限，每个月给自己开5,000元的收入。若按60岁退休，还有25年的工作时间，累计的“生命资产”就是150万元（增减变量暂不考虑）。而自己每个月的支出需要30,000元，这样就形成了未来的长期生活负债，若工作期按25年计算，就是900万元；退休期按85岁止，也需要准备25年，同样是900万元（通货膨胀暂不考虑）。这样一看就是入不敷出、资不抵债的财务状况。

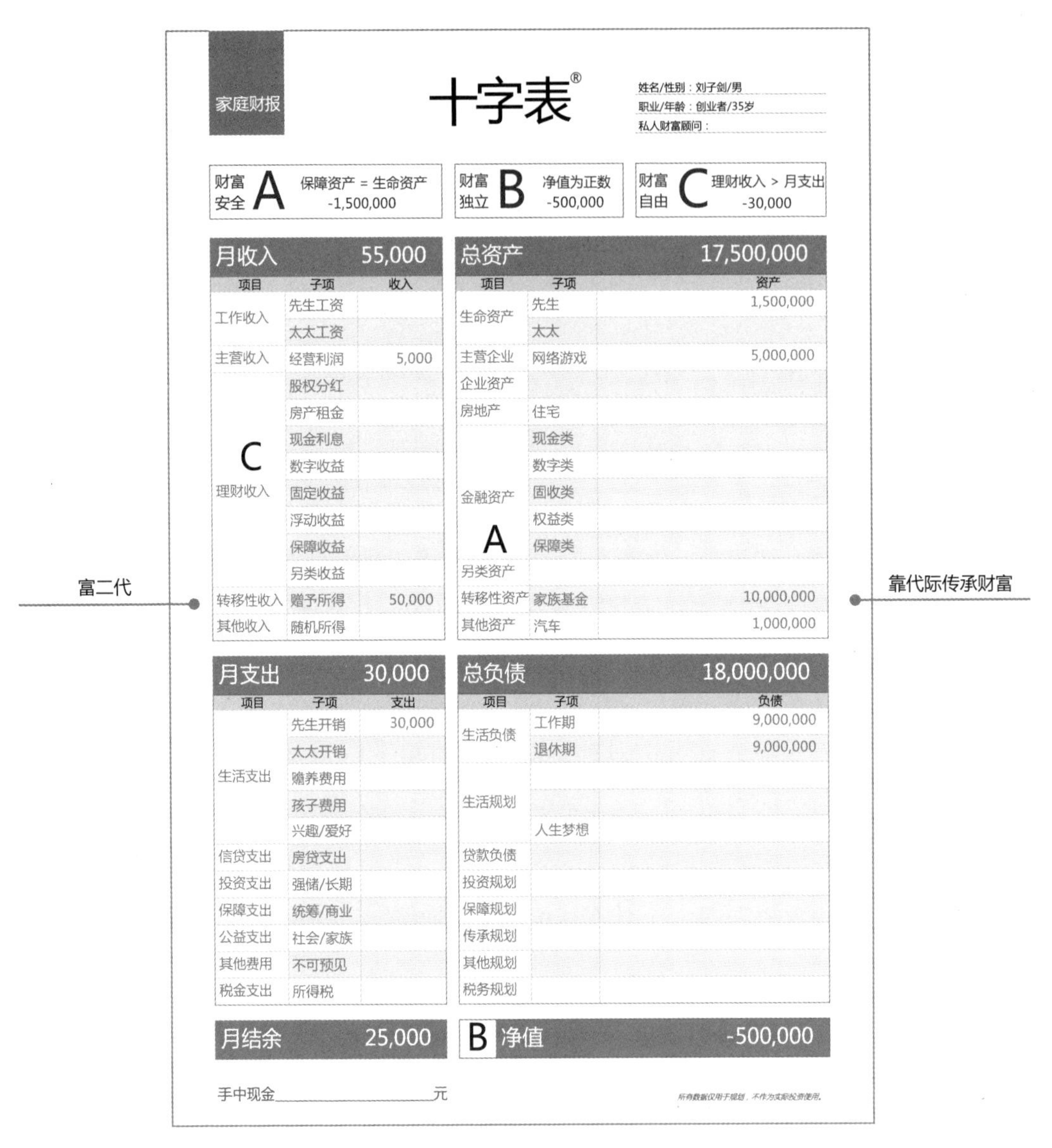

家庭财报　十字表®

姓名/性别：刘子剑/男
职业/年龄：创业者/35岁
私人财富顾问：

财富安全 A	财富独立 B	财富自由 C
保障资产 = 生命资产 -1,500,000	净值为正数 -500,000	理财收入 > 月支出 -30,000

月收入 55,000

项目	子项	收入
工作收入	先生工资	
	太太工资	
主营收入	经营利润	5,000
C 理财收入	股权分红	
	房产租金	
	现金利息	
	数字收益	
	固定收益	
	浮动收益	
	保障收益	
	另类收益	
转移性收入	赠予所得	50,000
其他收入	随机所得	

总资产 17,500,000

项目	子项	资产
生命资产	先生	1,500,000
	太太	
主营企业	网络游戏	5,000,000
企业资产		
房地产	住宅	
A 金融资产	现金类	
	数字类	
	固收类	
	权益类	
	保障类	
另类资产		
转移性资产	家族基金	10,000,000
其他资产	汽车	1,000,000

月支出 30,000

项目	子项	支出
生活支出	先生开销	30,000
	太太开销	
	赡养费用	
	孩子费用	
	兴趣/爱好	
信贷支出	房贷支出	
投资支出	强储/长期	
保障支出	统筹/商业	
公益支出	社会/家族	
其他费用	不可预见	
税金支出	所得税	

总负债 18,000,000

项目	子项	负债
生活负债	工作期	9,000,000
	退休期	9,000,000
生活规划		
	人生梦想	
贷款负债		
投资规划		
保障规划		
传承规划		
其他规划		
税务规划		

月结余 25,000　　**B 净值 -500,000**

手中现金__________元

所有数据仅用于规划，不作为实际投资使用。

图 6-4　富二代的第一桶金

于是，父母为“子剑”设立了一个价值 1,000 万元的“家族成长基金”，专门用来辅助他成长。该笔基金不能一次性或分拆提取使用，只能每月领取 50,000 元，用于生活所需。

除此之外，还有一辆价值100万元的汽车在他的名下。

从“刘子剑”的这份“家庭财报”中能看出，他的主要经济来源和产生第一桶金的可能性是来自转移性资产及收入，这是代际传承的体现。

在社会生活中，这类人通常被称为富二代。特别是目前所处的历史时期中，国家处在长治久安，百姓处于安居乐业，中华民族正在迈向第七个伟大盛世之际。长期以来，所创造和累积的大量社会财富和个人财富，都面临着代际传承的问题。整个社会将出现各种各样的二代，比如富二代、官二代、科二代、军二代等等，甚至于三代……所以这份转移性资产与收入的传承、使用和管理也是这个时代的新课题。这是跨越两代人“十字表”家庭财报的转化与传递，也就是说，投资在上一代完成，收益在下一代进行，这也将是未来整个社会财富转移的窗口和缩影。

5. 用机遇换取财富

最后第五个管道，就是其他收入。也就是说，以上4种管道以外的收入统统放在这里，这是因为无法评估和再分类，是轻资产和软实力所带来的。这需要平日里的人品、人脉、影响力以及机缘的积累，才能有此财源，同样不需要投入资金或资产，就能获得收益。

这个管道的收入有几个特点，第一个特点是多以中介报酬形式表现，掌握独有或独特的资源、机会和能力，帮助他人成就事情，这样就积累下来一笔钱。第二个特点是灰色收入居多，有些收入不愿意放在明面上，因为不是主要的收入，只是顺便赚点钱而已。第三个特点是非固定、不持续，这类收入往往是零散的、非长期性的、阶段性的、不稳定的。这些收入有一种聚沙成金的效果，这也是用机遇成就了别人，顺便换取了财富的回报。长期下来，数额往往是惊人的，积累起来便形成了第一桶金，善加运用会造就更大的财富。

在这5个玩伴中，只有“宫一群”具备这项特质。“一群”出生在一个基层干部家庭，从小觉悟就比其他小伙伴高。读书期间一直是班级的干部，组织能力与协调沟通能力得到了有效的锻炼。走上工作岗位后，先后在政府、社会组织、行业协会中任职，结交了广泛的人脉。同时也结识了自己生命中的另一半，是一名医生。夫妻两人一直没有孩子，过着二人世界，我们来看一看他们的“家庭财报”，如图 6-5 所示。

家庭财报　十字表®

姓名/性别：宫一群/男　杨欢/女
职业/年龄：协会负责人/35岁　医生/34岁
私人财富顾问：

财富安全 A	财富独立 B	财富自由 C
保障资产 = 生命资产 -3,564,000	净值为正数 -1,052,532	理财收入 > 月支出 -14,652

月收入 36,833

项目	子项	收入
工作收入	先生工资	8,000
	太太工资	7,000
主营收入	经营利润	
C 理财收入	股权分红	
	房产租金	
	现金利息	1,833
	数字收益	
	固定收益	
	浮动收益	
	保障收益	
	另类收益	
转移性收入	赠予所得	
其他收入	随机所得	20,000

总资产 6,564,000

项目	子项	资产
生命资产	先生	2,400,000
	太太	1,764,000
主营企业		
企业资产		
房地产	住宅	1,000,000
A 金融资产	现金类	800,000
	数字类	
	固收类	
	权益类	
	保障类	600,000
另类资产		
转移性资产		
其他资产		

月支出 16,486

项目	子项	支出
生活支出	先生开销	5,000
	太太开销	5,000
	赡养费用	
	孩子费用	
	兴趣/爱好	
信贷支出	房贷支出	5,236
投资支出	强储/长期	
保障支出	统筹/商业	1,250
公益支出	社会/家族	
其他费用	不可预见	
税金支出	所得税	

总负债 7,616,532

项目	子项	负债
生活负债	工作期	2,760,000
	退休期	3,300,000
生活规划		
	人生梦想	
贷款负债	房贷总额	1,256,532
投资规划		
保障规划	健康基金	300,000
传承规划		
其他规划		
税务规划		

月结余 20,348　**B 净值 -1,052,532**

手中现金__________元

所有数据仅用于规划，不作为实际投资使用。

图 6-5　贵人的第一桶金

“宫一群”35岁，每个月的收入是8,000元，按60岁退休，还有25年的工作时间，累积的“生命资产”就是240万元（增减变量暂不考虑）。太太“杨欢”34岁，每个月的收入是7,000元，按55岁退休，还有21年的工作时间，累积的“生命资产”就是176.4万元（增减变量暂不考虑）。夫妻俩拥有很好的人脉关系，是朋友圈中的贵人，先生经常帮助别人出谋划策，太太也时常出诊帮助病人，这样也会获得一些额外收入。夫妻俩除了工资收入之外，每个月还能有20,000元的收入，慢慢地也积累了80万元的存款，平均每月有1,833元的利息收入，第一桶金也就形成了。

夫妻俩每个月的基本生活支出需要10,000元，平均每人5,000元。这样就形成了未来的长期生活负债，先生工作期按25年计算，就是150万元；退休期按85岁止，也需要准备25年，同样是150万元（通货膨胀暂不考虑）。而太太工作期按21年计算，就是126万元；退休期按85岁止，需要准备30年就是180万元（通货膨胀暂不考虑）。这样两人合计工作期是276万元，退休期是330万元。

除了夫妻俩基本的生活支出以外，还首付20万元，贷款80万元，购买了一处价值100万元的房子，每月支付约5,236元的房贷，20年累计还款总额约为126万元。另外，夫妻俩还购买了价值60万元的保险，每个月需支付1,250元，20年累计保费30万元。

从夫妻俩的“家庭财报”中可以看出，两个人主要的现金流和第一桶金都源于其他收入，这是靠软实力、良好的人脉关系和社会资源实现的。

在社会生活中，这类人大多具有贵人的潜质，人缘好、关系多、能力强，也可能是头脑灵活极其聪明的人，往往都是人际交往中不可或缺的贵人。

通过以上5个童年玩伴的案例，我们可以发现，每个人的财富都不是稀里糊涂赚来的，也不是省吃俭用攒出来的，而是通过这五个生财管道长期耕耘和积累出来的。每个人都有自己熟悉和擅长的管道，每个管道都有各自的规律和门道，每一桶金的形成都有独自的轨迹和特色。

6. 人人都是一个“过路财神”

其实，每一个人都像一个财神，拥有与生俱来、独一无二、无与伦比且不断增值的“生命资产”，已经具备了创造一切外部财富的根本和可能。每个人都有创造财富的门道，都有支配金钱的妙法，都有驾驭资产的窍门，都有控制负债的绝招。具备这些潜质和能力的人，是不是和财神差不多呀！

因此，每个人的第一桶金也都有着不同的财运。有的人是主业发达，比较单纯而集中于某一个管道上，属于主财旺盛型；有的人是主业平平，副业发达，属于偏财好运型；有的人则是有主有次多个管道，属于主财、偏财全能型；还有的人是比较分散的，属于财源广进型。不管怎样，这都能反映出每个人财运的特质和机缘，只要善加开发和运用就能引爆财富的增长点。

不过，也有人始终未能在这五个生财管道中获得第一桶金。这也许是运气不佳，也许是定位不准，也许是经验不足，也许是时间不够等原因。但更关键的是由于浅尝辄止、频繁交易，难以形成有效的沉淀和积累。

虽然我们具有财神的一些特质，不过也只是一个“过路财神”而已。因为我们都有相同的起点和终点，都要面对出生入死，生时没有带来任何钱财，死时也无法带走一分钱。无论创造了多少巨额的财富，无论做出了多大的贡献，无论我们有多么的不舍，此生所创造的所有财富，我们只有使用权而非占有权，我们无法将这些财富带到另一个世界。所以我们只是一个过客，一个“过路财神”而已。

好好发挥自己的潜能，好好善待每一分钱，让自己的价值创造和财务所需保持一种平衡，时时刻刻能够获得幸福感，此生足矣。

第二节　练就五项全能，做好资产配置

人的一生自始至终都要和金钱打交道，不仅仅是赚够第一桶金就行，还要让自己的财富获得持续的增长与平衡，这就需要深度了解财富增长背后的逻辑与规律。

如果第一桶金的来源是“十字表”家庭财报的五大收入，也就是五大生财管道，那么这些管道的钱是从哪里来的呢？显而易见，是由八大资产所创造出来的，那么这八大资产又是怎样配置才能产生最大价值的呢？最终又是如何推动财富增长并完成财富平衡的目标呢？

这需要我们掌握一项新技能，也就是五项全能，即全周期、全资产、全人生、全风控和全指标的能力。对经济周期产生的机会与风险波动、全资产架构及属性、人生每一个成长阶段的所需、自己所掌握的全面风控机制与习惯、财富平衡的三大指数目标这五个要素进行预判、驾驭和掌控。

五项全能就是做好资产配置的核心操作系统，有了这个操作系统之后，我们可以像使用罗盘一样，与时俱进地精准配置自己的资产，让财富创造与财务所需达到一个相对的平衡状态，不掉进盲目投资和被骗的窘境。如图 6-6 所示。

1. 那么这五项能力该如何练就呢？我们一起来探讨一下：

第一项是洞察全周期的能力。任何人、事、物以及自然界都存在着周期变化，我们每天赖以生存的经济环境也不例外。整个经济周期如同春、夏、秋、冬四季转换一样，从复苏、繁荣、衰退到萧条，起起伏伏、循环往复地影响着经济走势和资产价格。一个人的一生都会经历大大小小不同行业的周期波动，有时也会遇上多种周期叠加共振的经济巨变，对我们的工作、生活与投资都会产生巨大的影响。如果善于抓住 1、2 次机会就可以借势取胜；相反，如果遭遇危机而没有觉察，甚至决策失误，那么失利就是必然的了。人生就是一个体验这种跌宕起伏、无常变化的境遇和财富波动的过程。

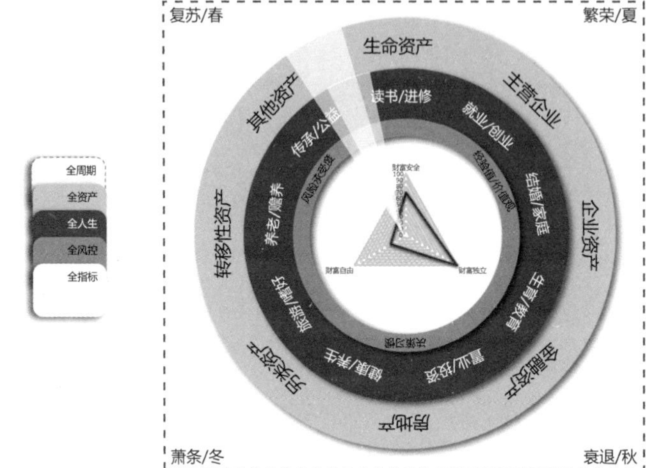

图 6-6　五项全能

第二项是驾驭全资产的能力。在我们生存的世界里好像任何事物都可以被资产化，那么我们就来归纳一下看看都有哪些资产。从这些资产的类别、属性和应用上我们将其划分为八大类资产，也就是“十字表”家庭财报中的资产项列表，分别是生命资产、主营企业、企业资产、房地产、金融资产、另类资产、转移性资产和其他资产，这就构成了全资产体系。如图 6-7 所示。

图 6-7　全资产体系

生命就是一种资产，“生命资产”是一个人与生俱来的原生资产，也是根本财富，时常被人们所忽视。“生命资产”就是“以自己名字命名的生命有限公司”的注册资本，一个人的特质与天赋就是核心能力，梦想与使命就是内在驱动力，这都需要自我开发、学习与投资，提升内在价值，兑现外部成果。无论是作为一个普通职员，还是一名主管，或是一位高管甚至成为股东，大多数人终其一生都是依赖于“生命资产”所创造的工作收入活着。

主营企业就是自己要投入精力和时间去打拼并以此为生的事业。需要围绕核心客户的核心需求，进行市场细分、聚焦和定位，研发和打造出核心产品，不断梳理和优化商业模式，集中所有优势资源，必要时还需借助资本运营的力量，推动企业持续地成长。无论是个体户，还是创业公司，或是准备上市的公司，都需要创始人及核心团队全力以赴、不计代价地投入时间、金钱和一切。发展到最后，有可能会赢得成功，实现自己的梦想和使命，并获得丰硕的财富。也有可能会面临失败的结局，梦想化为了泡影，所有努力都未能得到应有的回报。因此，创业是一件风险很高甚至很辛苦，但自己觉得很快乐的事情。

除了自己可以白手起家实现创业，也可以直接投资于各种企业股权，帮助有志者成功，顺便获得收益。根据自己所持的资金额度和资源优势，可以参与到天使、风投、私募和并购等不同阶段，除了获得利润分红外，还期待着资本利得退出。另外，还有人对企业的不良资产和债权投资情有独钟，这需要独具慧眼和非常手段。总之这类投资的特点是收益大，风险更大，而且周期较长，投资人属于风险喜好型。许多企业家成功后转型成为这类人，因为他们善于洞察和驾驭企业不同阶段的各种机会与风险，能够做到富贵险中求。

房地产是目前中国人财富积累的主要形式之一，因为中国人自古以来就有着很强的农耕文化背景，喜欢土地和房子。特别是改革开放以来国家富强了，老百姓也富裕了，不但能住上自己喜欢的房子，还将房地产作为主要资产来进行投资。因此小到住宅、公寓、商铺，大到酒店、写字楼，还有土地、矿山和岛屿等都愿意投资。无论是国内置业，还是全球置业都愿意持有。在获得持续、稳定的租金回报之后，还等待着资产增值的收益空间。这类资产的特点是增值性相对较强，收益性比较稳定，但占用资金量比较大，资产变现速度比较慢，遇到周期性风险时容易被套牢，特别是存在贷款的资产容易产生债务压力。

值得注意的是房地产的收益与增值，并不取决于房子本身，因为房子从建好的那一天就开始消耗、折旧和修缮，直至拆迁和重建。那么是什么原因使其增长呢？主要源于三个核心要素，第一个要素是被低估了的土地价值在不断增长，通俗点说就是地段。因为不同的地段、区位、城市所聚集和形成的配套资源是不一样的，繁华便捷的商业及生活圈会造成某一地段的房价上涨。第二个要素是人口的流动，由于经济发展的不均衡，带动人口大量涌入发达地区，造成人口密度急剧增加，推动房价上涨。第三个要素是自然资源的稀缺性，许多土地、矿山、森林和岛屿等土地资源及其房产，蕴藏着大量的能源与矿藏，导致该类土地资源及房屋的增值。

金融资产是我们生活中最熟悉的，金融资产是服务于实体经济而演变产生的，具有融资功能、投资价值和流动属性。金融资产的种类和形态也是多样的，并且衍生品众多。有现金类的活期存款、外汇、货币基金、保单收益等，具有非常好的流动性；有数字类的数字货币、数字资产等，具有良好的保密性；有固收类的储蓄存款、各种稳健型基金、国债、企业债、金融债、可转化债券、年金保险、信托、资管等，具有比较稳定的收益性；有权益类的股票、股票型基金、私募基金、权证、期货、投连险等，具有不确定的收益与风险性；有保障类的人身保险、财产保险等，具有解决风险的安全性。金融资产的最大特征是以货币为核心，依靠着一定的利率、收益率和约定，来获取财富。金融资产的流动性较好，收益性和安全性不同细分类别会有所不同。也会受通货速度、支付手段、信用体系、结算方式、融资渠道、避险工具等要素变化的影响。

还有一些资产不是大多数人所熟悉的，像大宗商品、贵金属、艺术品、收藏品、无形资产等，我们把它称之为另类资产。这类资产需要更独特的眼光和专业细分市场的经验与判断，价值与风险难以评估。

除了以上这些资产外，还有一种转移性资产，它有好多种存在形式。首先是代际传承资产，也就是上一代完成了财富创造传承给下一代使用。其次是通过法律和金融工具将财富指定给受益人继承。还有来自社会捐赠的资金和物品、机构和政府的资助和奖励，这些都属于转移性资产。

最后一类可以称之为其他资产，我们将无法再分类的资产都放在这里。这类资产包括人脉资产、独有的机遇和中介服务等。

不同类别的资产在同一个经济周期中，以及相同类别的资产在不同的经济周期中，所产生的成长性和收益性都是有所不同的。需要跨周期、全资产进行配置，这样才能避其风险、获得长期持久的收益。没有一个绝对好或者非常差的资产，只有在相对上升期、价值被低估了的可投资产。不过在当前全球格局动荡，金融乱象频发的周期中，能够持续保持避其风险，抓准机会的赢家，实在是太少了，这就形成了经济大洗牌和财富再分配的历史格局。

第三项是管理全人生的能力。人生需要珍惜当下，也要规划好未来。面对人生的无常变化，需要未雨绸缪、坦荡无憾地规划和管理好自己一生的每一个生命成长阶段。从读书与进修、就业与创业、结婚与家庭、生育与教育、置业与投资、健康与养生、旅游与嗜好、养老与赡养、传承与公益等全生命周期的财富创造和财务所需中，量化目标、调用资源、规划人生和管理财富，坚持以人为本、以终为始和以使为命的理念，倒推人生规划，时时刻刻都有赢的把握。

第四项是练就全风控的能力。每一个产品都是经过系统的风控，才会来到我们的面前。但是，面对众多的产品组合配置时，又由谁来做好风控呢？再加上错综复杂的环境、情感等因素，恐怕只能凭自己了。这就需要在风险承受度、经验值和价值观，以及决策习惯这几个方面进行加强和磨炼了。每一个人的风险承受度都是不同的，对收益的预期、亏损的底线及应急的措施都有各自的标准和想法，其背后都被每一个人成长经历中所积累的经验值和形成的价值观所左右，最关键的是受根深蒂固的决策习惯所影响。所以最大的风险是源自自己内在的心智模式。

最后最关键的第五项是锁定全指标的能力。当人们赚起钱来，就会非常容易掉进“越多越好”的赚钱陷阱，而无法自拔。时常忘记了财富平衡的目标，即A 财富安全、B 财富独立、C 财富自由这三大指数（详见第一章节对三大指数的讲解）。当我们失去了财富平衡之后，我们的安全感、独立性和自由度将会失衡，导致内心的平衡被打破，离幸福越来越远，智慧的光芒也逐渐黯淡，财富也无法为人生服务。所以，要想获得富足、幸福和圆满的人生，需要亲手掌控好自己财富平衡的全指标。

这五项全能可以让我们跨越经济周期，匹配优质资产，服务于人生每一个成长阶段，安坐在风险之上，最终达到财富平衡的目标。

不过，每个人的五项全能之路都是千差万别的，不可能是标准的和完美的，会随着不同的人生轨迹和机遇而形成不同的组合，影响着自己和家庭的命运。下面我们就透过父亲与儿子两个家庭的财富故事来体验一下。

2. 父子俩的五项全能之路

“梁大柱”（化名）与“梁家齐”（化名）是父子俩，父亲“梁大柱”已经退休 2 年了，老伴因病过世，只剩下自己一个人独自生活，身体很健康，头脑也很灵活。退休后除了陪陪孙子，自己还找到了一个新的爱好，那就是每天都关注股市动态，成了一名“职业股民”。在小圈子里也算是小有名气了，赚了一些小钱，正准备大展身手为孙子赚点大学学费。可是儿子儿媳总是提醒他股市有风险，别把养老金给赔进去了。老爷子却自信得很，终于找到了余生的奔头。我们先来看看父亲“梁大柱”的“家庭财报”，如图 6-8 所示。

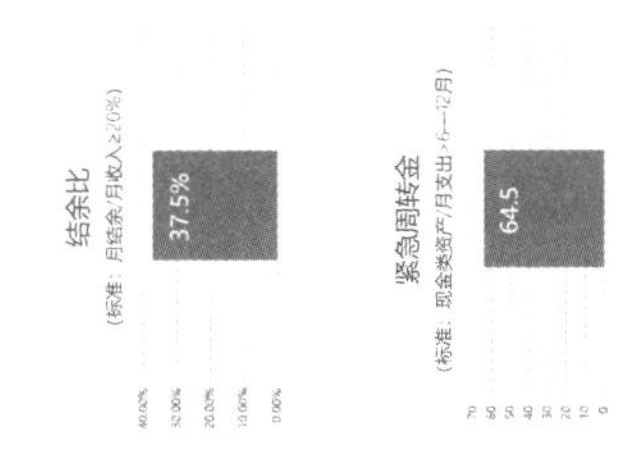

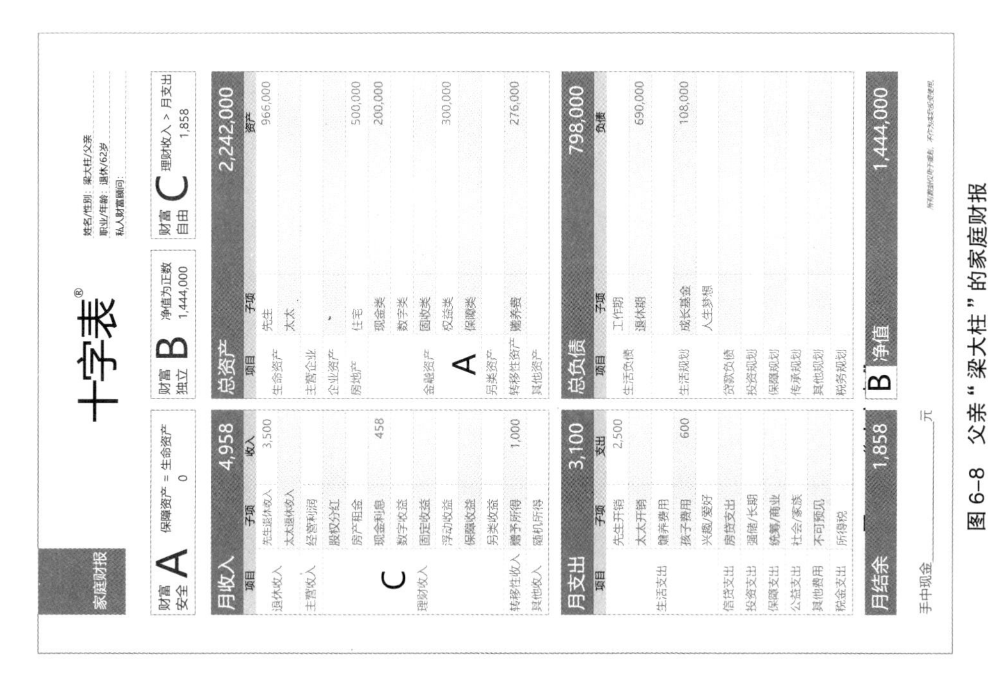

图6-8　父亲“梁大柱”的家庭财报

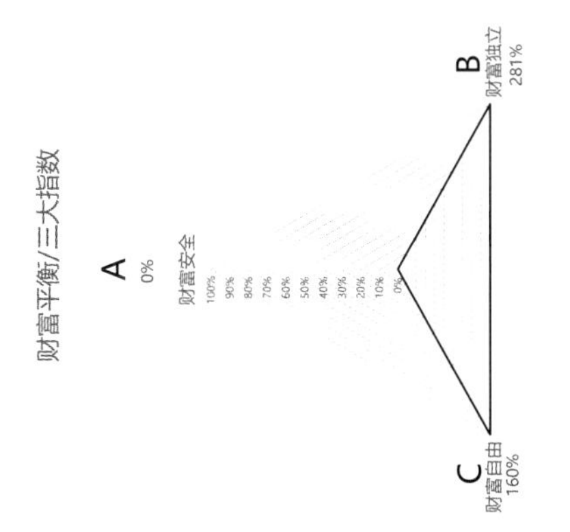

父亲“梁大柱”62岁，每个月的退休金是3,500元，按生存至85岁止（假定平均年龄），余生所累积的“生命资产”还有96.6万元。而每个月的生活费是2,500元，退休期合计需要69万元。这说明余生是没有经济压力的。

在这个基础上，老爷子还有一套价值50万元的老房子，手中还有一笔20万元的老本，每个月还有458元的利息。更关键的是在股票账户中有30万元的资金。另外，儿子和儿媳每个月还给1,000元的赡养费，到85岁累计就是27.6万元。同时，老爷子每个月还能给孙子积攒600元，15年下来就能攒到10.8万元。

从整体上看，当下每月有1,858元的结余，终生有144.4万元盈余。从三大指数上看，**A**财富安全已转入退休生活，从保障“生命资产”的安全转移到保障所创造的资产安全上。**B**财富独立已经达到281%，可考虑传承的事了。**C**财富自由对于退休的人来说，所有的稳定收入都可以用来对冲生活支出（退休金3500元+利息458元+赡养费1000元=4958元），因此也已经实现了自由并达到了160%的程度。同时，结余比为37.5%，比较节省；紧急周转金为64.5个月，有一点老本。其实，老爷子还是挺幸福的，如果平平安安地度过余生也算圆满了。

我们再来看看儿子“梁家齐”和儿媳“卢艳”一家。儿子自己经营一家自行车商行，生意还不错。儿媳是一名小学体育老师，时间有弹性，有空就会帮助丈夫经营自行车商行。两个人属于晚婚晚育，儿子刚3岁。我们也来看看夫妻俩的“家庭财报”吧，如图6-9所示。

儿子“梁家齐”35岁，投资了50万元经营着一家自行车商行，主要代理3个品牌10多款车型。经过了5年打拼和积累，逐步形成了良好的口碑和用户群体，目前每个月都能有20,000元的净收入，若按工作到60岁退休，还有25年的时间，累积的“生命资产”价值就是600万元（增减

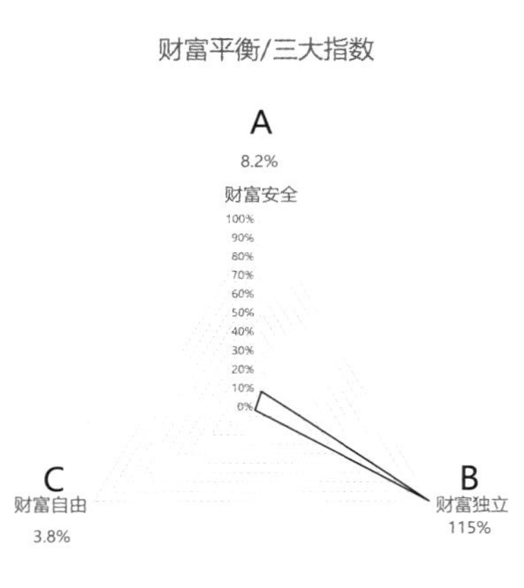

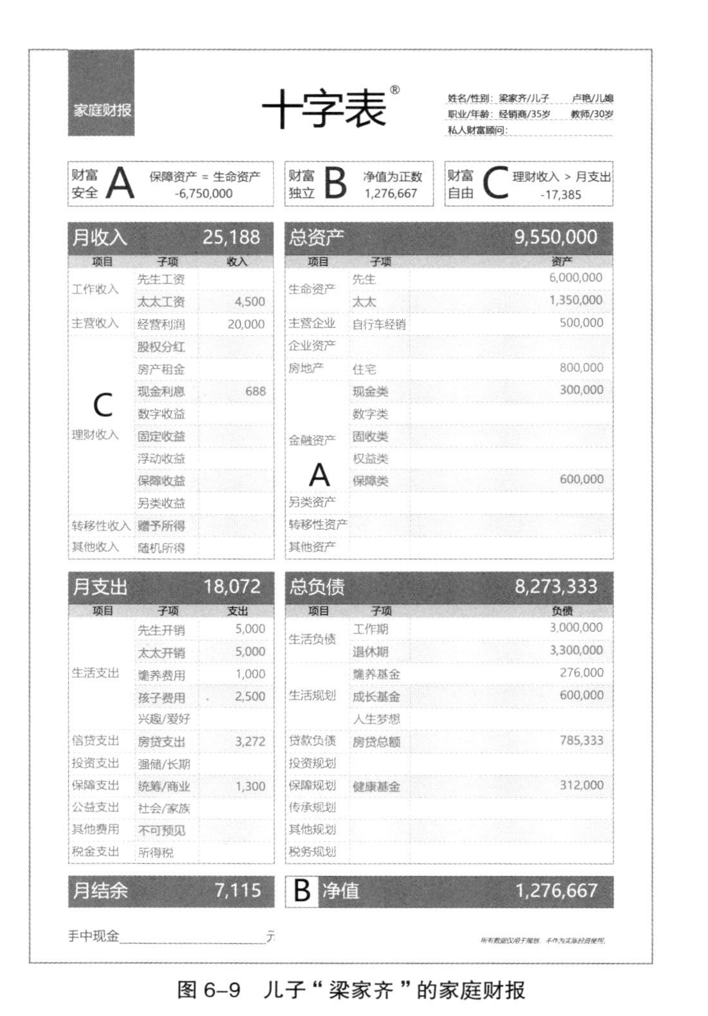

家庭财报

十字表®

姓名/性别：梁家齐/儿子　卢艳/儿媳
职业/年龄：经销商/35岁　教师/30岁
私人财富顾问：

财富安全 A	财富独立 B	财富自由 C
保障资产 = 生命资产 -6,750,000	净值为正数 1,276,667	理财收入 > 月支出 -17,385

月收入		25,188	总资产		9,550,000
项目	子项	收入	项目	子项	资产
工作收入	先生工资		生命资产	先生	6,000,000
	太太工资	4,500		太太	1,350,000
主营收入	经营利润	20,000	主营企业	自行车经销	500,000
理财收入 C	股权分红		企业资产		
	房产租金		房地产	住宅	800,000
	现金利息	688	金融资产 A	现金类	300,000
	数字收益			数字类	
	固定收益			固收类	
	浮动收益			权益类	
	保障收益			保障类	600,000
	另类收益		另类资产		
转移性收入	赠予所得		转移性资产		
其他收入	随机所得		其他资产		

月支出		18,072	总负债		8,273,333
项目	子项	支出	项目	子项	负债
生活支出	先生开销	5,000	生活负债	工作期	3,000,000
	太太开销	5,000		退休期	3,300,000
	赡养费用	1,000	生活规划	赡养基金	276,000
	孩子费用	2,500		成长基金	600,000
	兴趣/爱好			人生梦想	
信贷支出	房贷支出	3,272	贷款负债	房贷总额	785,333
投资支出	理储/长期		投资规划		
保障支出	统筹/商业	1,300	保障规划	健康基金	312,000
公益支出	社会/家族		传承规划		
其他费用	不可预见		其他规划		
税金支出	所得税		税务规划		

月结余	7,115	B 净值	1,276,667

手中现金＿＿＿＿＿＿元

所有数据仅用于规划，不作为实际经营使用。

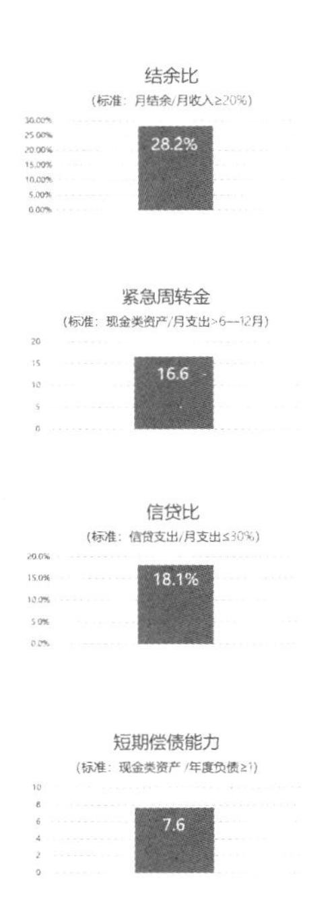

图 6-9　儿子“梁家齐”的家庭财报

变量暂不考虑)。太太“卢艳”(化名) 30岁，是一名小学体育教师，每个月的收入是4,500元，按55岁退休，还有25年的工作时间，累计的“生命资产”就是135万元（增减变量暂不考虑)。夫妻俩除了生意和工资的收入之外，还有30万元的积蓄，平均每月也有688元的利息收入。另外夫妻俩有了孩子之后为改善居住条件，首付30万元购买了一处价值80万元的房产。同时还购买了价值60万元的保险。

夫妻俩每个月的基本生活支出是13,500元，其中，夫妻俩各自平均的生活开销需要5,000元，父亲的赡养费需要1,000元，3岁儿子的生活费需要2,500元。这样就形成了未来的长期生活负债，夫妻俩工作期都需25年，这样每个人都需要150万元的生活负债，合计就是300万元；退休期按85岁止，“梁家齐”需要准备25年，就是150万元（通货膨胀暂不考虑)；而太太“卢艳”需要准备30年，就是180万元（通货膨胀暂不考虑)，这样两人合计退休期准备330万元。父亲的赡养基金至85岁需要27.6万元。儿子的成长基金计划20年，累计需要准备60万元。

除了夫妻俩基本的生活支出以外，每月需支付约3,272元的房贷，20年累计还款总额约为78.5万元。另外，每个月还需支付1,300元保费，20年累计保费需要31.2万元。

从夫妻俩的“家庭财报”中可以看出，夫妻俩是处在工作、生活的成长期。从财务结构上看，结余充足，每月能有7,115元的结余，结余比为28.2%。信贷可控，信贷比为18.1%。现金储备足以应对紧急周转和短期债务，分别是紧急周转金为16.6个月，短期偿债能力为7.6倍。

从三大指数上看，**A**财富安全存在着巨大缺口，只有8.2%的保障，需要逐步完善保障。**B**财富独立目前是能够达成，略有超出为115%，需要在未来家庭成长的过程中持续保持平衡状态。**C**财富自由还没有充分起步，只有3.8%，主要是依赖于企业经营的收入支撑，收入结构比较刚性。

以上是父子两个家庭的基本状况，接下来要面对这五项全能方面的变

化，看看父子两个家庭是如何应对的。

第一个方面（全周期）。全球暴发的大规模疫情，加之局部战争的威胁，影响着世界经济和国际贸易。主要经济体中的国家大量投放资金来挽救经济，造成通货膨胀和消费无力的双重局面，出现了大量失业和大规模破产的窘境，金融体系的调控能力逐渐失灵，经济陷入衰退的周期。每个国家、每个家庭和每个人都能感受到经济的寒冬，“梁大柱”与“梁家齐”父子两个家庭也身在其中。

第二个方面（全资产）。在全球经济衰退的背景下，各个国家的股市、债市、房市及相关资产也都出现巨幅震荡和下挫，许多人都在寻找着投资机会和避险资产。有的人眼光独到，在危机中抄底成功，有的人判断失误，在投机中失利。

作为“梁大柱”与“梁家齐”父子两个家庭都有着各自的投资经验和习惯。面对当下的变局，父亲“梁大柱”认为实体经济不好，大家又被隔离在家，断定资本市场是千载难逢的机遇期。决定将手中20万元的现金全部追加到股市中，还动员儿子“梁家齐”也拿出点资金来一起投，为孙子赚个大学学费，最终被儿媳婉言谢绝了。

不仅如此，老爷子经过了慷慨激昂的游说，把退休经常在一起玩的几个好哥们给说服了，每个人都仿佛看到了退休后暴富的景象，于是都把老本拿出来了一小部分，大伙合计30万元投了进去。

而儿子“梁家齐”比较专注于自己的店铺生意，由于疫情的暴发和长时间的蔓延，人们无法或减少乘坐公共交通工具，更喜欢骑自行车健康出行，这使得自行车商行的生意比过往更好了，业绩翻倍形成了逆势增长的态势，和相邻商业店铺的萧条景象形成了鲜明的反差。

在这种状况下，夫妻俩做了两个决定。第一，基于长时间的疫情肆虐和经济下滑以及政府对房地产市场的限制与调控，决定趁此机会低价买下自行车商行所租用的店铺，即便还贷也比租金便宜很多。这样一来，既增加了资产，也可将店铺租给自己的商行而获得家庭的理财收入。第二，由于有了自己的物业，将其单一的销售功能升级为健身骑行训练中心，同时，妻子“卢艳”发挥自己体育老师的优势，开通了多个互联网窗口进行宣传、直播和销售，形成了线上与线下同频互补的运营模式。

第三个方面（全人生）。人生不是无限的，不能用有限的生命去追逐无限的财富。在全生命周期中，不同的年龄阶段有着不同的生活目标与需求，需要在财富创造和财务所需中获得平衡，才能拥有幸福感。作为父亲的“梁大柱”已经迈入退休生活阶段，虽然犹如重生找到了自己所热爱的东西，但也不能像年轻人一样孤注一掷地投入老本，信心爆表地期待回报。这个年龄阶段在这种经济周期下不应进行高风险的投资。

作为儿子“梁家齐”和儿媳“卢艳”夫妻俩，人生与家庭处于中青年成长置业期，抓住了自己熟悉的领域，在逆势中大胆地拓展，也承担一定压力的经济贷款。这符合和匹配夫妻俩这个生命阶段和经济周期中所做的投资决策。

第四个方面（全风控）。就是对于所投资产的风险与属性、自身所积累的经验值、经济与情感的风险承受度等综合因素的控制能力，也就是全风控的能力。这是一道关键的屏障，也是幸福与不幸的边界。众所周知，在疫情持续的蔓延和变异的肆虐下，景气的行业实在是少之又少，人们的信心已经跌到低谷。资本市场也不例外，老爷子和好哥们所投资的股票已经出现断崖式下跌。老爷子随之倍感绝望，一病不起。这虽是一个悲伤的故事，但警示我们，财是为人生服务的，人不能为财所困。

作为子女，不仅要管理好自己家庭的这本账，还要对父母尽孝心。于是“梁家齐”变卖了老房子，还清了老爷子生前好哥们的钱，让几个老人家免于经济和精神的双重打击，安度一个幸福的晚年。

第五个方面（全指标）。是人生最关键的财富平衡的目标，也就是安全感、独立性和自由度。这个目标不仅是终极目标，也是起始目标，更是贯穿始终的习惯目标。从老爷子的故事中，我们不难看出，老爷子其实已经实现了这三个目标，如果安安心心地度过余生会是很幸福的。只不过老爷

子虽然财富上获得平衡了，但是心理却失去了平衡，希望赚得更多，最终导致财富上再度失衡，甚至丧失了自己的根本财富——“生命资产”。

儿子“梁家齐”经历了这些变故后，对生命和财富都有了更深刻的认识，对夫妻俩家庭的这本账也有了更清晰的认知，目标也更明确了。首先，给彼此增加了一定的保障额度，提高安全感和对冲风险的能力；其次，持续保持人生这本账的净值是正数；最后，把商行所使用的物业列为家庭资产，租用给商行，租金计入家庭理财收入。这样三大指数都有了提升和优化，同时，家庭和商行的财务分开管理，有效隔离，确保幸福。

这就是“梁大柱”和“梁家齐”两个家庭面对五项全能的真实写照。

第三节　财富增长的秘密

无论是在积累第一桶金，还是在做五项全能的资产配置，所有的钱基本上都会以两种方式存在并流转着。一种是资金，另一种是资产。那么资金与资产之间到底是什么关系？资金与资产哪个更重要呢？它们之间又是如何转化并推动财富增长的呢？如图 6-10 所示。

首先，资金的流动有两个方向，一个叫收入，一个叫支出。支出又分为消费与投资（能带来收入或创造价值的支出叫投资）。

我们先来看收入，也就是现金流收益，是由资产所创造出来的。也就是“生命资产”创造了工资；主营企业创造了经营利润；投资企业创造了股权分红；房地产创造了租金；金融资产创造了利息与收益；另类资产创造了另类收益；转移性资产创造了赠予所得；其他资产创造了随机所得。

其次，资产不仅能够创造出各种现金流收益，发挥出资产的应用价值，同时，资产也具有内含价值与增值潜力，当遇到机会时，也能获得资产本身的交换价值和增值收益，可以变现卖出取得更多的资金。当然，遭受风险也会让其贬值。

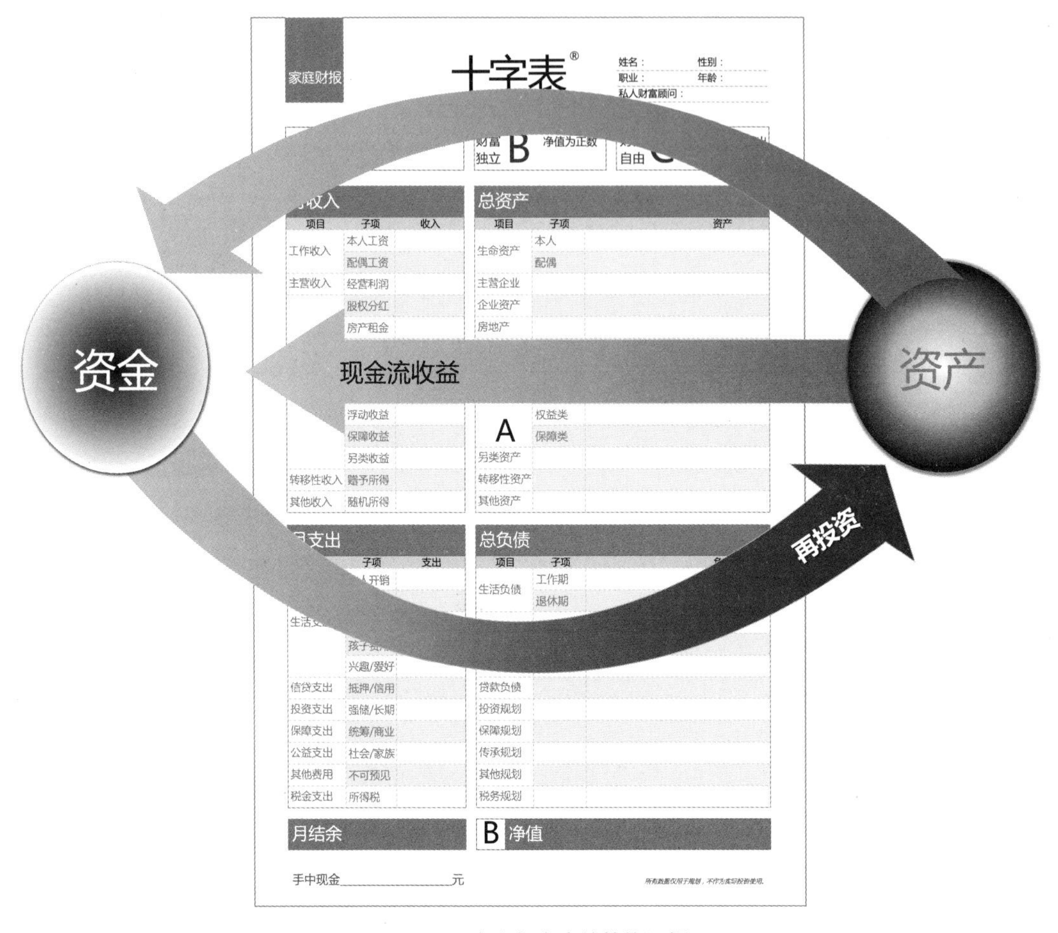

图 6-10 资金与资产的转换逻辑

然后，现金流收益和增值收益就聚合成为更大的资金，通过投资（也就是能创造价值的支出），再投资于更优选的资产配置，持续获得现金流收益和资产增值收益。这样就形成了有效的资金与资产的滚动增长模式，推动着财富持续成长。

作为事业，必须在某一个点上或某个垂直领域，不断地深耕、突破、创造和积累，形成竞争壁垒与核心优势，获得超额利润。而作为投资却有所不同，需要在不同的资产类别里，以及不同的周期波动中，用匹配的资

金量级，去捕捉到阶段性收益较大、增值较快、风险可控的成长性资产。在获得和积累持续性现金流收益的同时，等待着资产增值溢价卖出的机会，以获得更高的资金回报，来积累和提升可投资金的量级，再优选更好的资产配置机会，才能让财富得以持续增长。当然，做到这一切都需要具有专业的知识背景和实操经验，或者有专业的私人财富顾问辅佐才可以完成。

这样看来，资金与资产都很重要，是财富形成与流转的核心形态。资金与资产相互转换、相互推动，不断滚动、不断增长，就像滚雪球一样，这就是财富增长的秘密。不过要时刻记住财富管理的目标，是为了实现财富平衡，即达成**A**财富安全、**B**财富独立和**C**财富自由的三大指数，而不是无限地追逐增长，否则必定又掉进金钱的旋涡之中，而无法自拔。

面对人生财富管理的目标，不是一蹴而就能实现的，需要将资金和资产进行多次转换与放大，才能达成目标。即便命好，也得等待，等待机会的到来能瞬间把握，遭遇风险能化险为夷。在机会与风险中驾驭资金与资产有效地滚动和转换，创造和积累着自己的财富。

人生也许就需要三五次转换就已经足够了，这就构成了人生和命运的几个关键性决策点，把握得当就会成功。如果错过和失误，人生就会经历几起几落，甚至一直漂泊，偏离航线，远离目标，最遗憾的是自己却茫然不知。

第四节　一眼识破经济规律

在我们的投资生活中，除了关注自己的第一桶金、五项全能的资产配置和财富增长的秘密，更要了解宏观经济是怎么运行的。因为每个人都离不开它，无论我们主动地或是被动地都将融入其中，成为一种要素和变量，共同构成经济运行发展的生态体系。

整个经济运行体系可以分为两个双循环。第一个双循环体系是国际贸易间的外循环与国内宏观经济的内循环。随着多年的全球化发展，已经形成了产业链全球布局，能源、资源及金融全球流转，内外双循环体系密不可分的依存关系。但是由于近期的世界政治、经济及金融的动荡，加上疫情的影响，全球化受到了前所未有的挑战和冲击，使得各国政府更加聚焦于本国经济的自身循环，以摆脱依赖提高竞争力。

第二个双循环体系是国内宏观经济的大循环与微观个人及家庭财务的自循环。作为个人和家庭面对自己的人生规划和财富管理，也理所应当地将焦点放在赖以生存的国内宏观经济大循环的体系中，如图 6-11 所示。

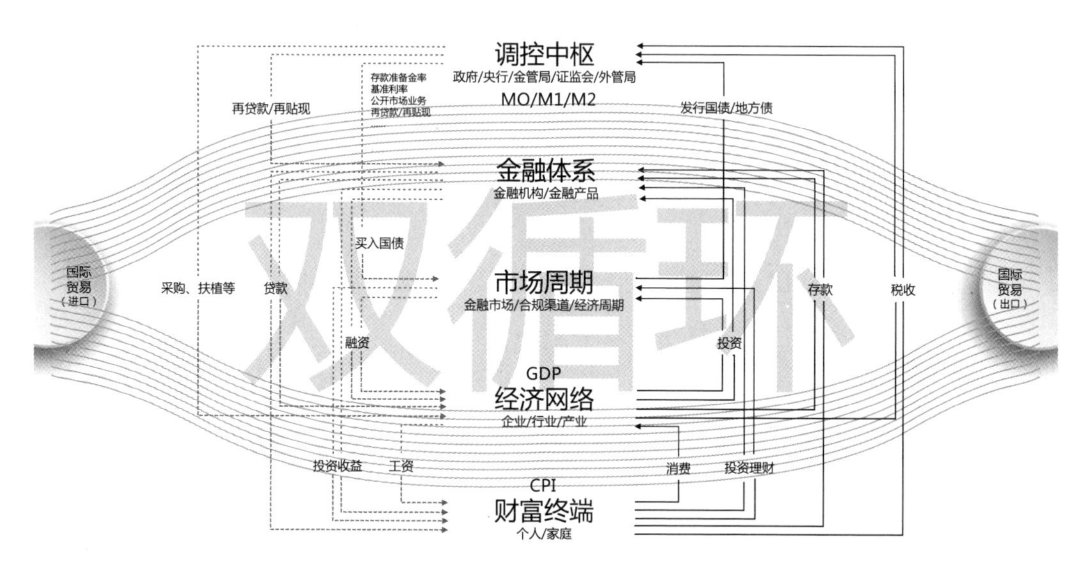

图 6-11　双循环的经济模型

在整个宏观经济大循环的体系中，自上而下形成了五个不同层面的系统力量，推动着政策、货币、金融、市场、经济、产业、投资与消费在整个体系中循环流转。我们就身在其中，体验着金钱流动，贡献着生活所需，推动着财富创造。不经意间也透过“十字表”家庭财报这个微观的内需引擎拉动着整个宏观经济循环运转。让我们看看这五个层面是如何流转和运行的。

第一个层面，是顶层的调控中枢，代表着政府、央行、金管局、证监会及外管局。负责各种财政、货币、金融及经济等宏观政策的制定、颁布、调控与监督。行使顶层的核心职能，货币的投放、调节与回收，对整个经济体的循环和运行进行掌控。

左侧的点划线是自上而下的资金投放与调节，透过存款准备金率、基准利率、公开市场业务、再贷款再贴现、直接买入国债以及采购扶持等手段，向金融机构、金融市场、企业投放和调节货币供应量。右侧的实线是自下而上的资金回流与调节，通过发行国债和地方债以及各项税收等功能，来回收和调节金融市场、企业与个人的流动性。

这样就能够通过有效的财政与货币政策，有力的货币投放与流转手段，来推动和调控经济健康、有序、持久地发展。

第二个层面，是贯穿始终的金融体系，由金融机构、金融产品及金融市场组成。主要承担着货币的存贷中介、支付结算、信用创造和金融服务等功能。对整个经济体的循环和运行提供着资金融通的保障。

通过左侧的点划线将货币以贷款和融资等方式提供给企业与个人而获利。再通过右侧的实线将货币以存款和投资等方式进行资金回笼。这就构成了资金收支的双向闭环增值运行，也为经济运转提供了赖以生存且源源不断的金融血液。

第三个层面，是居于中间的市场与周期，主要由金融市场、合规渠道和经济周期共同构成。是经多方共同参与的交易环境，伴随着各种机会与风险因素，传导而成不同阶段的周期变化。

在这里，政府可以直接买入或发行国债，金融机构可以投放金融产品，企业可以进行投融资活动，个人和家庭可以参与投资理财。这是一个比较开放的资金融通和交易的地方，也是经济景气的晴雨表。

第四个层面，是支撑整个社会的经济网络，由各类企业、细分行业和相关产业构成。这是创造企业价值、满足社会需求和推动经济发展的主体，也是实现资本增值和资金流转的载体，更是形成了整个 GDP 生产总值的缩影。

这里孕育着创业的梦想，汇集着优秀的人才，吸引着庞大的资金，探索着创新的业务，创造着持久的税源。

第五个层面，是最底层的财富终端，是由每一个人和家庭组成。“十字表”家庭财报为最微观的内需引擎，通过收入、支出、资产、负债4个象限拉动着支付、信贷、消费、投资和缴税，连接着宏观经济的方方面面。

虽然我们身处在整个宏观经济大循环的底部，但是我们才是整个经济运行最大的拉动力，也是构成**CPI**消费者物价指数的基础，更是整个经济发展的核心目标，那就是为人民谋幸福。

在这五个系统层面中，不仅有自上而下的宏观调控的推动力，更有自下而上的微观内需的拉动力，这两种力量推、拉着双循环体系不断运行。也就是说，我们手中的这张“十字表”家庭财报的4个象限的相关数据中，连通着所有行业的产品、服务和资产，牵动着多个产业链的兴衰与周期波动，形成了叠加的机会与风险，催生了金融体系的各项服务举措，最终影响着宏观政策的不断颁布与调整。这就是一个浓缩的宏观经济模型，置身其中观察并体验着，经由人生财富管理的这本账，所产生的强大内需与整个宏观经济浑然一体。

第五节　看看“家庭财报”是如何拉动经济运转的

个人与家庭就像市场那双无形的手一样拉动着经济持续运行。我们以花钱的角度，从“十字表”家庭财报的七项支出中，看一看每支出一笔钱，是如何变成负债的，又是如何通过社会分工转化成资产推动产业发展的，最后又是如何成为我们所投资的资产并创造收入的。有了持续的收入更有信心不断的支出，最终形成了微观的内需引擎拉动着宏观的经济生生不息的运行与流转。

1. 一个房产投资对经济的拉动

我们先从一个微观的房产投资案例看一下，这是一位重度的房产投资爱好者，名字叫“陈松”（化名），准备投资一处“看护房”。因为疾病不但折磨着患者，更煎熬着家属，在医院周围有许多间隔成“小房间”的住宅，比酒店便宜，十分抢手，非常方便，投资收益也不错。该房产的总价是 100 万元，用银行按揭 70 万元、贷款利率 4.9%、20 年付清的方式购买。将这项投资落实在“十字表”家庭财报上，会看得更清楚。如图 6-12 所示。

“陈松”先要准备一笔首付款 30 万元，通过投资支出进入到“十字表”家庭财报的负债项投资规划中，变成了购房首付款（这已经是银行的收入与资产了）；然后还要在信贷支出项中，准备好每个月的房贷支出约 4,581 元（这是银行的收入）；同时在负债项会产生一笔巨额的长期房贷负债约 109.95 万元（这是银行的资产，获得长期贷款的收益）；当完成购买合同后，就可以将该房产的价值 100 万元，暂时计入资产项中作为资产（自己举债的资产、抵押的资产）；该房产出租给租客而收取的租金 9,500 元，计入收入项作房租收益（这是租客的支出）。当完成了自身的需求与财务闭环后，看看都拉动了谁。

首先是拉动了银行，增加了资产，可以放大贷款额度，以及持续性的贷款收益，让更多的人获得贷款，钱就这样被放大了。其次是拉动了开发商，使其现金流畅通，得以持续开发，满足更多人居住与投资的需要，融钱的蓄水池增大了。然后拉动了房地产相关原材料、基建、装饰及配套等行业和产业的资金流动，拉动更多行业的发展，带动相关企业和员工的收入得到持续增加，助推着投资与消费强劲增长，整个社会出现经济繁荣景象。最后拉动了国家的各项税收的完成。自然也拉动了各项经济指标的达成。这就是从微观拉动宏观的一个视角。

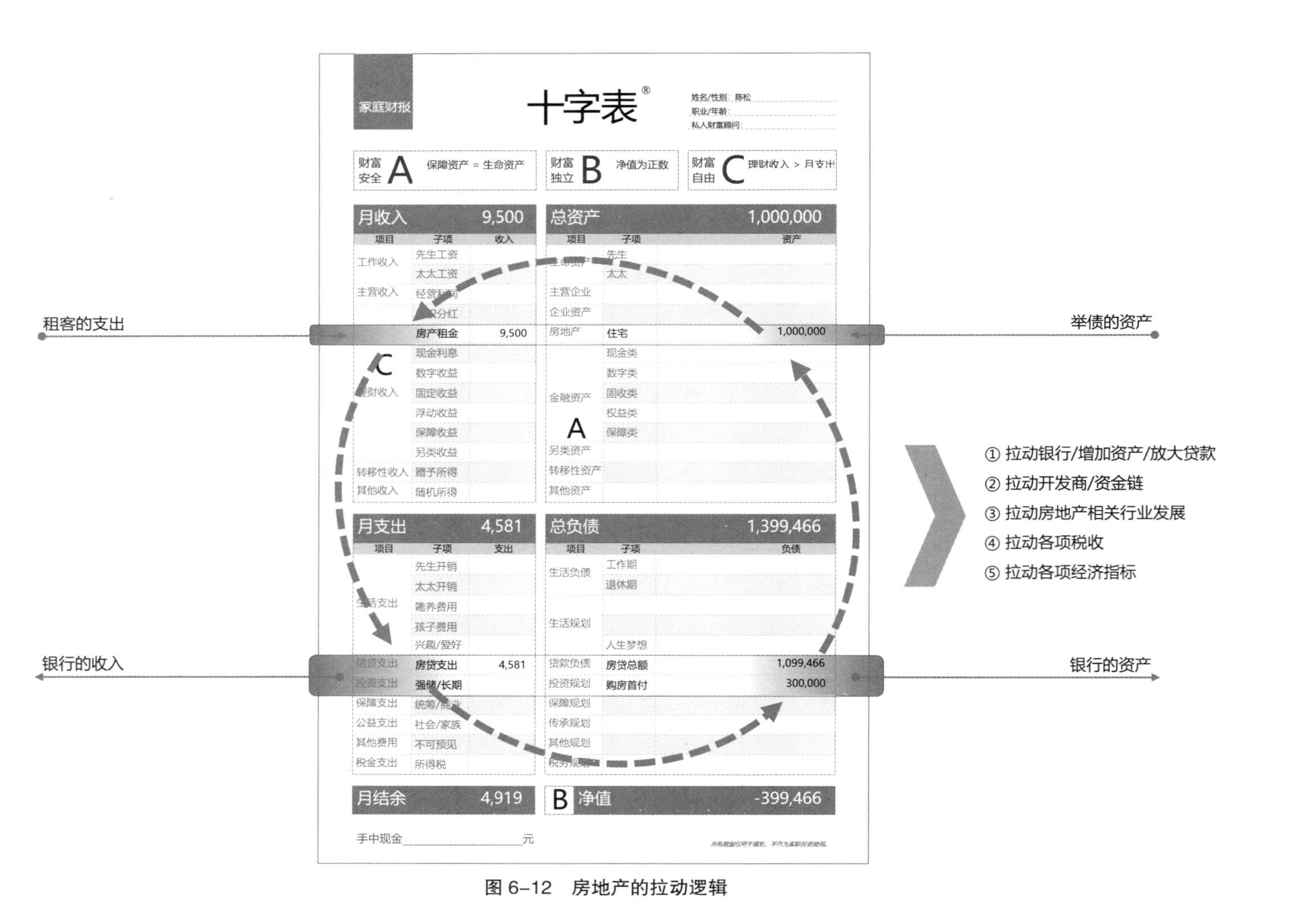

图 6-12 房地产的拉动逻辑

伴随着时间的推移和经济周期的改变，假如再遭遇系统性风险的冲击，整个经济将会出现剧烈的波动，而走上衰退的迹象。此时，失业率会上升，收入会下降，支出会缩减，信贷违约会出现，银行不良资产会增加，房产价值会下跌，金融体系会紧缩，整个社会经济运转会停滞。这个时候政府和央行会调整与颁布宏观经济政策和金融扶植政策，激活和鼓励经济中的增长点和产业链，来推动整个经济向好发展。

这样看来，微观的拉动与宏观的推动，自然就形成了上下推拉的经济大循环。

在现实生活中，需要注意的问题是所投资的房产价值，从账面上看是资不抵债的，要付出约 39.95 万元的利息成本。这需要靠两项收益来将之填平并获得超出的收益，一项是租金收益，要能支付起每月的贷款支出；另一项是房产增值溢价卖出，获得超出的收益。如果在经济上升期这是很容易做到的，但是遇到系统性风险和经济下行期就会出现风险和压力。毕竟房地产是一个投资周期较长、资金沉淀较大的项目。如果是纯粹的居住需求，那就是一种消费行为，别过度透支消费就行了。

2. 消费也能拉动经济

再从一个消费案例的角度来看一下，这是一位职业经理人，名字叫“关杰”（化名），30 岁单身一人，平时除了生活花销之外，投资渠道也比较单一。我们来看看他的生活支出在“十字表”家庭财报中是如何流动的，“关杰”每个月杂七杂八的生活费用需要 5,000 元支出，长期下来就形成了一笔巨大的生活成本。也就是说，在负债项中，未来会产生一笔长期的、巨额的生活负债 180 万元（按 60 岁退休计算）和养老金缺口 150 万元（按生活至 85 岁计划）。而这笔支出不但没有产生任何的增值，而且还会面临未来通货膨胀所带来的贬值。

不过，他的生活支出却拉动了服务提供方的收入，“关杰”未来的生活负债和养老金也拉动着巨大的养老、健康等产业，变成了这些服务提供方的资产。这就形成了消费需求拉动相关产业发展的经济循环，如图 6-13 所示。

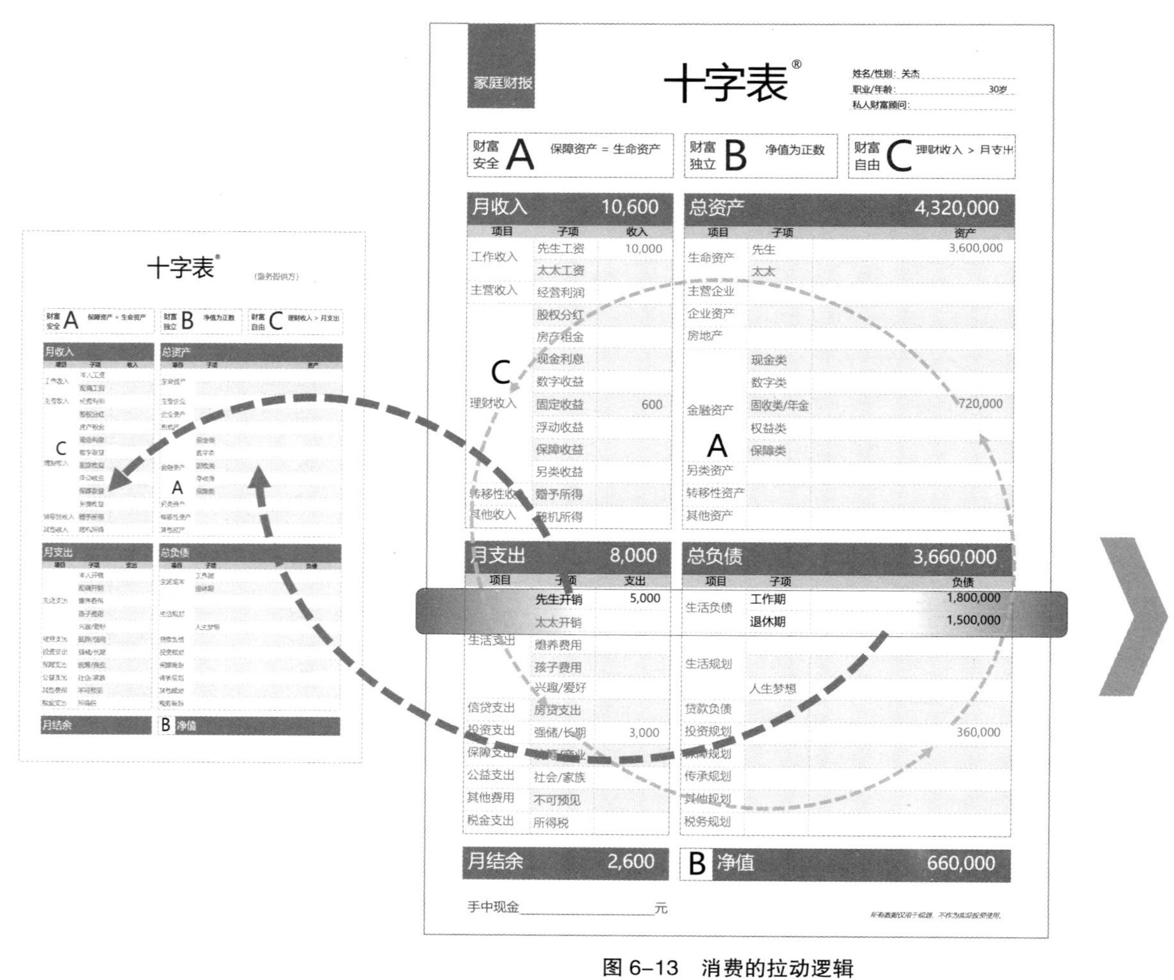

图 6-13 消费的拉动逻辑

于是，在这个需求侧拉动所形成的产业链当中，也应运而生了许多养老金、健康医疗保健、医养住宅等产品、服务与资产。其中，相关资产一方面可以消费使用，另一方面还可以投资获利。这就将人们的负债通过社会分工并资产证券化转变成了可投资产，这是通过金融的手段，整合和带动相关服务产业共同完成的。不但将人们的生活支出转化成了一笔投资，形成了一笔优良的资产，同时也解决了未来生活成本和养老金缺口的负债问题。

此时，“关杰”也尝试性地购买了一笔该类年金资产。于是在“十字表”家庭财报的投资支出项中，每月增加了一笔3,000元的投资支出；在负债项投资规划中，增加了一笔10年期累计36万元的长期投资；这份投资最终收益预估72万元，将以固收类年金的形式计入资产项中；同时月均会产生600元的现金收益，计入到收入项中，用来支付或贴补未来的生活成本。这样又完成了一次财务自循环系统的运转。那么这整个过程中所形成的巨额融资将作为金融机构的投资基金，再进入到可投资的各个领域，支持与推动相关产业和经济的发展并获取收益，最终分享给投资者。这也是一个微观需求拉动宏观发展的视角。

3. 金融投资的钱到哪里去了

而从金融的角度看，我们的钱是通过金融资产在金融市场中进行交易和流转的，与“十字表”家庭财报这本账又是如何进行交互的呢？又是怎样拉动经济运行的呢？我们通过“黎平”（化名）的投资案例来看一下。

“黎平”是一位职业太太，喜欢投资，特别是金融资产，从现金储蓄、数字资产、固收产品、权益资产到保障资产无不涉猎，让我们来看一看她手中的几百万元是如何配置和流转的，如图6-14所示。

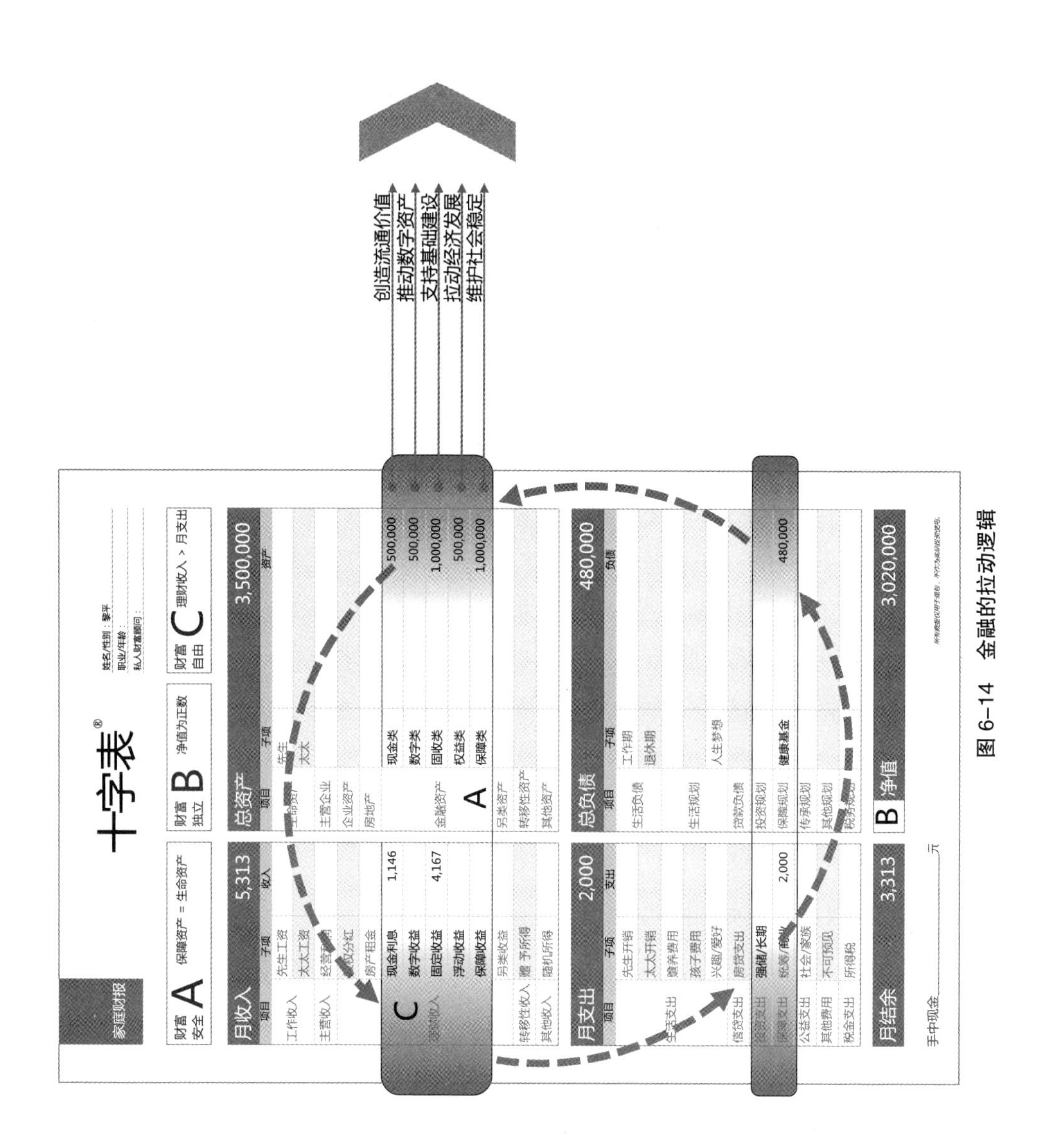

图 6-14 金融的拉动逻辑

首先，从“十字表”家庭财报的投资支出中，拿出一笔 50 万元的资金去投资储蓄。此时就会在资产项金融类别中，增加了一项 50 万元的现金类资产（银行负债性业务）。同时在对应的收入项中，也会产生一笔月均 1, 146 元的利息收入（银行的支出/按年 2. 75%计息）。而这笔储蓄资金就会进入到金融货币市场去创造流通价值了。

其次，她对数字资产的加密性和公平性很有兴趣，就会通过投资支出，拿出一笔 50 万元的资金去投资数字资产。这时会在资产项金融类别中，增加一项 50 万元的数字类资产。这项资产目前没有带来现金流的收益，也许会在未来交易时产生增值溢价，而这笔投资资金将支持金融科技的快速发展和数字生态的有效建设。

接下来，“黎平”希望获得稳定的收益，通过投资支出，拿出一笔 100 万元的资金去投资政府债券等资产。这时会在资产项金融类别中，增加一项 100 万元的固收类资产（对方负债性业务）。同时在对应的收入项中，也会产生一笔月均 4,167 元的固定收益（按年 5%计息）。而这笔投资资金将支持政府用于国家的基础设施建设，拉动经济发展和惠利于民。

然后，为了获得更高一些的收益需要承担一定的风险，她通过投资支出，拿出一笔 50 万元的资金去投资私募股权基金等偏风险性资产。这时会在资产项金融类别中，增加一项 50 万元的权益类资产（企业股权为标的）。而这笔投资资金将支持企业的成长与发展，助推经济增长，按约定承担收益与风险，到期退出。

最后，需要购买保险抵御风险，她通过保障支出，每月拿出一笔 2,000 元的资金去投资商业保险。这时会在资产项金融类别中，增加一项 100 万元的保障类资产（总保额），同时在负债项中，增加一笔 48 万元的长期负债（累计 20 年的保费）。而这笔投资资金将进入到保险公司的运营与投资，按约定承担风险和给付收益，并为社会提供更多保障和稳定的作用。

就这样，“黎平”通过金融投资间接地参与到政府、产业、企业和众多项目中去，用自己的微观需求助推着整个宏观经济的运行与发展。

值得注意的是，如今众多的金融衍生品不断地在金融市场中出现，良莠不齐难以判断，充满了各种机会和风险。有时让人赚得盆满钵满，有时让人赔得一无所有，甚至是债台高筑，我们都已深陷其中。经过了金融乱象的洗礼，每个人的财富也进行着再分配，如何守护合法的财富，安度小康生活，需要从自身的金融素养和财务能力做起，识别金融真相与防范金融风险，管理好“十字表”家庭财报的这本账。

4. 创业对经济有何影响

我们投资的主要领域除了房地产和金融资产以外，更愿意参与的就是企业股权投资。以企业股权为标的投资项目，具有收益高、风险大、周期长等属性。我们可以投资自己的梦想去创业；也可以直接投资参股到自己所熟悉的企业股权中；更可以间接投资到私募股权基金里，去寻找高成长性的优质公司；最方便的莫过于在资本市场投资上市公司的股票了。这些围绕企业股权而展开的不同方式的投资，在“十字表”家庭财报中是如何管理的？对经济又是如何拉动的呢？我们通过“徐志远”（化名）的投资案例来看一下，如图 6-15 所示。

“徐志远”是一位连续创业者，有梦想敢拼搏。在政府倡导创新和创业的号召下，再加上贵人推动和利好政策的支持，投资了 100 万元启动了自己的创业公司。由于他的公司立足于智能汽车的风险处理，研发出近地面移动模拟扫描卫星，有效降低了自动驾驶的风险隐患。得到了孵化基地的免费办公及创新孵化基金的支持，同时也享有免税政策。这样不但很快就盈利了，每个月能获得 30, 000 元的经营利润，更有汽车企业和投资机构抛出橄榄枝，准备大规模投资及收购。

在“徐志远”的创业过程中，体现在“十字表”家庭财报的资产项中，有了一家价值 100 万元的主营企业，同时在收入项中，也有了每月 30, 000 元的主营收入，这就激活了自己家庭的这部财务自循环的引擎。同时，他的企业也为社会提供了 50 多个就业岗位的机会。另外，企业的核心技术和系统也为智能汽车行业的安全快速发展提供了保障，拉动了整个自动驾驶智能汽车产业的规模、就业人数及纳税额度。

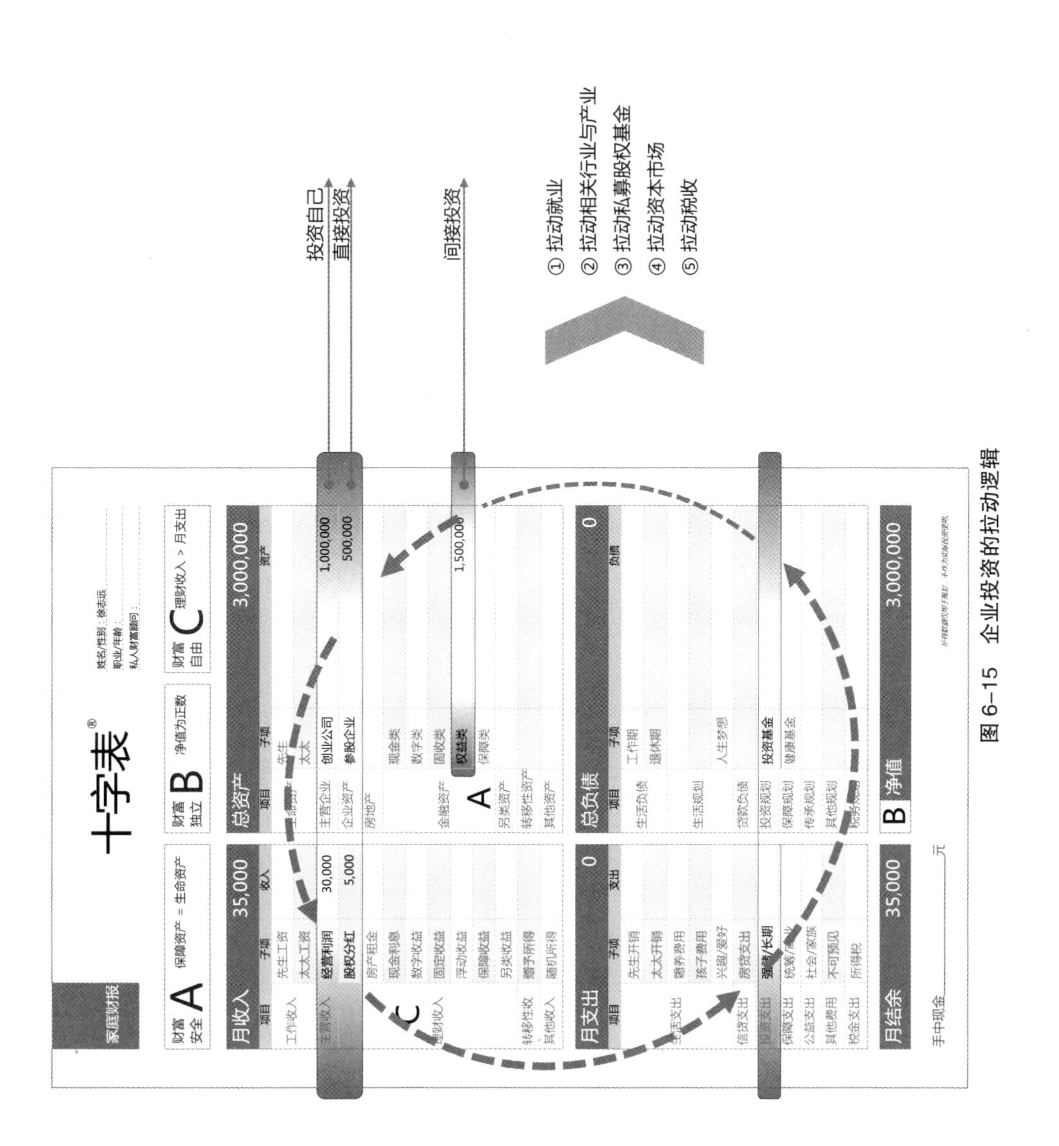

图 6-15　企业投资的拉动逻辑

除了自己创业之外，“徐志远”还十分关注整个产业链中的技术创新。他看好一家摩擦热能充电的公司，尝试为新能源提供更多的可能性，于是直接投资了 50 万元，鼓励和推动该公司的技术发展，而且平均每月还能获得 5,000 元的分红。这样下来既加大了自己家庭的这部财务自循环引擎的动力，又拉动了整个产业的技术革新和能源发展。

作为一名创业者，而且熟悉并看好一个产业，但是精力是有限的，于是“徐志远”便做了两个布局。一个是投资了 100 万元参与到一家私募股权基金，间接投资一些具有潜力的公司；另一个是投资了 50 万元在资本市场看一看自己所关注的企业的成长性。

不过这两项投资都没准备获得眼下短期的收益，但是对于私募股权基金不断地汇集与壮大，推动和加速着企业不断创新和快速成长，起到了积极的推动作用。同时也拉动着资本市场不断发展，助推着宏观经济持续地运转与循环，最终也为国家创造了更多的税源。

在我们的生活中，各种依托于企业股权的直接投资和间接金融衍生品铺天盖地地出现，一波一波的投资机会和风险就在我们身边轮番上演。资本的神话造就了一个又一个的千万和亿万富翁，仿佛拥有了无限的财富，人生到达了巅峰。与此同时，濒临破产的企业和血本无归的投资，也时有发生。许多人仍身处在系统性风险、资金流断裂、债务危机之中。这也许就是人生无常吧。

5. 财富的属性是流转

财富碰到机会可以增值，但遇到风险也会贬值，关键的属性是不停地流转。所以没有稳赚不赔的资产，只有不断流转的财富。我们是抓不住的，只能使用，无法绝对占有。我们感觉自己很有钱，那只是账面财富而已。其实，除了少量可使用的流动性现金外，大部分的资金和资产都是通过数字和固体的形式而存在，并进入到财富的大流转当中。一方面提供给需要的人使用，另一方面等待增值或折旧，仅此而已。如何透过账面数据，管理和调动财富流转为自己的目标所用，这是一种财务能力和财富智慧。这也是这个看不见的手的力量。

第六节　经济双引擎是民富国强的核心所在

我们“十字表”家庭财报的每一笔支出，每一项投资，每一次资金的流动，每一轮负债与资产的转化，每一笔新增收入，甚至每一个机会与风

险，都是循环的。从微观的财务自循环到宏观的经济大循环，形成了两个动力源。一个是自下而上的拉动力，另一个是自上而下的推动力，这两股力量交织在一起，不停地加速、放大、波动、循环运转，形成了一个巨大的波涛汹涌、变化无常的双引擎旋涡。推动着人生不断向前，也拉动着经济持续发展，它可以创造出美好的生活，也可以造就出繁荣的经济，更可以放大自己的财富。但是我们要格外小心，如果驾驭不当，就会被带进疯狂的金钱游戏之中，迷失在钱眼儿里而无法自拔。

1. 双引擎驱动的双循环经济

其实，我们每个人的“十字表”家庭财报都是一部自我循环的发动机，在收支的推拉下开始运转，并形成了资产与负债两大燃料储备，为这一动力提供持续的续航能力，满足我们日益增长的生活所需。

与此同时，也推动着与我们发生关联的产品、服务和资产的提供方。我们的支出与负债恰恰就是对方的收入与资产，是他们发展的动力。而他们的支出与负债却又是我们赖以生存的收入和资产。就这样不断地延展，互为依存，形成了各种各样的产业链条，构成了错综复杂的经济网络，这就形成了供给侧与需求侧互为推拉动力的双循环流转体系，如图 6-16 所示。

这两种双循环流转体系，就如同地球、月亮和太阳的自转与公转一样。内部是自助成长循环，外部是互助发展循环，互为因果，循环推动，使整个社会经济得以持续不断向前发展。

“十字表”家庭财报就像一个微观需求的数据终端，通过 4 个象限中所有的数据连接着宏观供给的行行业业、方方面面，这将是人生财富管理智能化、数据化、个性化的核心应用工具。

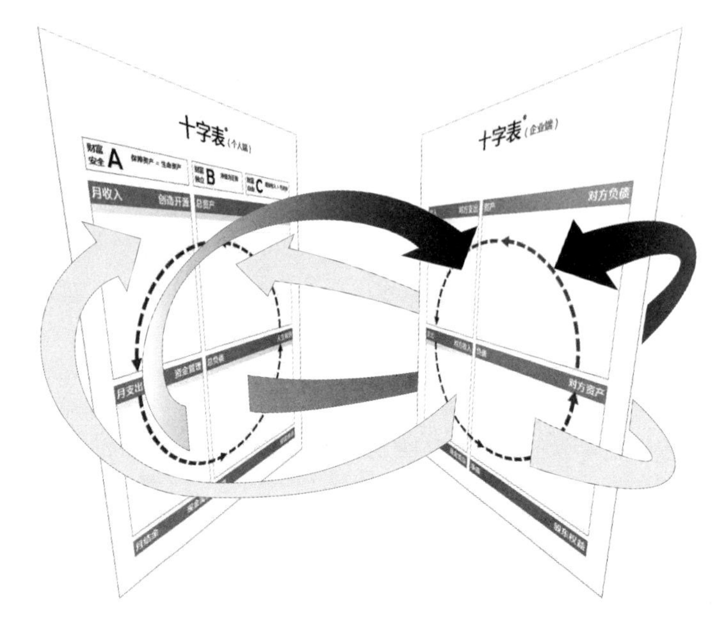

图 6–16　双循环体系

2. 财富流转的动因

是什么原因驱动财富以各种形态进行流动和转化的呢？

首先，微观的财务自循环系统得以运行，是因为我们的欲望与需求，形成了持续的支出和长期的负债，推动着资产的形成与增加，从而带来了源源不断的收入，让这个循环完成闭环，并产生了惯性、动力和依赖，永久地运转下去，直到离开人世。

其次，宏观的经济大循环体系是为了满足微观的财务自循环系统，日益增长的欲望与需求，所创造的各种具有使用价值的产品、服务与资产，并且整合与调动相关上下游行业的资源，形成若干个不同的产业链，共同创造和传递商业价值，获得商业回报，最终形成整个经济体系。

在需求与满足之间，时常是失衡的。有时需求与欲望过于旺盛，得不到充分的满足，就产生供不应求的状况，出现商品短缺，物价上涨。随着市场的自动调节和宏观调控以及周期变化，需求总会被满足，直到出现过

剩的局面，就会产生供大于求的现象，将出现产品过剩，物价下降。在这种失衡与平衡的供需关系转化中，通货也在膨胀与紧缩之间变化着，推动着财富不停歇地流转着。财富就会以各种形态在这两个循环体系中流转、阶段性停留，甚至造成财富分布不均的现象。

3. 双循环共同的目标

无论是微观的财务自循环系统，还是宏观的经济大循环体系，两者都有着共同的目标。微观的财务自循环系统的目标，是让人们自身的人生财富管理达到财富平衡的状态，也就是**A** 财富安全、**B** 财富独立和**C** 财富自由的三大指数，进而最终达到人生圆满的境界。

宏观的经济大循环体系的目标，是总供给与总需求平衡、优化经济结构平衡、经济可持续发展与增长、增加就业、稳定物价、保持国际收支平衡。其中最关键的要素就是平衡与发展。

所以双循环体系的核心都是平衡，这就产生了同步与共振的效果。使得两个动力源更默契、更具威力；两大循环体系更顺畅、更稳健；自然形成了一个自下而上的微观需求引擎与自上而下的宏观调控引擎相呼应的局面。既能确保人们拥有一个富足、幸福的人生，又能拉动国家宏观经济的健康发展，这就是民富国强的核心所在，这也是为国家战略贡献出每一个人的基本力量。

4. 每个人都是一个独立的经济体

如果说支出是动力，消费与投资是拉动社会经济发展的原动力，而我们为什么更关心收入呢？这个逻辑和秩序是否可以重置呢？

我们关心收入大过支出，是因为生存的环境告诉我们有钱才可以花。于是，先拼命赚钱之后再疯狂满足自己花钱的愿望，所以拼命赚钱就成了目标和奔头，最后演变成了生活的意义。然后周而复始地拉动这个社会向前高速发展，人们很苦、很累、很无助，所以想自由、想解脱。但无法摆脱这个巨大引力的逻辑陷阱，最终还是坠入这个旋涡之中。其实生命来到这个世上的意义，不是为了赚钱，而是为了寻找使命和创造价值，并贡献出自己的生活所需。

那么，我们能不能改变一下这种社会状况呢？

只要玩转“十字表”家庭财报这个引擎，通过4个象限的运转，来重构一下社会的底层逻辑就能明白。支出就是经济的拉动力，累积的负债就是社会的需求与贡献，转化成各行各业的资产并带来收益，再通过奖励变成收入。人们不用靠赚钱而生活，只为创造价值而工作。我们生来是为了创造，是为了贡献，是最微小的发动机。这样形成一个自下而上的内需引擎，与政府自上而下的金控引擎相共鸣，推动和重构经济结构和发展模式，人生秩序和社会逻辑得到进化，向更健康、更幸福、更文明的方向发展。让人类社会经济主体向下沉，让每个人都成为一个经济体，一个超级终端，一个自媒体，拥有通证权。

小训练：看看自己的投资生涯是一个什么面貌

1. 第一桶金的来源：

利用“十字表”家庭财报的5大收入，找一下自己的第一桶金是如何形成的，看看自己在哪方面有财运，自己属于哪一类型的人，在自己专注的领域里是否有足够的积累。

2. 资产配置的能力：

在5项全能的资产配置模型中，对哪一部分有兴趣？对哪一部分感到陌生？

3. 财富增长的逻辑：

看看自己的资金与资产是否能够有效地转换，有没有形成滚动增长。

4. 洞悉经济的规律：

从自己“十字表”微观的自循环系统中，找到能带动宏观的大循环体系的产业链，看看有几条，我们在其中能起到多大的作用，同时推演一下财富是如何流转的。这就是价值交换的切入点，也是生意持续发展的动因。

小训练
只看不练，功夫白费！我们也来训练一下吧：

第七章

中年如何过三关

第一节　人生下半场

人生是很短暂的，经历了自我成长、立业打拼、恋爱结婚、经营家庭、养育子女、积累财富，转眼间就步入了中年，人生已经进入到了下半场，到了不惑和快知天命的年龄了。回望自己已经走过的人生，还有什么遗憾吗？面对不确定的未来，又有什么期待呢？此刻犹如走在人生的十字路口，该好好思考一下了。

中年最好的礼物就是自省与重生，对人生的上半场做个总结，对人生的下半场做个规划。这就更离不开“十字表”家庭财报这个工具了，让我们彻底对自己人生的这本账做个盘点和剖析吧。在这里，我们用“张一驰”（化名）和“谭穆”（化名）夫妻俩的案例来说明一下。

先生“张一驰”，年龄45岁，一直经营着一家自己创办的广告公司，曾经很辉煌，目前处在转型期，作为一家之主和经济支柱，虽然步入了中年，但压力越来越大。太太“谭穆”，年龄40岁，在一家药企做高管，职业与收入比较稳定。夫妻俩是第二次组建家庭，但感情非常好！有两个孩子，男孩17岁，是“张一驰”与前妻所生的孩子；女儿12岁，是夫妻俩再婚后所生的孩子。先生的父母都健在，年龄分别是70岁和68岁；太太只有母亲还在，年龄65岁，身体状况也不错。一家老小基本上都需要夫妻俩来照顾，下面我们就从夫妻俩的“十字表”家庭财报中一见端倪。如图7-1所示。

“张一驰”从小喜欢美术，大学就读于美术学院，毕业后创办了一家广告公司，经营至今起起落落，曾经辉煌过，在业界算是小有名气，但目前充满压力。公司累计投资了200万元，目前每个月从盈利中给付家用30,000元，若按工作到60岁退休，还有15年的时间，累积的“生命资产”价值就是540万元（增减变量暂不考虑）。太太“谭穆”一直从事医药

家庭财报

十字表®

姓名/性别：张一驰/男　谭穆/女

职业/年龄：私企/45岁　高管/40岁

私人财富顾问：

财富安全 A	保障资产 = 生命资产 -6,110,000
财富独立 B	**净值为正数 -2,004,533**
财富自由 C	**理财收入 > 月支出 -20,183**

月收入 48,979

项目	子项	收入
工作收入	先生工资	
	太太工资	9,500
主营收入	经营利润	30,000
C 理财收入	股权分红	5,000
	房产租金	
		3,000
	现金利息	1,146
	数字收益	
	固定收益	3,333
	浮动收益	
	保障收益	
	另类收益	
转移性收入	赠予所得	
其他收入	随机所得	

总资产 14,810,000

项目	子项		资产
生命资产	先生		5,400,000
	太太		1,710,000
主营企业	广告公司		2,000,000
企业资产	新媒体科技		800,000
房地产	住宅/2处		1,700,000
	商铺		600,000
金融资产 A	现金类		500,000
	数字类		
	固收类		800,000
	权益类		
	保障类		1,000,000
另类资产	收藏		600,000
转移性资产			
其他资产	汽车		300,000

月支出 32,662

项目	子项	支出
生活支出	先生开销	5,000
	太太开销	10,000
	赡养费用	3,000
	儿子费用	3,000
	女儿费用	3,000
	兴趣/爱好	
信贷支出	房贷支出	9,162
	商贷支出	3,167
投资支出	强储/长期	
保障支出	统筹/商业	2,500
公益支出	社会/家族	
其他费用	不可预见	
税金支出	所得税	

总负债 16,814,533

项目	子项		负债
生活负债	工作期		2,700,000
	退休期		5,100,000
生活规划	赡养基金		1,872,000
	大学基金		436,000
	留学基金		1,216,000
	人生梦想	元宇宙传媒	5,000,000
贷款负债	住宅贷款		1,256,533
	商铺贷款		380,078
投资规划	投资基金		
保障规划	健康基金		450,000
传承规划			
其他规划			
税务规划			

月结余 16,317

B 净值 -2,004,533

手中现金________元

所有数据仅用于规划，不作为实际投资使用。

图 7-1 “张一驰”夫妻俩的中年财报

工作，每个月的收入是9,500元，按55岁退休，还有15年的工作时间，累积的“生命资产”就是171万元（增减变量暂不考虑）。另外，太太还有一些年终奖和灰色收入，直接计入储蓄和金融资产中了。

同时，夫妻俩多年来在投资方面也有一定的积累，从企业股权、房地产、金融资产到另类收藏都有所涉猎。首先是先生“张一驰”苦心经营20多年的广告行业面临迭代和创新，无论是内容，还是传播形式都发生了变革，于是他投资80万元参股40%成立了一家新媒体科技公司，专门在新型互联网和元宇宙领域开疆拓土，虽然公司处于投入期，但月均能有5,000元的分红回报。

其次，在房地产上也有投资，买了两处住宅，一处是夫妻俩带着2个孩子与岳母一起居住（价值120万元），另一处是先生为改善父母的居住条件在老家购买的房子（价值50万元），这两处房产总价值170万元，均有贷款。还投资了一处商铺，价值60万元，每个月能有3,000元的租金收入，也有贷款。

在金融投资方面，储蓄有50万元，月均利息1,146元（按年2.75%计息）；债券基金固收类资产累计投资80万元，月均收益3,333元（按年5%计算）。先生购买过100万元的保险资产。

另外，先生喜欢收藏，存有不少字画、奇石、古玩等物件，评估价值也有60万元。最后还有一辆价值30万元的汽车。这些基本上是夫妻俩一路打拼所积累下来的家底了。

再来看看他们的支出与负债状况。整个家庭每个月的基本生活支出是23,500元，其中，夫妻俩的生活开销分别需要5,000元和10,000元；三位老人的赡养费每人需要1,000元，合计3,000元；17岁的儿子生活费需要2,500元，12岁的女儿生活费需要3,000元。这样就形成了未来的长期生活负债，夫妻俩工作期都需要15年，先生“张一驰”就需要90万元的生活负债；太太“谭穆”也需要180万元的生活负债，合计就是270万元。退休期按85岁止，先生需要准备25年，就是150万元（通货膨胀暂不考虑)；太太需要准备30年，就是360万元（通货膨胀暂不考虑)，这样两人合计退休期准备510万元。三位老人的赡养基金均按至85岁准备，合计需要182.7万元。儿子还有1年就要报考军校了，只需准备1年的生活费（30,000元）和大学费用（父母想给予40万元)；女儿还有6年才能出国研读艺术，需要准备6年的生活费（21.6万元）和出国留学的费用（父母想给予100万元)。另外，先生“张一驰”一直有一个梦想，就是想把自己的广告事业移植和应用到新的元宇宙领域，预计需要准备梦想投资基金500万元。

除了整个家庭的生活支出以外，每月需支付三笔贷款，其中第一笔是夫妻俩的住宅贷款为100万元，20年期，贷款利率4.9%，每月还款约为6,544元，已还款10年，剩余还款总额约为78.5万元。第二笔是父母的住宅贷款为40万元，20年期，贷款利率4.9%，每月还款约为2,617.8元，已还款5年，剩余还款总额约为47.1万元。两处住宅合计每月支付约为9,162元，剩余还款总额约为125.7万元。第三笔是商铺贷款为30万元，10年期，贷款利率4.9%，今年买入，每月还款约为3,167元，还款总额约为38万元。

另外，每月还需支付2,500元的保费，已交5年，还剩15年，累计需交保费为45万元。

经过这些数据的盘点和计算，我们粗略地发现，夫妻俩的收入也不低，也有许多的资产，结余也够充足，但是**A**财富安全、**B**财富独立、**C**财富自由三大指数均是负值。这就需要我们更深入地剖析一下数据背后的结构和真相，让数据来说话，破解一下人到中年的财富困局。

1. 我们先来看一看夫妻俩的收支管理水平及相关数据，这是第2、3象限组合所反映的数据。如图7-2所示。

从家庭月收入的总额上看，已经超过了5万元阶梯，属于比较幸福的小康家庭了。在收入结构中，由三个部分构成。首先是占比最高的主营收

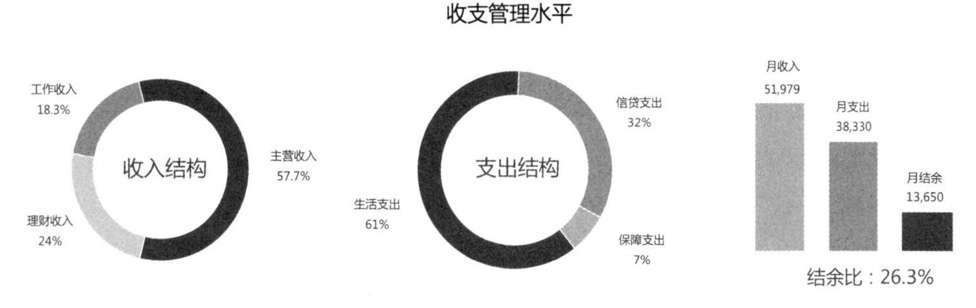

图 7-2　收支管理水平

入，这是先生“张一驰”经营多年的广告公司的利润划拨，虽然公司没有以往那么赚钱了，但仍能为家庭提供强有力的收入保障，这份收入占比达到了 57.7%，是赖以生存的经济支柱。其次是理财收入，占比为 24%，是通过股权投资、房地产和金融资产所获得，也说明了夫妻俩在过往有着不错的原始积累和投资意识。第三是太太“谭穆”的工资收入，占比为 18.3%，虽然占比不高，但是奖金和灰色收入不少，在收支的账面上没有体现，多以直接投资在资产上形成了原始积累。

在支出结构中，主要以三项支出为主。占比最高的是生活支出，占比达到了 61%，其中包括夫妻俩的日常开销和家庭老人及孩子的费用，充分体现了上有老下有小的中年生活。其次是信贷支出，占比为 32%，由三笔房贷支出组成，这已经超出了信贷比（标准：信贷支出/月支出≥30%）的预警线。第三是保障支出，占比为 7%，面对赖以生存比较刚性的收入仍有较大的保障空间。

结余比为 26.3%，有持续且稳定的现金流，已经超出标准值（标准：月结余/月收入≥20%），这就是一切投资的动力源。这说明夫妻俩还是比较善于理财的，整个收支管理水平还是很高的。特别是太太“谭穆”，不但要帮助先生打理好家务，照顾好两个孩子和三位老人，还得管理好财富。值得关注的是，夫妻俩的投资习惯是有了钱就会直接去投资，缺少专款专用、长期稳健的投资习惯。

2. 我们再来看一看夫妻俩的资产与负债的平衡能力及相关数据，这是第1、4象限组合所反映的数据。如图7-3所示。

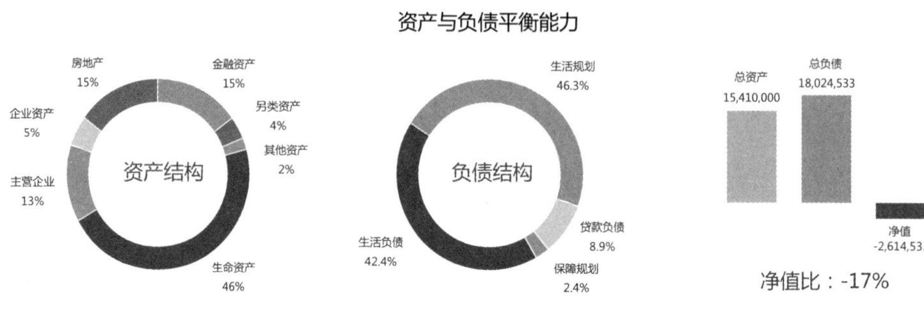

图7-3 资产与负债平衡能力

家庭的总资产已经迈上了1,500万元的大关，在资产结构中，由七项资产构成。比重最大的是“生命资产”，占比为46%，这是一生的根本财富，也是自我才华的外部兑现。并列第二的是房地产和金融资产，均占比为15%，两项资产占比合计为30%，这充分说明夫妻俩在过往岁月中的赚钱能力还是很强的，已经转投和积累了一定的资产。排列第四的是主营企业，占比为13%，这是先生“张一驰”毕生经营的事业，也是持续盈利的核心资产。第五是企业资产，占比为5%，这是夫妻俩为了企业转型布的局。第六是另类资产，占比为4%，主要是先生喜欢的收藏品。最后，其他资产还有一辆汽车，占比为2%。整体资产配置比较全面，略显分散。

在负债结构中，主要由四个部分构成。比重最大的是生活规划，占比为46.3%，主要是三位老人和两个孩子以及先生的梦想所累计的规划基金，特别是先生的梦想基金占比超过了一半以上。其次是生活负债，占比42.4%，这是夫妻俩工作期和退休期所需要的生活成本总额，也是维系“生命资产”生存与创造的经济基础。这两项合计已经达到了88.7%，这说明生活与生存的压力还是不小的。第三是贷款负债，占比为8.9%，相比信贷支出的预警占比可控得多。第四是保障规划，占比2.4%，这是对

应先生100万元保障所累计的保费，这对于核心资产所创造的主营收入来说，保障还是不足的。

净值比为-17%（净值/总资产），人生的这本账是资不抵债，属于失衡状态。一方面需要增加或优化资产结构与配置，另一方面可以削减或调整欲望与需求。坚持以终为始的目标倒推方法来规划人生和配置资产。

3. 我们看一看夫妻俩的资产与资金的收益效率方面做得如何，这是1、2象限组合所反映的数据。如图7-4所示。

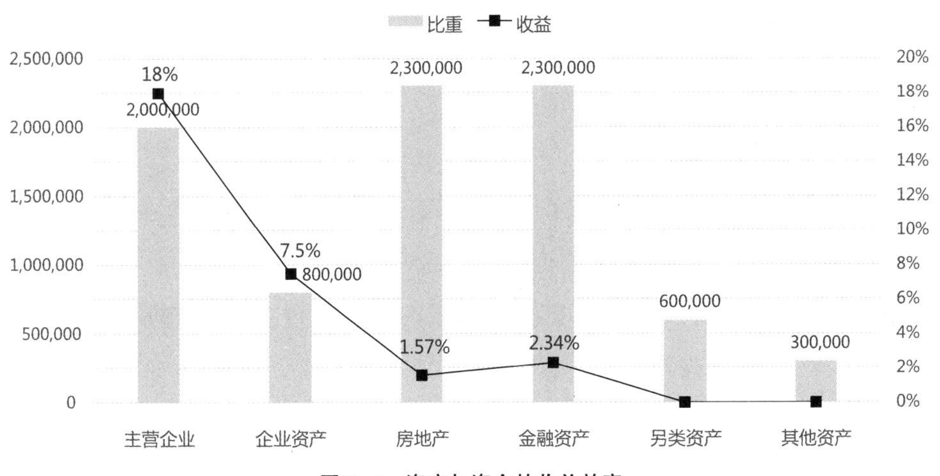

图7-4　资产与资金的收益效率

我们将“生命资产”和工资收入除外，只看实有资产及其收入。

首先，收益最高的是主营企业（广告公司）所创造的经营利润分配，年平均收益为18%。这是一项跨越了20年周期的事业投资，依赖于先生“张一驰”及其团队成员的创意与创新，是最具价值的投资与回报。

其次，是参股的企业投资（新媒体科技）所带来的股权分红，年平均收益为7.5%。这是为了带动传统广告公司的转型而进行的尝试性的投资布局，也是一项很有前瞻性的投资。

接下来，是金融资产所带来的利息和收益，综合平均年收益为 2.34%。其中现金类和固收类的综合平均年收益为：收益（现金 1,146 元+固收 3,333 元）×12 月/资产（现金 50 万元+固收 80 万元）= 4.13%。虽然收益率不是很高，但主要具备了一定的现金储备和流动性。另外，保障类资产平时很少有收益性，但在遇到风险时，会按约定给付急用现金，来对冲风险所造成的损失。

然后，是房地产所带来的租金收益，综合平均年收益为 1.57%。这是由于三处房产中有两处都属于自住房，不但产生不了租金收入，还得支付贷款及利息。只有一处商铺有租金收入，不过受疫情影响目前的租金收入低于还款额度。

最后，另类资产和其他资产均未产生收益。

整个资产与资金的收益效率仍集中在主营企业和企业投资的赛道上，而重仓沉淀持有的房地产和金融资产收益偏低，另类资产处在娱乐自嗨的状态，需要调整和优化结构来获取较大的收益。

4. 我们看一看夫妻俩在支出与负债的流动轨迹方面控制得如何，这是第 3、4 象限组合所反映的数据。如图 7-5 所示。

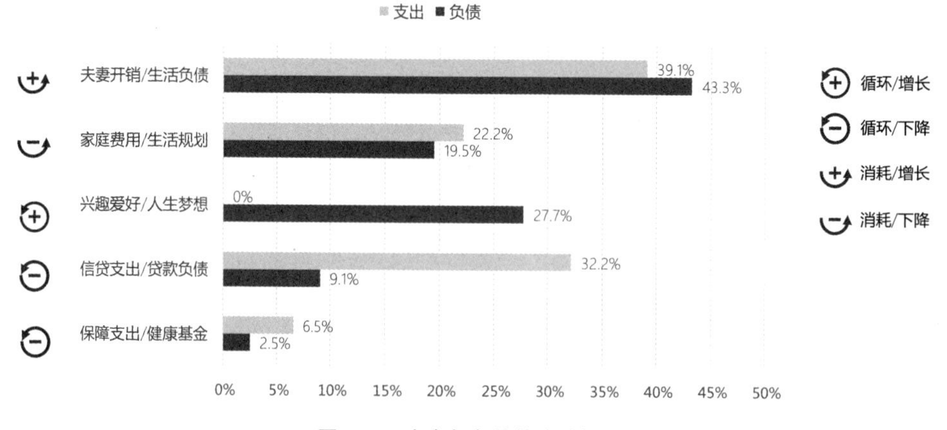

图 7-5　支出与负债的流动轨迹

首先，资金流出最多的是从夫妻开销占比 39. 1%，到形成生活负债占比 43. 3%的消耗性现金流，呈现出增长趋势，大笔资金通过短期和长期的生活所需消耗掉了。如果能将这些负债通过有效的规划转化为资产，进入到财务自循环系统当中创造出收益，那样会更美好。

其次，资金流出较多的是从家庭费用占比 22. 2%，到形成生活规划占比 19. 5%的消耗性现金流，虽然呈现出下降趋势，时间周期比夫妻俩的生活负债要短一些，但这是一份赡养父母和抚养孩子的责任呀！也是中年阶段必须面对和准备的。

接下来，从兴趣爱好占比 0%，到未来准备投资人生梦想（元宇宙传媒）占比 27. 7%的规划来看，这应该是一项循环性现金流，但是目前没有看到任何投入准备。虽然参股投资了一家新媒体科技公司，这只是尝试布局，还需要关注和研究元宇宙领域的最新动态和技术迭代以及内容媒介融合趋势。这项准备和投资应该是家庭财富的增长点，需要做好风险控制和完成闭环推动才有希望。另外，要考虑能否不动用那么多资金就可以启动项目，做到轻资产运营，从而降低成本与风险。

然后，从信贷支出占比 32. 2%，到形成贷款负债占比 9. 1%的循环性现金流，虽然呈现下降趋势，但这是一笔负向循环的现金流，也就是举债性资产，需要花钱供养。

最后，从保障支出占比 6. 5%，到形成健康基金占比 2. 5%的循环性现金流，呈现下降趋势。虽然平时看不到循环和收益，但在遭遇重大风险丧失核心能力（“生命资产”）及收入中断的情况下，只有保障资产能够创造出急用现金来对冲风险所带来的损失，确保人生的这本账得以持续地循环运行。这里还有很大的空间可以持续投资。

5. 我们再来看看夫妻俩的三组资金循环系统状况：如图 7-6 所示。

首先，我们从“生命资产”为原动力的主循环系统上看，夫妻俩价值 711 万元的“生命资产”推动着每个月 39, 500 元的工作收入和主营收入，随着每个月 23, 500 元的生活支出，形成了 1, 631. 8 万元的长期生活负债和

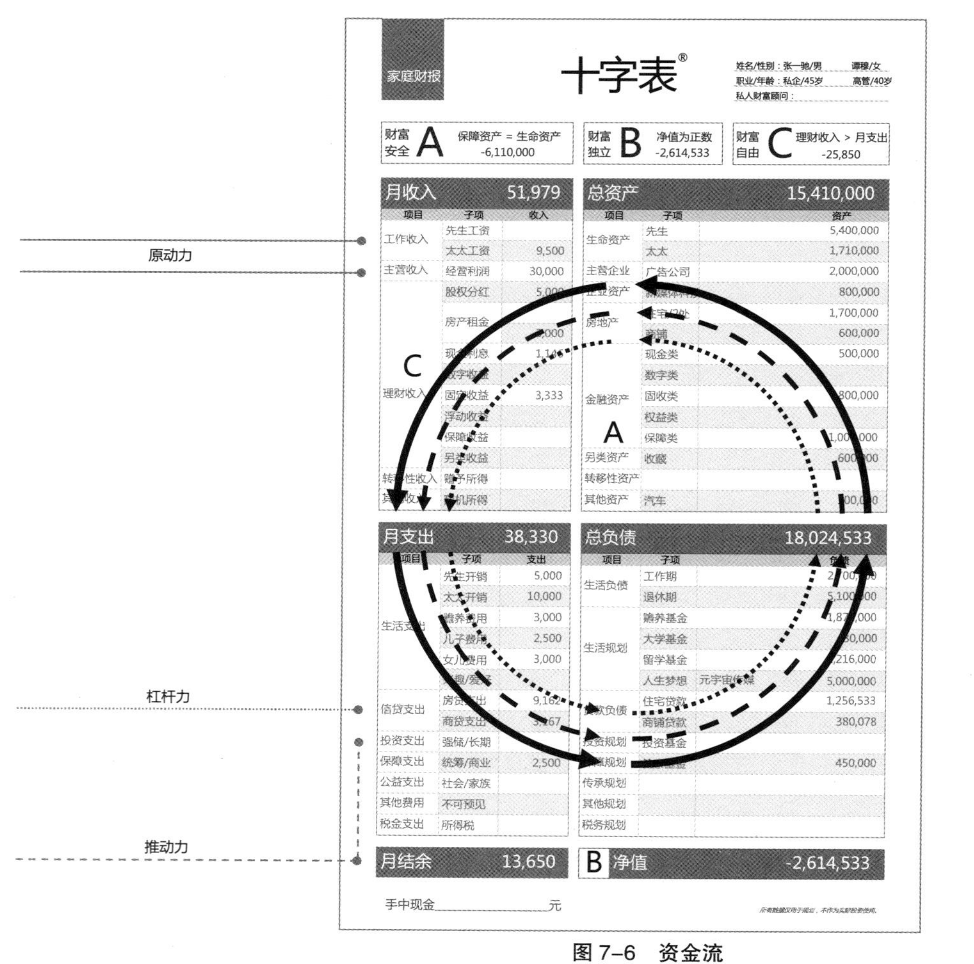
家庭财报
十字表®
姓名/性别：张一驰/男 谭穆/女
职业/年龄：私企/45岁 高管/40岁
私人财富顾问：
财富安全 A 保障资产 = 生命资产 -6,110,000
财富独立 B 净值为正数 -2,614,533
财富自由 C 理财收入 > 月支出 -25,850
月收入 51,979
总资产 15,410,000
月支出 38,330
总负债 18,024,533
月结余 13,650
B 净值 -2,614,533
手中现金 元
原动力
杠杆力
推动力

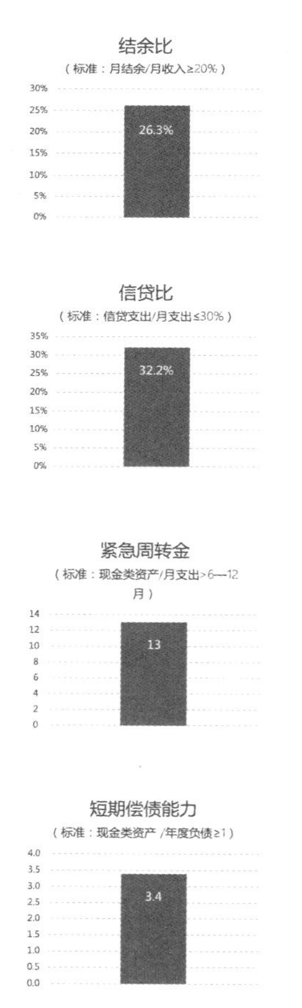
结余比
（标准：月结余/月收入≥20%）
26.3%
信贷比
（标准：信贷支出/月支出≤30%）
32.2%
紧急周转金
（标准：现金类资产/月支出>6—12月）
13
短期偿债能力
（标准：现金类资产 /年度负债≥1）
3.4

图 7–6 资金流

生活规划，来维护和推动着“生命资产”的运行，很显然这一循环系统出现了巨大的缺口。即使扣除先生“张一驰”500万元的梦想基金，仍然存在着不小的距离，只能靠未来不确定的社保养老金来弥补。这也是作为一个中年人不得不准备启动第二个循环系统，依靠积累下来的资产获得收益来支撑自己的家庭。

那么，第二个循环系统就是从结余与投资为推动力的循环系统。夫妻俩在月结余的管理上做得还是很不错的，结余比达到了26.3%，同时还有50万元的现金储备，紧急周转金也可以应对13个月的生活所需。经过长期投资所累积的资产达到了600万元，产生的理财收益合计为12,479元，收入占比24%。整个资金流转起到了有力的补充作用。

我们从外部融资为杠杆力的循环系统上看，存在一定的问题，夫妻俩的信贷比为32.2%（超出预警线），信贷资金所投的房地产未能产生良性的现金流，支付不了贷款成本，成为负向循环的现金流，还需要挪用资金贴补。好在短期偿债能力为3.4倍，能够应对短期的风险。

总体上来说，原动力不足以支撑全盘，需要依靠推动力来补位，最终又被杠杆力破防。

6. 最后看一看夫妻俩财富平衡的三大指数达成状况：如图7-7所示。

在**A**财富安全指数方面，夫妻俩最重要的“生命资产”（711万元、占资产比重的46%）及工作和主营收入（39,500元、占收入比重的76%），只有14.1%得到了保护（保障资产100万元/生命资产711万元），还有611万元的安全缺口。绝大部分处于无保障的状态之下，如遇风险，人生的这本账将无法运行，安全感严重缺位。需提高保障意识，逐步增加与完善保障资产。

在**B**财富独立指数方面，已经阶段性地达成了85.5%（总资产1,541万元/总负债1,802万元），还有261万元的距离。需要优化资产配置和缩减负债规划来完成。随着家庭结构、收支变化和需求调整，人生终局的这本账还会不断地变化，需要随之动态地保持平衡，拥有独立性与幸福感。

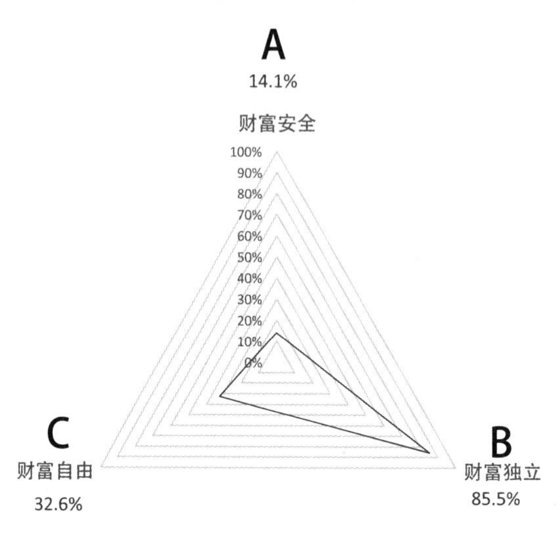

图 7-7　财富平衡的三大指数

在C 财富自由指数方面，已完成了 32. 6%（理财收入 12, 479 元/月支出 38, 330 元），还有 25, 850 元的缺口。这对于目前的资产结构和收益效率是一个挑战，需要调动自己的存量资金和现金流，盘活和优化现有资产，进行一次资产重构，来提升理财收入，从而获得自由度。

通过以上 6 组数据可以看出，表面上是一个幸福的大家庭，其内在是一种压力紧绷、风险伴随的状态。整个家庭对于夫妻俩的收入依赖度很高，这就造成了核心资产充满着压力且具风险性。好在经过多年打拼已经形成了资产的原始积累，并且创造出一定的收益可以缓解，但离财富平衡的目标还有一段距离。那该如何突破中年的财富困局呢？

这需要围绕财富平衡的三大指数来解决三个关键问题。首先，是要打破增长瓶颈，释放资金与资产的流转活力，解决增长问题。其次，是要砍掉一切不必要的支出和负债，让净值为正，解决减负问题。最后，是要保障最重要的“生命资产”的安全，解决避险问题。这也是走出中年危机的关键所在。

第二节　中年过三关——增长

增长的问题，就是在人生 1∶4 的收支模式中，这个 1 所面对的增长问题。这个问题看似简单实则不易，不是每个人都能咬定目标、把握规律、抓住机遇去创造财富的。面对目标，有 5 个关键的要素影响着目标的达成，如果掌控不当就会形成增长的瓶颈，离目标越来越远，甚至出现负增长的状况。那么我们分别从投资与工作这两个主要角度来看一看其中的奥秘，如图 7-8 所示。

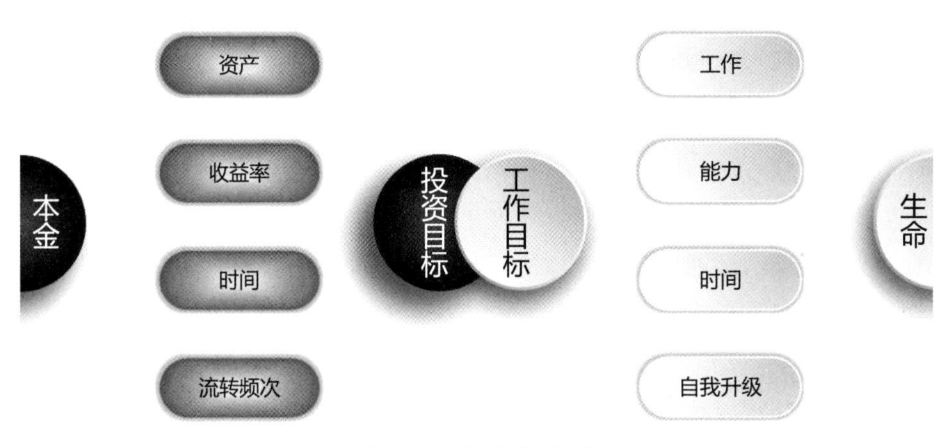

图 7-8　目标达成 5 要素

我们先从投资的角度来看一看，这 5 个关键要素分别是本金（也称资金）、资产、收益率、时间和流转频次。那么这几个要素是如何发挥作用实现目标的呢？

我们来推演一下：当我们将本金投向各类资产进行配置后，根据不同的资产属性、收益率和时间周期，在风险可控的条件下会获得几种收益：一是持续的现金流收益，如利息、租金或利润，等等；二是资产未来增值溢价的收益；三是两者兼得。

如果这些收益的结果达不到预期目标的时候，我们就需要尝试调整一下这几个变量要素了。

第一，可否追加投入本金或利用杠杆撬动更多的资金。首先，本金是有限的很难追加，需要形成有效的循环才能持续投资；其次，合理的信贷可以使用，但需要考虑资金的成本能否打平；另外，高风险的杠杆不能使用。

第二，调整和优化资产配置的结构。将不良资产快速处置掉，变成现金，重配优选资产。

第三，选择收益率更高、但风险也偏大的项目。这就需要自己有很强的学习能力、风险承受度和风控能力。

第四，拉长时间或周期。不过这也是有限度的，需要更大的耐心，同时也会错失一些机会。

第五，加大流转频次。就是要尽快获得资产的增值收益，变现成更多的资金，使本金增大，进而可以博得更好的投资机会，形成资金与资产快速有效的流动和转换、放大和增值。只有经过几轮这样的流转才能实现目标，要知道越往后实现流转所需要的资金体量越大。因此，我们总是觉得离目标很近了，却很难达到，这就是根本的原因所在。

第六，还可以降低目标，通过降低各环节成本，控制欲望，从而达到相对降低目标的目的，但这一点是很不容易做到的。

我们再从工作的角度看一看，同样的 5 个关键要素但名字却稍有改变，分别是生命、工作、能力、时间和自我升级。那么这几个要素是如何发挥作用实现目标的呢?

我们也来推演一下：我们有着与生俱来的“生命资产”，充分开发后投入到相匹配的工作中，凭借着自己的工作能力，在一定的时间里创造出价值并获得相应的工资收入和奖金，用来支付我们的生活开销，这样就可以生存下去了。

如果这与我们设定的工作和生活目标存在很大差距的时候，我们也需要进行调整和改变。

第一，需要准确评估和定位自己，让自己的“生命资产”价值有效地体现出来，不能埋没了自己。

第二，可以重新选择职业、单位或进行创业，这样或许会找到更好的增长趋势和成长环境，因为赛道很重要。

第三，提升工作能力，可以通过学习和进修等方式来提升自己的工作技能，提高核心竞争力和单位产能。

第四，充分运用时间价值，拉长或加大时间的投入，可以延长工作时间或者兼做几份工作，换取规模效益。

第五，如果这些要素的调整都没有起到效果，那就准备自我升级了。就是要彻底革自己的命了，需要进行一次脱胎换骨的重生，让自己生命的维度得到提升。这一点有相当大的难度，需要机缘、勇气和胆识。

第六，同样可以通过降低目标，控制欲望来相对地达成，但是不能作为逃避的借口。

面对增长的挑战，夫妻俩需要进行一次生命的重生和资产的重构。打破旧有的思维和惯性，焕发出新的活力；盘活现有资产，优化资产结构。这需要点胆识、勇气加运气，如图 7-9 所示。

“张一驰”和“谭穆”夫妻俩在与私人财富顾问深入诊断后，着手运作了三件事。

第一件事，将多年来收藏的藏品和物件，陆陆续续地卖出变现。因为扭转财务困局最好的资源就是现金，拥有足够的现金才有资产重构的动力。最终大部分藏品都已出手，累计变现 150 万元。这为下一步奠定了基础。

第二件事，将优势发挥到极致。从“十字表”家庭财报中不难看出，目前及未来的盈利中心，将来源于先生“张一驰”长期经营的广告公司和参股投资的新媒体科技公司，以及未来的梦想投资。这里有一个问题，就是

家庭财报

十字表®

姓名/性别：张一驰/男　谭穆/女
职业/年龄：私企/45岁　高管/40岁
私人财富顾问：

财富安全 A	财富独立 B	财富自由 C
保障资产 = 生命资产 -6,110,000	净值为正数 -1,714,533	理财收入 > 月支出 -5,100

月收入		72,729
项目	子项	收入
工作收入	先生工资	
	太太工资	9,500
主营收入	经营利润	30,000
	股权分红+	20,000
	房产租金+	6,000
	现金利息+	3,896
C 理财收入	数字收益	
	固定收益	3,333
	浮动收益	
	保障收益	
	另类收益	
转移性收入	赠予所得	
其他收入	随机所得	

总资产		16,310,000
项目	子项	资产
生命资产	先生	5,400,000
	太太	1,710,000
主营企业	广告公司	2,000,000
企业资产	新媒体科技	800,000
房地产	住宅/2处	1,700,000
	商铺	600,000
	商铺扩展+	300,000
金融资产	现金类+	1,700,000
	数字类	
	固收类	800,000
	权益类	
A	保障类	1,000,000
另类资产	收藏-	0
转移性资产		
其他资产	汽车	300,000

月支出		38,330
项目	子项	支出
生活支出	先生开销	5,000
	太太开销	10,000
	赡养费用	3,000
	儿子费用	2,500
	女儿费用	3,000
	兴趣/爱好	
信贷支出	房贷支出	9,162
	商贷支出	3,167
投资支出	强储/长期	
保障支出	统筹/商业	2,500
公益支出	社会/家族	
其他费用	不可预见	
税金支出	所得税	
月结余		34,400

总负债			18,024,533
项目	子项		负债
生活负债	工作期		2,700,000
	退休期		5,100,000
生活规划	赡养基金		1,872,000
	大学基金		430,000
	留学基金		1,216,000
	人生梦想	元宇宙传媒	5,000,000
贷款负债	住宅贷款		1,256,533
	商铺贷款		380,078
投资规划	投资基金		
保障规划	健康基金		450,000
传承规划			
其他规划			
税务规划			
B 净值			-1,714,533

手中现金________元

所有数据仅用于规划，不作为实际投资依据。

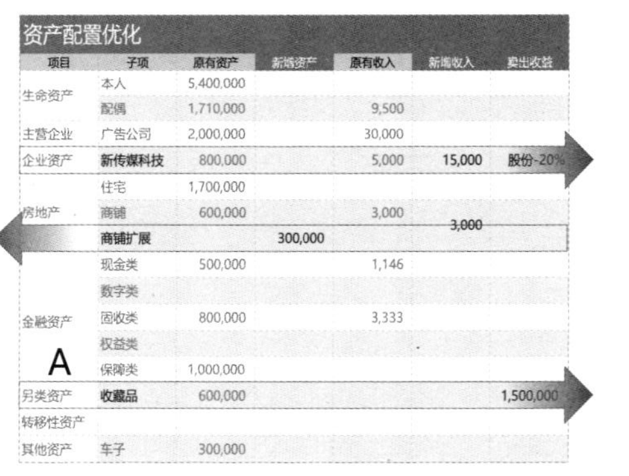

资产配置优化

项目	子项	原有资产	新增资产	原有收入	新增收入	卖出收益
生命资产	本人	5,400,000				
	配偶	1,710,000		9,500		
主营企业	广告公司	2,000,000		30,000		
企业资产	新传媒科技	800,000		5,000	15,000	股份-20%
房地产	住宅	1,700,000				
	商铺	600,000		3,000	3,000	
	商铺扩展		300,000			
金融资产	现金类	500,000		1,146		
	数字类					
	固收类	800,000		3,333		
	权益类					
A	保障类	1,000,000				
另类资产	收藏品	600,000				1,500,000
转移性资产						
其他资产	车子	300,000				

图 7–9　中年过三关 / 增长

伴随着传统产业与新兴科技融合迭代的过程，在人才匹配、技术突破和资金投入方面，先生“张一驰”都是力不从心，而且分身乏术。这也是中年重生的难题。

不过，经过了自我挣扎与自省，先生“张一驰”在企业战略方面做出了2项举措。第1项是将自己未来元宇宙传媒的梦想与参股投资的新媒体科技公司的股东进行了沟通与探讨，双方产生了共鸣与共识。借此时机重新聚焦和梳理了公司的定位及商业模式，并且决定出让20%的股份对外融资加速发展。第2项是改造自己原有的广告公司，将其打造成与新公司配套的原创内容与数字技术输出中心，并且实施了股权激励计划，彻底激发了核心人才的创新能力，让老公司焕发了新的动力。

最终经历了周密的运作和好运的眷顾，取得了不小的成果，新公司融资成功，获得突飞猛进的发展，自然分红也增加到了每月20,000元。老公司也转型成功，上下一心士气大振，员工们的收入也得到了大幅度的提高，公司走出了第二条增长曲线。

最后第三件事，是太太“谭穆”出手加大了投资。由于疫情蔓延与经济下行，带动着楼市租售价格持续走低，造成许多断供和退租的现象频繁出现。正好在原有商铺的二楼，租户无法坚持经营下去决定退租，而房东又准备移民，打算出售房产。于是太太“谭穆”就抓住了这个时机，以30万元的低价购买了比一楼面积大3倍的房产。反手又租给了自己一楼的老租客，合计租金翻了1倍，每月进账6,000元。这样不但稳定了老租客，还足以支付原商铺的贷款，真是一举两得。

经过了以上三件事的运作，现金增加到了170万元，理财收入增长到了33,229元，离财富自由只差了约5,100元的缺口。虽然没能完全达到增长的目标，只待下一步调整和优化即可完成。

第三节　中年过三关——减负

减负的问题，也就是人生 1∶4 的收支模式中，这个 4 所产生的支出与负债问题。

在年轻打拼的时候，不太在意家庭的责任、各项生活费用和有多少贷款，感觉自己未来会很成功，这些都不是事儿。而当步入中年以后，面对上有老、下有小，以及配偶和家庭的各种生活所需，上涨的生活开销、父母的赡养费、孩子的教育金、夫妻俩的养老钱、未偿还的贷款和最后的梦想等等，这些事情和成本都慢慢地进入了视野。有能力实现的就会变成动力，不断地建设和完善着家庭的幸福大厦。而无法完成的就会转化为压力，有时也能压垮家庭的经济支柱。

这些压力和负担，让我们离目标又远了一些，焦虑和恐惧自然会上升，这就需要我们从五个方面着手进行减负。

第一，控制支出。将一切不必要的支出统统缩减，包括无收益性的投资支出，加大结余的力度。

第二，减少负债。将不良资产的不良贷款以及各种无收益性的贷款，尽快清偿和处置掉，避免陷入债务陷阱，尽量做到无债一身轻。

第三，立刻规划。对于未来必将发生和面对的养老、教育等目标，立刻着手规划与实施。

第四，留足现金。面对一切可能出现的风险和机会，只有现金是最快解决问题和把握机会的王道。

第五，降低欲望，量力而行，简约生活，修炼心性。

面对减负的压力，夫妻俩也进行了一次支出与负债的梳理和清算，放下甜蜜的包袱，轻装前行，如图 7-10 所示。

家庭财报

十字表®

姓名/性别：张一驰/男　谭穆/女
职业/年龄：私企/45岁　高管/40岁
私人财富顾问：

财富安全 A	财富独立 B	财富自由 C
保障资产 = 生命资产 -6,110,000	净值为正数 3,842,000	理财收入 > 月支出 3,395

月收入		72,063	总资产		15,610,000
项目	子项	收入	项目	子项	资产
工作收入	先生工资		生命资产	先生	5,400,000
	太太工资	9,500		太太	1,710,000
主营收入	经营利润	30,000	主营企业	广告公司	2,000,000
	股权分红	20,000	企业资产	新媒体科技	800,000
			房地产	住宅/2处	1,700,000
	房产租金	6,000		商铺	600,000
				商铺扩展	300,000
C	现金利息-	1,146		现金类-2	500,000
	数字收益			数字类	
理财收入	固定收益+	5,417	金融资产	固收类+2	1,300,000
	浮动收益		A	权益类	
	保障收益			保障类	1,000,000
	另类收益		另类资产		
转移性收入	赠予所得		转移性资产		
其他收入	随机所得		其他资产	汽车	300,000

月支出		29,167	总负债		11,768,000
项目	子项	支出	项目	子项	负债
生活支出	先生开销	5,000	生活负债	工作期	2,700,000
	太太开销	10,000		退休期	5,100,000
	赡养费用	3,000	生活规划	赡养基金	1,872,000
	儿子费用	2,500		大学基金	430,000
	女儿费用	3,000		留学基金	1,216,000
	兴趣/爱好			人生梦想- 元宇宙传媒	0
信贷支出	房贷支出-	0	贷款负债	住宅贷款-	0
	商贷支出	3,167		商铺贷款	380,078
投资支出	强储/长期		投资规划	投资基金	
保障支出	统筹/商业	2,500	保障规划	健康基金	450,000
公益支出	社会/家族		传承规划		
其他费用	不可预见		其他规划		
税金支出	所得税		税务规划		
月结余		42,895	B 净值		3,842,000

手中现金＿＿＿＿元

1. 清理债务（100万元）
2. 投资固收类资产（20万元）
1. 现金转投（20万 元）
2. 结余转投（30万元）

融入梦想（新媒体科技）清理债务（100万元）

图 7–10　中年过三关 / 减负

同样，夫妻俩在私人财富顾问的建议下做了三件事。

首先，夫妻俩提前清偿了自己与父母居住的房屋贷款 100 万元，斩断了这两项资产负循环的现金流。

其次，先生“张一驰”放下了未来独自启动人生梦想这件事，已经将心愿提前融入伙伴们的新公司。这样一来，无论是在经济上，还是在心理上都轻松了许多。

然后，夫妻俩做了两笔资金转投的举措。一笔是从现金中提取 20 万元转投进固收类资产里；另一笔是从一年的月结余中划拨出 30 万元转投进固收类资产里。这样就形成了一个月现金流 5, 417 元、资产规模 130 万元的专项基金，为两个孩子的成长做好规划和保障。

经过这些操作，夫妻俩既减少了负债，也增加了资产，又提高了净值达到 384 万元，让家庭财富的净值为正，阶段性完成了财富独立的目标。同时，也提高了理财收入，降低了月支出成本，增加了月结余的额度。最关键的是推动完成了财富自由的增长目标，并超出了 3, 395 元。

第四节　中年过三关——避险

避险的问题，风险是无处不在的，虽然不是经常发生，却总是集中出现、连续爆发，我们要格外小心。在人到中年这个阶段，会有 4 大风险常伴左右，值得我们关注与警惕。

第 1 个风险是身体健康。中年是各种疾病的爆发期，运动、饮食、睡眠等生活习惯方面透支所欠下的账，伴随着劳累、压力、焦虑等心态累积下来的病因，此时往往会导致潜伏已久的疾病突然爆发。我们一旦倒下，将会出现收入下滑或中断，医疗费用巨额支付，贷款偿还压力凸显等一系列连锁风险和经济压力，所以说中年是病不起的。

第 2 个风险是婚姻的风波。中年容易发生婚变，随着夫妻双方的收入、境遇、成长、理解和容忍等方面发生了改变，婚姻破裂的风险加剧，结果会造成情感的悲剧和财产的损失，以及对子女的不良影响。许多人因此一蹶不振、坠落谷底，严重的会影响到家族关系、企业经营和社会风尚，所以说离婚是资产缩水和人生败落最快的方式之一。

第 3 个风险是系统性风险。面对小的风险和阶段性波动，我们都会想方设法地去解决和处理好，但是遇上经济周期波动和系统性风险是普通人无法抵御的。无论是我们的工作、事业与投资都会受到极大的影响，我们积累了大半生的财富在它面前是不堪一击的，甚至还会深陷债务之中。这种风险往往伴随着相关的自然灾害发生，需要更强大的国家力量和群体意志才能攻克。不过这也是经济重新洗牌和财富再分配的窗口期。

第 4 个风险是心智的冲击。心智是一个人最核心的财富，也是中年破局的关键所在。人到了中年，思维和习惯开始慢慢地固化，并产生一种惯性模式，这是经过前半生的经验积累逐步形成了自己的思维价值体系。它使我们得以生存，让我们拥有了事业、家庭和财富，获得了阶段性的成功。同时这也是一把双刃剑，在小成之后难以迈步向前，或者说面对变局力不从心。这种惯性成了阻力，停不下来又难以改变，带着我们走进中年危机的泥潭。中年的心智有点像黎明前的黑暗，还没有到达不惑知天命的境界，在我执与征服的旅途中，面对不确定的风险和无常的变化，承受压力的能力接近于极限。没有人能帮到我们，只能靠自己扛。要么觉悟要么崩溃。此刻就是最好的机缘，需要自己亲手打开智慧的大门，从自我的牢笼中解放出来，焕发出新的活力和勇气。

面对避险的紧迫，夫妻俩同样需要进行一次风险的排查和解决，以备不时之需，做好风险管理，如图 7-11 所示。

于是，夫妻俩和私人财富顾问一起将保障缺口、信贷比、偿债能力和紧急周转金进行了一次彻底的核查和处理。

首先，核算了生命资产与保障资产的最终缺口是-611 万元。经过商量，夫妻俩决定每月投入 6,900 元，为两人购买了 500 万元的综合保障，20 年累计投资约 166 万元。形成了夫妻互保、互为受益的契约，既解决风险又巩固情感。和之前的保额合计 600 万元，基本上解决了后顾之忧。

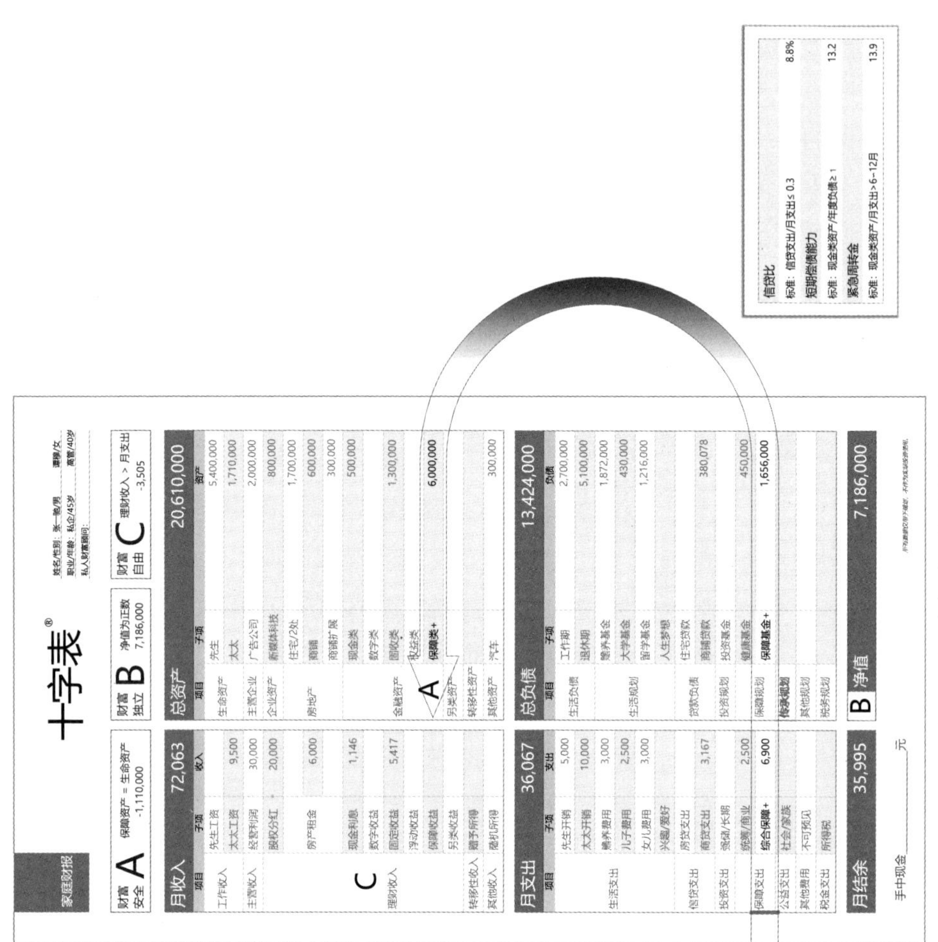

家庭财报

十字表®

姓名/性别：张一驰/男　谭琴/女
职业/年龄：私企/45岁　高管/40岁
私人财富顾问：

财富安全 A	财富独立 B	财富自由 C
保障资产 = 生命资产 -1,110,000	净值为正数 7,186,000	理财收入 > 月支出 -3,505

月收入		72,063
项目	子项	收入
工作收入	先生工资	
	太太工资	9,500
主营收入	经营利润	30,000
理财收入	股权分红	20,000
	房产租金	6,000
	现金利息	1,146
	数字收益	
	固定收益	5,417
	浮动收益	
	保障收益	
	另类收益	
转移性收入	赠予所得	
其他收入	随机所得	

总资产		20,610,000
项目	子项	资产
生命资产	先生	5,400,000
	太太	1,710,000
主营企业	广告公司	2,000,000
企业资产	新媒体科技	800,000
房地产	住宅/2处	1,700,000
	商铺	600,000
	商铺扩展	300,000
金融资产	现金类	500,000
	数字类	
	固收类	1,300,000
	权益类	
	保障类+	6,000,000
另类资产		
转移性资产		
其他资产	汽车	300,000

月支出		36,067
项目	子项	支出
生活支出	先生开销	5,000
	太太开销	10,000
	赡养费用	3,000
	儿子费用	2,500
	女儿费用	3,000
	兴趣/爱好	
信贷支出	房贷支出	
	商贷支出	3,167
投资支出	强储/长期	
	统筹/商业	2,500
保障支出	综合保障+	6,900
公益支出	社会/家族	
其他费用	不可预见	
税金支出	所得税	

总负债		13,424,000
项目	子项	负债
生活负债	工作期	2,700,000
	退休期	5,100,000
生活规划	赡养基金	1,872,000
	大学基金	430,000
	留学基金	1,216,000
	人生梦想	
贷款负债	住宅贷款	
	商铺贷款	380,078
投资规划	投资基金	
	健康基金	450,000
保障规划	保障基金+	1,656,000
传承规划		
其他规划		
税务规划		

月结余	35,995	B 净值	7,186,000

手中现金________元

信贷比	
标准：信贷支出/月支出≤0.3	8.8%
短期偿债能力	
标准：现金类资产/年度负债≥1	13.2
紧急周转金	
标准：现金类资产/月支出>6~12月	13.9

图 7-11　中年过三关 / 避险

图 7-11　中年过三关/避险

其次，检查了信贷占比，是否在有效的控制范围内，结果是 8.8%，非常轻松。

接着，评估了短期偿债能力是否充足，结果是 13.2 倍，足以应对且现金充足。

然后，测算了是否留有足够的紧急周转金，结果是 13.9 个月，比较稳妥。

经过了第三轮的调整，财富安全的目标得到了大幅度的提升，财富独立的数据也增加了，财富自由的数值有所回落，因为月支出的成本增加了。那么经历了增长、减负和避险的中年这三关，夫妻俩财富平衡的三大指数与初始阶段有多大的改变呢？如图 7-12 所示。

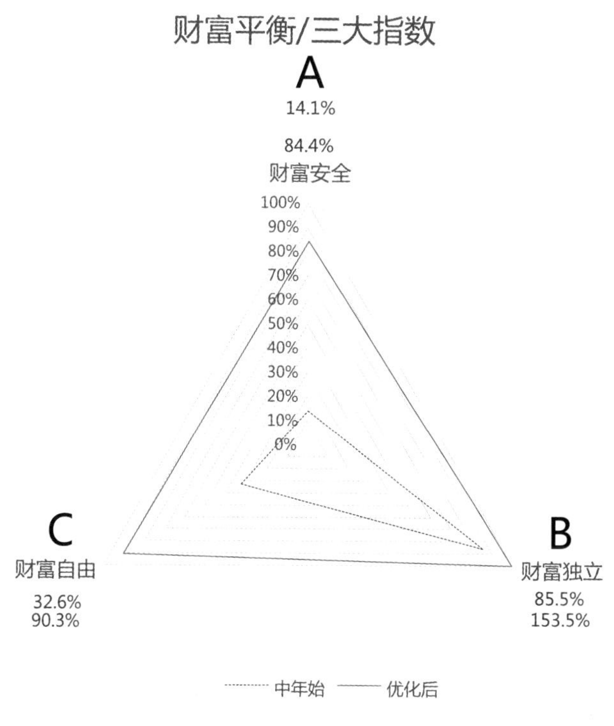

图 7-12　中年过三关/三大指数对比

在**A** 财富安全方面，夫妻俩的安全感从 14.1%，提升至 84.4%，提高了 70.3 个百分点，基本上保障了彼此“生命资产”的安全，无后顾之忧。

在**B** 财富独立方面，夫妻俩的独立性从 85.5%，提升至 153.5%，提高了68个百分点，不但超额达成了净值为正的目标，也为财富传承做好了准备。

在C财富自由方面，夫妻俩的自由度从32.6%，提升至90.3%，提高了57.7个百分点，基本上解除了充满压力的生活，走出了中年危机的泥潭。

第五节　财富平衡的意义

经历了人生不同的成长阶段，在财富创造和生活所需之间，眼看着金钱与财富不停地在流转，我们常常会问一个问题，为什么不用有限的生命去追逐无限的财富，而是要实现财富平衡呢?

因为开篇我们就讲过，平衡就是目标，平衡也是财富，平衡还是幸福，平衡更是智慧。

1. 平衡源自每一个结构、每一个生活细节

我们透过“十字表”家庭财报中的任何一个结构和数据，都能感受到平衡是无处不在的。

就拿收支管理来说，支出是我们的动力，也是我们的需求和欲望，推动着我们去赚钱，来满足我们的生活所需。当赚得多、花得少时才会有结余，而赚得少、花得多时就会透支，成为月光族和负翁，这就产生了一种当下收支平衡的关系，制约和调节着我们的生活。

于是，我们便开足马力去赚钱，而赚钱也存在着平衡的关系。首先，我们赚的每一份收入都会通过一种平衡的方式来获得，一种是当下的工资收入，另一种是未来退休的养老金，这就是典型的收入平衡分配制度。其次，我们还希望开辟多项收入的管道，这更需要我们投入精力、时间、资金、资源等要素进行平衡，做好主业与副业、主财收入与理财收入的平衡。

同时，也需要做好支出的管理和控制，要量入为出，控制好各项支出

的占比和警戒线，做好资金的合理分配与使用，使投资性的资金流与消费性的资金流得到有效的平衡。

我们再从资产与负债的角度看一看，负债是长期需求和欲望的规划，资产是持续创造和财富的积累，我们的一生就是用长期需求和欲望来消耗掉自己创造和积累的财富，这就是一种生态平衡。

如果我们所创造的财富能够支撑起自己所规划的人生，也就是有剩余，净值为正数时，我们的人生是独立而富足的。同时，财富剩余过多的话，还会面临家族传承与社会分配的再度平衡。反之，如果没有剩余，也就是净值为负数时，我们的人生将是资不抵债的，最后可能成为家人和社会的拖累。

这就需要我们来增加资产，或者去降低负债与欲望进行平衡、调整了。而增加资产本身就是一种资产配置的平衡关系，需要根据不同的资产属性、收益状况、时间周期、风险等级和资金储备等因素进行平衡配置，才能抵御风险而获得收益。同样，降低负债也需要平衡，需要在基本需求和欲望中保持平衡。

我们还可以从资金和资产的收益角度上看，根据不同的资产类别、不同的时间周期、不同的地域市场以及不同的风控成本，去获得一个合理的、持久的收益，这并不是一件容易的事。收益过高可能会隐藏风险，甚至是骗局，收益过低会浪费资金成本。这就需要进行一个有效的资产配置，在收益与风险之中获得一种平衡。

我们也可以从支出和负债的流动轨迹上看，从支出到负债有两个流动方向和轨迹。一个是循环增值，也就是投资。包括我们的投资支出与投资规划、保障支出与保障规划等，能够将支出通过负债转化为资产并带来收益，使资金形成有效的循环增值，推动整个“十字表”家庭财报持续地运行；另一个是单项消耗，也就是消费，包括我们的生活支出、生活成本和生活规划等，将资金通过支出与负债慢慢地消耗流失掉了。这二者需要有效的平衡，才能发挥出资金流动的最大化价值。

其中，特别值得强调的是信贷支出到贷款负债的流动，因为这本身就具有一个平衡性，如果信贷能够带来收益且在可控的范围内，那就构成循环增值的投资；如果没有收益只是享受，那就形成了举债的消费；无论是哪一种都需要做好风控和平衡，否则就会出现债务风险和连锁反应。

透过“十字表”家庭财报的每一个结构和数据，连接着我们生活的方方面面，及时有效地反映出生活中所存在的问题和当下的生活状态。所以，数据的平衡就能够充分说明我们的生活也获得了平衡，幸福感倍增。

2. 三大指数更能体现平衡的意义

A 财富安全、**B** 财富独立、**C** 财富自由三大指数，是人生财富管理最重要的原则、标准与尺度，这三大指数共同构成了财富的平衡。

A 财富安全就是“生命资产”的收益与风险之间的平衡。“生命资产”是每个人都拥有的根本财富，是我们一生中主要的经济支柱和收入来源。在正常情况下会为自己和家人提供持续不断且稳定的经济收入，让家庭幸福和生活美满。同时“生命资产”也有风险属性的一面，可能会遭遇意外伤害、疾病困扰健康、失去生命安全等风险隐患。这将导致收入中断、费用激增、压力加剧，甚至是失去收入，严重的会引发债务危机以及连带的法律税务等问题。这些风险不但危及我们的生命与健康，还将本来属于我们未来的收入也一并夺走，这就需要保障“生命资产”的完整收益和解决突发风险之间的平衡。

B 财富独立就是一辈子的资产与负债之间的平衡。人的一生能赚多少钱和想花多少钱是一种平衡。最好的状态是我们一生所创造的财富正好够家庭一辈子所有的开销，这是不容易做到的。究其原因有三个盲点困惑着我们，第一个盲点是我们不知道自己需要多少钱，缺少时间概念和成本规划。第二个盲点是我们分不清需求与欲望的差别，时常拼命地扩大开支和负债。第三个盲点是我们无法确保这一生能赚到多少钱。这三点让我们对未来看不清，于是产生恐惧、焦虑和盲目自信的两种极端，结果在财富失衡的道路上不断地探险。所以对收支的平衡和资产负债的平衡是十分必

要的。

C 财富自由就是生存与使命之间的平衡。人的生命来到这个世间，不仅仅是为了维持生存和富裕生活的，而是来寻找和完成生命的意义和使命的。在人成长的过程中，无论是贫穷还是富有，不能被金钱和财富捆住，掉进金钱游戏的旋涡里。要有效地驾驭财富，获得自由，并活出使命价值。这需要达到一种平衡，有两种方式可供参考：第一种方式是读懂金钱的属性，善用金钱驾驭财富创造第二部发动机（第一部发动机是“生命资产”）来获得理财收入，支付生存成本，让自己解脱。另一种方式是降低和削减自己的欲望和成本，这需要更强的自律和磨炼。

如果一个人在财富上能够达到独立和自由，那么这个人也一定是幸福的和智慧的。

3. 与外界的平衡

平衡不仅体现在“十字表”家庭财报的每一个逻辑结构和三大指数中，更是透过每一个数据连接和融入宏观经济的各行各业、方方面面之中。

在我们亲手擦擦写写管理这张“十字表”家庭财报数据的同时，也透过 4 个象限带动着各类资产与各种服务，以及金融体系不停地运行和流转着。像一个全息的、通透的影像一样，展现在我们面前。当我们根据三大指数来调整和平衡自己的这本账时，不经意间也牵动着外部宏观经济的供需平衡和价格波动，形成了各种市场交易。就像一个无形的手在对冲着、调节着和平衡着各种机会与风险，形成了微观财务自循环和宏观经济大循环两大系统的平衡。

这么一来，只要我们自己微观的这本账平衡了，就能拉动宏观的经济趋向平衡；反过来宏观经济的稳定与繁荣，也同样会促进我们“十字表”家庭财报这本账更加富足与平衡。

但是现实总是事与愿违的，失衡是常态，平衡是追求。

4. 与内在的平衡

在实现财富平衡的过程中，真正考验我们的不仅仅是财务数据的平衡，更关键的是透过这些财务数据，影响到我们内心的平衡，心的平衡才是最大的财富。

面对市场的周期、金融的调控、资产的变化、收益的波动、风险的爆发等错综复杂、变化无常的各种状态，心理总会失衡，时常被欲望与恐惧煎熬着，患得患失难以平衡。只有在心中建立起原则和尺度才能拥有安全感、独立性与自由度，才能做到知根、知底和知足，进而知止获得平衡。慢慢地磨炼出一颗平衡的心和平等的心，才会不卑不亢地从容面对人生中的兴衰起伏，这就是一种平衡的智慧。

透过实现财富的平衡来修炼心性的平衡，获得人生的智慧，这就是“财悟人生”的理念。

在日常的生活琐事中，在柴米油盐酱醋茶的支出管理中，在收入出现调整起伏中，在投资各类资产收益波动中，在资产负债失衡中……都可以练习这颗平衡心。一切事物背后都会有一个价格标签，连接着我们“十字表”家庭财报的这本账，也牵动着我们的这颗心。

5. 与一切的平衡

财富不仅是指金钱与资产，更包括生命与健康、情感与关系、自然与和谐、世界与和平，等等。一切皆是财富，都需要运用平衡的智慧。

当自我内心得到了平衡的智慧之后，就可以建立起人与人之间的平衡，人与物质之间的平衡，人与社会之间的平衡，人与自然之间的平衡，透过这一层层平衡的连接和传递，整个世界将瞬间通达。

小训练：看看自己中年能否过三关

1. 盘点一下自己的糊涂账：

运用自己的“十字表”家庭财报进行一次彻底的盘点和梳理，看看收支管理水平、资产负债平衡能力、资产与资金的收益效率、支出与负债的流动轨迹、三组资金循环系统和财富平衡的三大指数的健康状况。

2. 看看自己如何过三关：

运用自己的“十字表”家庭财报进行一次全面规划，看看如何在增长方面实现突破，在减负方面实现削减，在避险方面实现风控。

小训练
只看不练，功夫白费！我们也来训练一下吧：

第八章

退休其实是一种重生

人在经历中年的道路上，时间过得飞快，伴随着财富平衡不断地被打破与重建中，我们不知不觉地已经步入了退休生活，对人生的每一段历程都有着自己独特的见解。

如果谈到生命，那就是与生俱来、独一无二、无与伦比的生命资产；

如果谈到孩子，那就是一个长达 20 年不计代价、不求回报的天使投资；

如果谈到自己，那就是一家以自己名字命名的生命有限公司；

如果谈到家庭，那就是以夫妻为股东的合伙企业，是人生中最大的投资与契约；

如果谈到退休，那将是一种重生，一种人生终局的生活方式。

第一节　养老的三个基本认知

每个人都要面对全生命周期的体验，生老病死一个都不能少。迈上退休生活，其实是人生最美好的回归之路，能否活明白、活彻底、活得起、有尊严、不留遗憾地离开，这需要对三件事做好认知与规划。

1. 第一件事是重生规划

从出生、读书、工作、结婚、生子……到退休，无论我们是主动拼搏了一生，还是迷茫放纵了自己；无论我们是有所收获，还是一事无成，这一切都已经过去了，剩下的余生或许才是最有价值的。退休不是什么都不做了，而是有时间、无压力、凭意愿去做自己想做而过去无法实现的梦想，这就需要好好地规划一下了。如图 8-1 所示。

经过了大半辈子的打拼和磨砺，还记得自己最初的梦想吗？是早已经实现了，还是将它遗忘了？是找到了更终极的梦想使命，还是什么都不想做了？或许压根就没有什么想法，只想换一种活法安度晚年。

不管怎样，退休生活是一个漫长的过程，（以男性为例）普通人可能会从 60 岁活到 72 岁（1 轮/12 年），健康的人会活到 84 岁（2 轮/24 年），

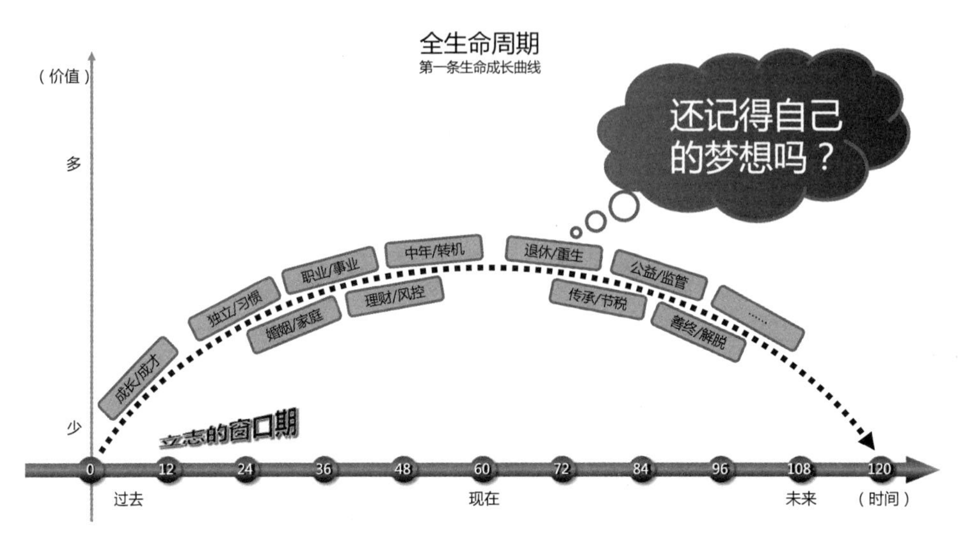

图 8-1　退休的重生规划

长寿的人可以活过 96 岁（3 轮/36 年）或者 108 岁（4 轮/48 年），甚至 120 岁（5 轮/60 年）两个甲子颐养天年。

在这样一个科技发达、医疗条件先进、平均寿命不断增长、老龄化加剧的社会中，如果没有规划好自己退休的生活，没有一个自己喜欢且有奔头的目标和心愿，面对漫长的退休时光，那也许会比前半生更煎熬。因此，需要在退休之前就要开始规划好自己的后半生，以重生的心态面对全新的退休生活。其实，许多人是在 60 岁之后，不但找到了自己的乐趣，而且取得了非凡的成就，这就是大器晚成吧。

2. 第二件事是身心健康

当有了重生的目标和规划之后，除了要分解和落实在时间管理上，我们还要考虑自身的两个重要因素。一个是硬件，就是自己身体的健康状况；另一个是软件，就是自我心智的健康水平。这就形成了人生的两条成长曲线，一条是每个人都有的生老病死的生命线，随着时间的推移，身体会慢慢地折旧和衰老，这是一条不可逆的抛物线。另一条是心智成长的智慧线，也是第二条生命成长曲线，如果开发得当，这条线将会持续增长，

超越岁月，最终获得智慧与圆满。如图 8-2 所示。

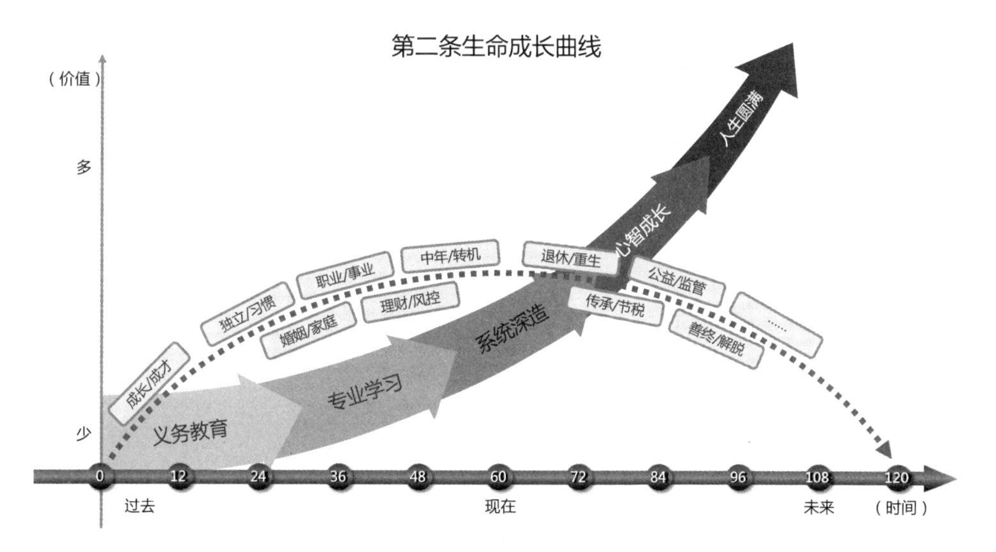

图 8-2　第二条生命成长曲线

这两条成长曲线，我们比较重视第一条生命线，平时比较注重饮食、运动、睡眠和养生等生活习惯，毕竟没有健康的身体，再好的梦想也难以实现。所以，无论是退休前还是退休后，“生命资产”的健康与安全都是关键所在。

在这个基础上，我们需要思考的是如何活出第二条生命成长曲线，也就是一个人的心智突破与成长。这不是停留在外部知识上的获取，而是内在智慧的开发。从小到大我们经历了义务教育、专业学习，甚至是系统深造，让我们在某个领域有所专长，获得事业上的成功和生活上的满足。但是这无法阻挡和改变生命的衰老，只有向内探寻心灵的智慧，才能获得心智的成长和人生的圆满，走出第二条生命成长曲线，我们称之为慧命吧！这将超越肉体的衰老，获得智慧与圆满。

如果自己退休重生的规划与第二条生命成长曲线相吻合，那将是一件非常美妙的事情，也会带领我们走上幸福、圆满的回归之路。

3. 第三件事是经济保障

无论是重生规划找到了方向，还是对身心健康充满信心，这一切都离不开经济的保障。如果没有足够的资金准备，重生规划是难以启动的，身心健康也是无法保障的，甚至连基本生活都是举步维艰的。

那么我们退休需要准备多少钱，才能度过自己想要的晚年生活呢？这要根据每个人具体的退休规划要求而定，不过基本上需要准备好三笔钱。

第一笔是生活的老本，也就是退休金。这笔钱就是自己年轻时向年老时的转移支付，或者说是“生命资产”价值的延续，这需要一笔专款专用且持续稳定的现金流。通常情况下由 5 个部分构成，分别是社会养老保险、企业年金、个人养老金、商业养老保险以及自我准备。在这 5 个部分中，目前社会养老保险的普及率较高，但养老金替代率偏低（已经跌破国际警戒线 55%的最低标准）。随着老龄化、长寿化、少子化的社会结构的变化，社会养老保险的缺口和压力越来越大，这就需要每个人自己提早多做准备。

第二笔是重生的资本，这就是面对退休后，自己重启梦想或做自己喜欢的事所需要的资金。这笔资金需要根据每个人所做的事情而定，有的人是想退休创业，有的人是想退休周游世界，有的人是想退休闭关修炼自己……不管如何打算，都需要设立一笔专项资金，不能占用生活费用，损失或消耗掉了也不影响正常生活，并且需要提前划拨筹备。

第三笔是临终的成本，大部分人的积蓄是在临终阶段全部消耗殆尽的。人在生命最后一段旅程中，常会出现疾病突发、衰老加快、自理困难等状况，需要就医和护理，导致医疗、药品、看护等费用激增，大大超过日常的生活成本，甚至耗尽所有积蓄都无法治愈。许多家庭因病返贫，因病欠债。因此，要针对这种不确定何时突发，但一定会发生的大额费用做好提前规划准备。

这三笔钱有两个共同特征，一个就是需要提早规划准备，因为我们对退休的时间概念有误判，总感觉还很遥远来得及，当有紧迫感时已经晚

了。另一个就是需要现金及现金流，不能依靠其他资产变现来使用，同样需要提前规划，设定专款专用、强制性的现金流。

第二节　退休前后的翻转人生

许多人将最终的幸福定义为晚年生活是否美满，这是有道理的。不过什么样的标准是幸福的呢？我们将结合以上养老生活的三个基本认知，特别是经济保障的三本（老本、资本、成本）来看一看生活中的真实案例对我们有什么启发。

这是一对相亲相爱的老夫妻，携手走到了晚年。先生是“刘一单”（化名），年轻时在国企做工程师，后来跳槽到私企做了高管，收入不错，生活水平高，今年刚满 60 岁，准备退休了。太太是“孟杰”（化名），在一家工业自动化企业做主管，今年 52 岁，还有 3 年也要退休了。有两个孩子都已成家立业分别独立了，老大走得比较远，在南方安了家；老二跑到了一个极具特色的小城市，支持乡村建设去了，不过离家比较近，也经常开车回家看望。夫妻俩平时就喜欢旅游，正准备规划 3 年后沿着边境线自驾旅游，看看祖国的大好河山，享受一下无忧无虑的晚年生活。

当先生拿到第一笔退休金的时候，有一点点发蒙，从来没有详细算过家庭这本账的“刘一单”，竟然上网查起来社保的领取规则，同时又找来了好朋友的私人财富顾问帮忙理一理自己这本糊涂账。不理不知道，一理真是吓了一跳。和自己原本设想的退休生活存在着很大的落差，我们一起来帮忙看一看，顺便出点主意。如图 8-3 所示。

先生“刘一单”退休前每月工资收入是 10,000 多元，社保断断续续缴纳也够 25 年了，退休后养老金每月领取了 3,602 元。这份退休养老金是由基础养老金+个人账户养老金两部分构成。基础养老金=社平工资（1+本人平均缴费指数）÷2×缴费年限×1%，当地社平工资是 5,000 元，刘先

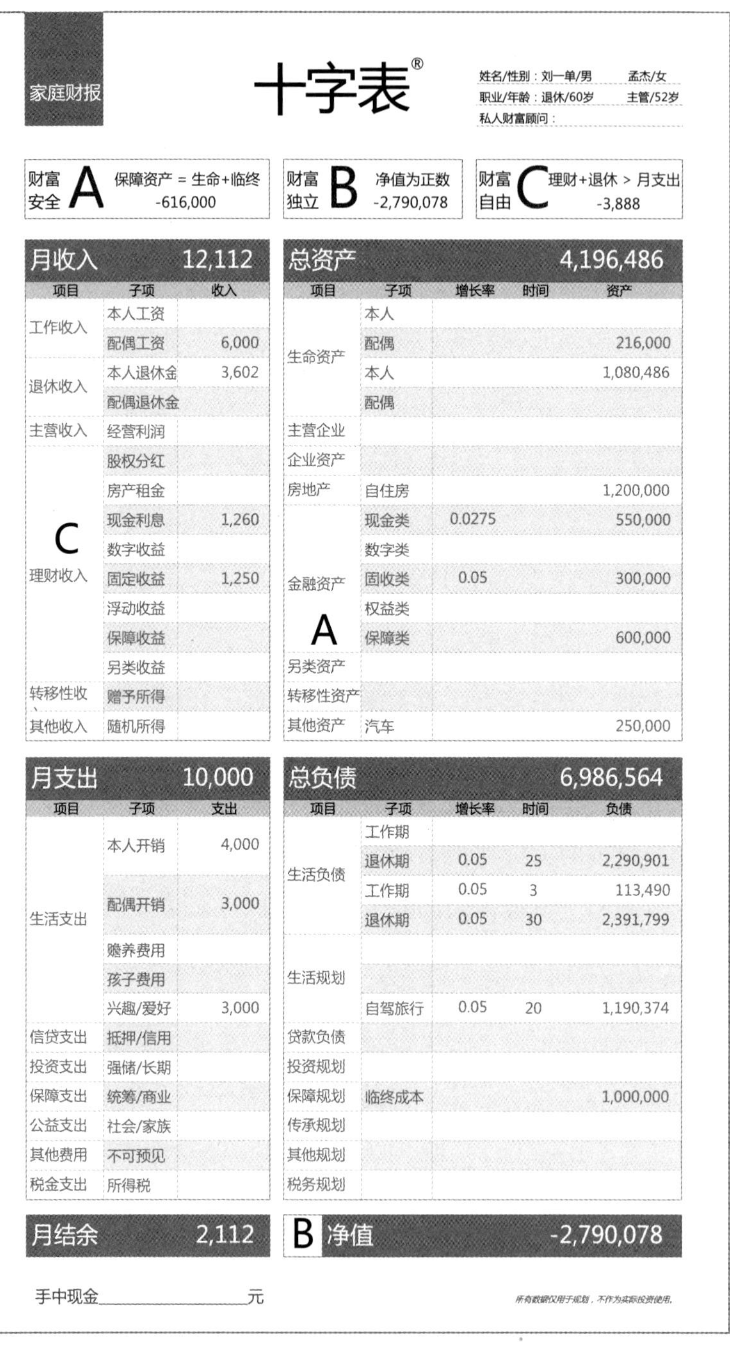

家庭财报

十字表®

姓名/性别：刘一单/男 孟杰/女
职业/年龄：退休/60岁 主管/52岁
私人财富顾问：

财富安全 A	财富独立 B	财富自由 C
保障资产 = 生命+临终 -616,000	净值为正数 -2,790,078	理财+退休 > 月支出 -3,888

月收入 12,112

项目	子项	收入
工作收入	本人工资	
	配偶工资	6,000
退休收入	本人退休金	3,602
	配偶退休金	
主营收入	经营利润	
C 理财收入	股权分红	
	房产租金	
	现金利息	1,260
	数字收益	
	固定收益	1,250
	浮动收益	
	保障收益	
	另类收益	
转移性收	赠予所得	
其他收入	随机所得	

总资产 4,196,486

项目	子项	增长率	时间	资产
生命资产	本人			
	配偶			216,000
	本人			1,080,486
	配偶			
主营企业				
企业资产				
房地产	自住房			1,200,000
A 金融资产	现金类	0.0275		550,000
	数字类			
	固收类	0.05		300,000
	权益类			
	保障类			600,000
另类资产				
转移性资产				
其他资产	汽车			250,000

月支出 10,000

项目	子项	支出
生活支出	本人开销	4,000
	配偶开销	3,000
	赡养费用	
	孩子费用	
	兴趣/爱好	3,000
信贷支出	抵押/信用	
投资支出	强储/长期	
保障支出	统筹/商业	
公益支出	社会/家族	
其他费用	不可预见	
税金支出	所得税	

总负债 6,986,564

项目	子项	增长率	时间	负债
生活负债	工作期			
	退休期	0.05	25	2,290,901
	工作期	0.05	3	113,490
	退休期	0.05	30	2,391,799
生活规划				
	自驾旅行	0.05	20	1,190,374
贷款负债				
投资规划				
保障规划	临终成本			1,000,000
传承规划				
其他规划				
税务规划				

月结余 2,112

B 净值 -2,790,078

手中现金______________元

所有数据仅用于规划，不作为实际投资使用。

图 8-3 “刘一单”和“孟杰”的家庭财报

生本人平均缴费指数为200%，这样刘先生的基础养老金=5,000元×（1+200%）÷2×25年×1%=1,875元。而个人账户养老金=个人账户储存额÷计发月数，刘先生个人账户每月缴纳8%，60岁退休计发月数为139个月，于是刘先生的个人账户养老金=（10,000元×8%×12月×25年）÷139个月=1,727元。这两项合计就是3,602元，若按生存至85岁，共领取25年的退休金约为108万元（社平工资调整及利息收益暂不考虑）。刘先生对这份退休收入存在着很大的心理落差，给悠闲的退休生活蒙上了一层阴影。

太太“孟杰”还有3年也要退休了，退休后的养老金比退休前的工资收入也要下滑很多，这也需要提前做好心理准备。目前孟女士每月的工资收入是6,000元，按55岁退休，还有3年的工作时间，累计“生命资产”的余额还有21.6万元。

好在夫妻俩经历了半辈子的努力，除了供养两个孩子读书、成家、立业独立生活，还积累下来了一些家底。首先，夫妻俩付清了全部的房贷，踏实而舒适地居住在价值120万元的房子里，这是夫妻俩晚年幸福安乐的窝。其次，夫妻俩也存了一笔55万元的存款，年利率是2.75%，平均每月能有1,260元的利息；还投资了30万元的固收类债券，年化收益率是5%，平均每月能有1,250元的收益；另外，夫妻俩很早就分别投保了30万元的健康险，合计60万元的保障。最后，还有一台心爱的吉普车，价值25万元，夫妻俩准备开着它去旅行。

再来看看他们的支出与负债状况。由于夫妻俩已经步入了晚年退休状态，花销都集中在生活支出上，其中，生活开销分别是先生4,000元和太太3,000元，这样就形成了未来的长期生活负债。刘先生已经进入了退休期，若按生存至85岁规划、年通货膨胀率为5%，需要准备25年，最终合计就是229万元的养老费用。而太太还有3年的工作期，工作期需要11.3万元的生活负债；若退休期与先生一样，生存至85岁、年通货膨胀率为5%、需要准备30年，那就是239万元的养老费用。另外，夫妻俩最大的爱好就是自驾旅游，平均每月也需要3,000元的基本费用，按旅行20年，年通货膨胀率为5%，共需要准备119万元的自驾旅行费用。最后还要考虑走不动了、玩不了了，两个人的临终成本至少需要准备100万元。

这就是夫妻俩的生活和财务现状。财富平衡三大指数的缺口均为负值，**A**财富安全，我们将公式扩展了一下，把临终成本纳入考虑，变成了保障资产60万元-（生命资产21.6万元/太太+临终成本100万元/夫妻俩）=-61.6万元，存在很大的隐患。**B**财富独立，存在279万元的缺口，这也是刘先生心理有落差的地方。**C**财富自由，我们也将公式扩展一下，把退休养老金也纳入考虑，变成了理财收入（刘先生退休金3,602元+利息收入1,260元+固定收益1,250元）-月支出10,000元=-3,888元，也有不小的缺口，如果太太也退休了，生活压力就会加剧，这对退休生活来说可不是好事。

为了更好地看清楚问题所在，我们将太太3年后领取的退休养老金也计算出来，看看缺口到底是多少，再来深入分析与诊断。

太太“孟杰”退休前每月工资收入是6,000元，当地社平工资5,000元，本人平均缴费指数为120%，个人养老账户每月缴纳8%，缴纳25年，55岁退休，计发月数为170个月。

退休养老金=基础养老金+个人账户养老金

基础养老金=社平工资（1+本人平均缴费指数）÷2×缴费年限×1%，

“孟杰”的基础养老金=5,000元×（1+120%）÷2×25年×1%=1,375元。

个人账户养老金=个人账户储存额÷计发月数，

“孟杰”个人账户养老金=（6,000元×8%×12月×25年）÷170个月=847元。

“孟杰”的退休养老金=基础养老金1,375元+个人账户养老金847元=2,222元。

若按生存至85岁，共领取30年的退休金约为80万元（社平工资调整及利息收益暂不考虑）。

这样我们再来算一下，夫妻俩退休期的生活目标需求是每月7,000元（先生4,000元、太太3,000元），若按生存至85岁，通货膨胀率为5%，先生需要准备25年的养老费用，那就是229万元；太太需要准备30年的养老费用，那就是239万元；合计需要准备468万元养老费用。这就是夫妻俩基本养老生活的目标需求，也就是必须准备的生活老本。

而夫妻俩领取的退休养老金分别是，先生每月领取3,602元，太太每月领取2,222元，合计5,824元，这样一算每月缺口是7,000元-5,824元=1,176元，这样看缺口还不算大。

若按先生25年累计领取108万元，太太30年累计领取80万元，合计领取188万元。与夫妻俩所需求的基础养老生活目标的缺口是468万元-188万元=280万元，这个缺口可就不算小了！这还没有考虑重生的资本（自驾旅游）和临终的成本。另外，如果夫妻俩身体健康，突破了自己预设的年龄，养老金的缺口会变大。

这就需要补缺口，只不过没能给资金留出足够增长的时间周期，只能在现有的条件下进行调整与优化。于是大家对夫妻俩的养老目标、生活方式、现有资产和各种风险等要素进行了拆解与测算，最终找出了两个突破的方向可以入手。

优化方案：

第一个方向是从支出带动的负债端入手，也就是将先生的生活开销与兴趣爱好的支出相融合或降低其中一项费用。因为自驾旅行就是夫妻俩选择的一种退休生活方式，走到哪儿、住到哪儿、生活到哪儿！这样基本的生活费与旅行费就有了重叠之处，可以调整和优化一下。

第二个方向就是从资产带动的收入端入手，其中最大的资产就是幸福的家。虽然夫妻俩选择了旅居的退休生活方式，也希望定期回来有一个固定归属的家，只不过这个房子可以小一点。毕竟当初的房子是居住着 4 口人呀！这样可以卖掉大房子，在喜欢的地方再买一个小房子，也许会有增值的空间，就能挤出一部分资金用于补充养老金的缺口。

另外，在夫妻俩领取退休养老金稳定的情况下，可以将存款转投到固收类年金中，获得长期稳定稍高一点的收益。同时增加一些意外和医疗保险，因为自驾旅行还是存在一定的风险性。

最后建议夫妻俩，既然选择了旅居的晚年生活，何不把它记录下来，在分享给儿孙们的同时，也可以分享给那些即将退休、也想选择这种生活方式的同路人呢！也许会有意想不到的惊喜！

经过了 3 年的摸索、调整和优化，太太也退休了，夫妻俩正式开启了旅居退休的生活节奏。此刻他们的“十字表”家庭财报会是怎样的呢？我们一起来看一看，如图 8-4 所示。

首先，刘先生将自己每月的生活开销调整为 3,000 元，减少了 1,000 元。其实，夫妻俩每个月合计 6,000 元的生活费还是够用的。这样先生退休 25 年，就需要准备 172 万元（比原计划 229 万元少了 57 万元），两个人的退休养老金需求合计从 468 万元下调为 411 万元。

其次，夫妻俩将老房子以 200 万元的价格卖出了，然后和两个儿子及儿媳妇一商量，决定在二儿子居住的小城市的同一个小区里，买下了一处一楼带有小花园的小房子。由于房主准备移民急于出让，又是邻里关系，所以价格比较低，花 60 万元就买下来了。这样一来，既能经常和儿孙见面，又能安度晚年。另外，两个儿子又拿出钱帮助父母简单重新装修了一下房子，特别是小花园，非常适合老年人种花养草。这回夫妻俩算是把家先安顿好了。

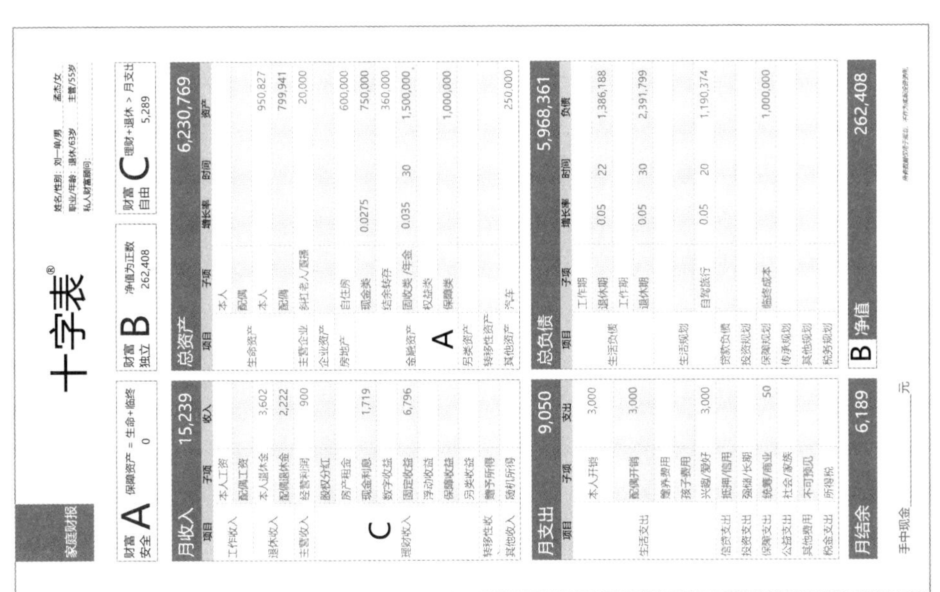

家庭财报

十字表®

财富安全 A	财富独立 B	财富自由 C
保障资产 = 生命+临终 0	净值为正数 262,408	理财+退休 > 月支出 5,289

姓名/性别：刘一帆/男　孟杰/女
职业/年龄：退休/63岁　主管/55岁
私人财富顾问：

月收入		15,239
项目	子项	收入
工作收入	本人工资	
	配偶工资	
退休收入	本人退休金	3,602
	配偶退休金	2,222
主营收入	经营利润	900
	股权分红	
C	房产租金	
	现金利息	1,719
理财收入	数字收益	
	固定收益	6,796
	浮动收益	
	保障收益	
	另类收益	
转移性收	赠予所得	
其他收入	随机所得	

总资产				6,230,769
项目	子项	增长率	时间	资产
生命资产	本人			
	配偶			
	本人			950,827
	配偶			799,941
主营企业	斜杠老人/直播			20,000
企业资产				
房地产	自住房			600,000
	现金类	0.0275		750,000
	结余转存			360,000
金融资产	固收类/年金	0.035	30	1,500,000
	权益类			
A	保障类			1,000,000
另类资产				
转移性资产				
其他资产	汽车			250,000

月支出		9,050
项目	子项	支出
生活支出	本人开销	3,000
	配偶开销	3,000
	赡养费用	
	孩子费用	
	兴趣/爱好	3,000
信贷支出	抵押/信用	
投资支出	强储/长期	
保障支出	统筹/商业	50
公益支出	社会/家族	
其他费用	不可预见	
税金支出	所得税	
月结余		6,189

手中现金____元

总负债				5,968,361
项目	子项	增长率	时间	负债
生活负债	工作期			
	退休期	0.05	22	1,386,188
	工作期			
	退休期	0.05	30	2,391,799
生活规划	自驾旅行	0.05	20	1,190,374
贷款负债				
投资规划				
保障规划	临终成本			1,000,000
传承规划				
其他规划				
税务规划				
B 净值				262,408

图 8-4　优化后的家庭财报

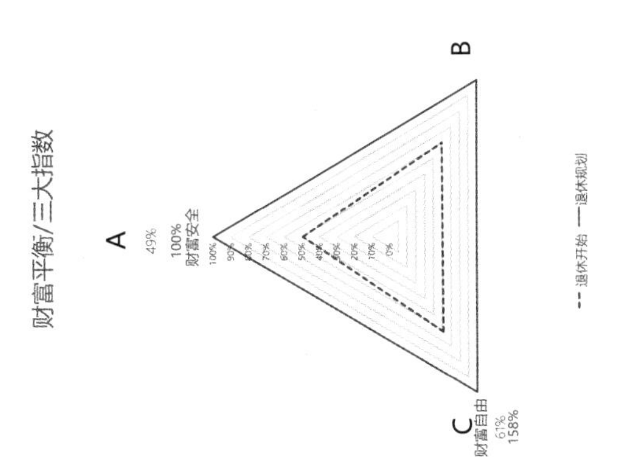

第三，夫妻俩将房子买卖所获得的差价收益 140 万元，加上原来的 55 万元的存款和 30 万元的债券，重新划拨成两部分。第一部分，一次性投资 150 万元购买了一份固收类年金保险，规划 30 年领取，预计收益 3.5%，月均领取 6,796 元，30 年本利共计约为 245 万元。第二部分，将 75 万元继续存入银行，年利息 2.75%，月均收益 1,719 元，确保流动性和突发事件。同时，夫妻俩每人购买了 20 万元的老年意外险，一年 600 元就够了，平均每月50元。另外，经过优化后，月均都有6,189元的结余，夫妻俩决定每月从中拿出3,000元转存到银行，养成强制储蓄的习惯，以10年为期限的话就能存到36万元，为长寿续航做准备。

最后，刘先生又陆续花了2万元添置了一些拍摄和录音等设备，开启了斜杠老人旅居退休生活的视频和直播，一不小心获得了许多粉丝的点赞，慢慢地每个月还产生了千八百块的收入。

在大家的共同协助下，夫妻俩的财务状况出现了翻转，“十字表”家庭财报的数据达成了财富平衡的三大指数。不但满足了每月6,000元（调整后）的养老需要，以及夫妻俩共计411万元（调整后）生活老本的总目标，而且覆盖了每月3,000元的兴趣爱好支出，以及为期20年119万元自驾旅游的重生资本，同时补足了100万元临终成本的缺口，并且在财富自由方面超出了58%，不但月结余增加了，净值也变正值了，妥妥地过上了幸福的晚年！

如果发生甜蜜而焦虑的长寿风险也不怕，可以适度调整延长年金的领取期限，也可以动用储蓄和处置房产。另外，还有两个孝顺的儿子和儿媳妇做后盾。

就这样，夫妻俩退休前后的翻转人生一直在持续……

第三节　幸福的晚年是规划出来的

没有无缘无故的幸福，只有用心规划的未来。在年轻的时候谈养老，好像离自己很遥远，当自己步入退休生活，恨不得重返工作时光，哪怕省吃俭用存一点也行。这也许就是人生、时间与财富三者的错配与较量吧！在众多迷迷糊糊、后悔莫及、还没准备好迈入晚年退休生活的人中，有这样一对夫妻，经过了近20年的逐步规划，优雅从容地步入了退休重生的生活中。我们来看看他们的案例。

这是一对白手起家辛苦打拼的创一代夫妻，先生是“韩明”（化名），

年龄 60 岁，太太是“刘春杰”（化名），年龄 55 岁，今年正好双双退休了。

夫妻俩从小本生意的路边摊开始做起，逐步发展到了代工生产成品出口海外，赚到了人生的第一桶金。之后便在扩大规模、追逐利润的道路上一路狂飙，最终体验了过山车般的盈亏起伏，也品尝到了破产的滋味。

从那以后，夫妻俩便琢磨开辟自己的根基与品牌，哪怕小也要扎扎实实的，于是夫妻俩选择了再一次创业。终于在一次儿子运动完的臭袜子中找到了灵感，夫妻俩决定在运动袜子的细分市场中，开创出一个独特的品类。具有吸汗、防臭、快干等特点，结果定位精准有奇效，受到了重度运动用户群的喜爱，一下子站稳了脚跟，至此完成了东山再起的心愿。这一回夫妻俩没有像当初那么疯狂，慢慢地走在自主研发、自我迭代的道路上。同时，儿子也慢慢地长大了，夫妻俩也步入了中年，看着双方父母逐渐地衰老，仿佛看到了自己未来的模样，心里萌生了退休的打算。

经历了由小到大、从兴到衰、东山再起的人生与事业的磨砺，夫妻俩决定开始同步着手规划自己的退休生活。一边持续发展企业，提高核心竞争力，为用户提供更舒适的产品；另一边开始补交社保、投资养老年金、购买人身及健康保障以及各类投资，为退休生活做起了准备。

现在让我们来看一看夫妻俩为自己规划的退休生活是怎样的，从他们的“十字表”家庭财报中一探究竟，如图 8-5 所示。

首先，夫妻俩测算了一下两个人退休生活所需要的总费用，也就是“十字表”家庭财报的第 3、4 象限月支出和总负债的部分，这取决于三笔资金。

家庭财报 十字表®

姓名/性别：韩明/男 刘春杰/女
职业/年龄：退休/60岁 退休/55岁
私人财富顾问：

财富安全 A 保障资产 = 生命+临终 400,000

财富独立 B 净值为正数 4,177,855

财富自由 C 理财+退休>月支出 22,027

月收入 37,027

项目	子项	收入
工作收入	本人工资	
	配偶工资	
退休收入	本人退休金	3,358
	配偶退休金	2,204
主营收入	经营利润	
C 理财收入	股权分红	10,000
	房产租金	
	现金利息	2,292
	固定收益	10,112
	固定收益	9,062
	浮动收益	
	保障收益	
	另类收益	
转移性收	赠予所得	
其他收入	随机所得	

总资产 15,200,537

项目	子项	增长率	时间	资产
生命资产	本人			
	配偶			
	本人			1,007,266
	配偶			793,271
主营企业				
企业资产	运动袜业			2,000,000
房地产	自住房			2,800,000
A 金融资产	现金类	0.0275		1,000,000
	固收类年金	0.035	25	2,000,000
	固收类年金	0.035	30	2,000,000
	权益类			600,000
	保障类			2,000,000
另类资产	邮票			1,000,000
转移性资产				
其他资产				

月支出 15,000

项目	子项	支出
生活支出	本人开销	6,000
	配偶开销	5,000
	赡养费用	
	孩子费用	
	兴趣/爱好	1,000
信贷支出	抵押/信用	
投资支出	强储/长期	
保障支出	统筹/商业	
公益支出	社会/家族	3,000
其他费用	不可预见	
税金支出	所得税	

总负债 11,022,682

项目	子项	增长率	时间	负债
生活负债	工作期			
	退休期	0.05	25	3,436,351
	工作期			
	退休期	0.05	30	3,986,331
生活规划				
	邮票设计展			1,000,000
贷款负债				
投资规划				
保障规划	临终成本			1,600,000
传承规划	公益基金			1,000,000
其他规划				
税务规划				

月结余 22,027

B 净值 4,177,855

手中现金______________元

所有数据仅用于规划，不作为实际投资使用。

图 8-5 “韩明”和“刘春杰”的家庭财报

1）生活的老本：

夫妻俩将彼此的生命周期预设在85岁，若长寿启动续航方案。这样韩先生需要准备25年的养老金，刘女士需要准备30年的养老金，通货膨胀率均设定在5%。

这样韩先生每个月的生活开销需要6,000元，25年下来累计需要约为343.6万元。刘女士每个月的生活开销需要5,000元，30年下来累计需要约为398.6万元。夫妻俩合计每月需要11,000元，累计需要742.3万元。这是最基本的生活需求目标。

2）重生的资本：

韩先生喜欢集邮，收集了不少邮票，感觉方寸之间既浓缩了大千世界，又凝练抽象出灵感与智慧。平日里总到专业市场去淘宝，每个月都要花费1,000多元。他想退休后专门收集和研究这件事，并且想搞一个邮票设计展，同时想进一步将它做成数字藏品，推广和传承下去。准备拿出100万元来玩一玩！

刘女士比较喜欢做公益，打拼了半辈子，看到了许多贫困山区的孩子连一双好鞋和干净的袜子都穿不上。她总会捐赠大批自家工厂生产的袜子，开设身心健康讲座和助学资金，来帮助落后山区的孩子穿出健康，走出自信！她每个月都有3,000元的公益支出，退休后准备专门成立一个儿童足健公益基金会，帮助那些从小足部发育不良和没有养成良好卫生习惯的孩子。这个公益基金会的启动至少需要100万元。

这两项就是夫妻俩各自选择的退休重生方式，需要准备200万元的重生资本。

3）临终的成本：

面对生命的最后一段旅程，将消耗掉一生大部分的积蓄。夫妻俩有个约定，当疾病与死亡来临的时候，要坦然面对，不必过度治疗。双方设定了一个原则和底线，每个人80万元的健康医疗费用，共计160万元，超出这个额度就需要终止。即便夫妻俩拥有200万元的保障，也没必要持续投入抢救。

这三笔资金合计落在每个月的支出上是15,000元，最终累计需要1102.3万元。这就是夫妻俩退休生活所需要的总目标。

其次，夫妻俩开始测算和规划退休后可能创造的总收入，也就是“十字表”家庭财报第1、2象限总资产和月收入的部分。

1）夫妻俩社保退休养老金的收入：

韩先生退休前每月工资收入是12,000元，当地社平工资5,000元，本人平均缴费指数为240%，个人养老账户每月缴纳8%，断断续续缴纳及补交也够20年了，60岁退休，计发月数为139个月。

韩先生的退休养老金=基础养老金+个人账户养老金

基础养老金=社平工资（1+本人平均缴费指数）÷2×缴费年限×1%，

韩先生的基础养老金=5,000元×（1+240%）÷2×20年×1%=1,700元。

个人账户养老金=个人账户储存额÷计发月数，

韩先生个人账户养老金=（12,000元×8%×12月×20年）÷139个月=1,658元。

韩先生的退休养老金=基础养老金1,700元+个人账户养老金1,658元=3,358元。

若按生存至85岁，共领取25年的退休金约为100.7万元（社平工资调整及利息收益暂不考虑）。

刘女士退休前每月工资收入是8,000元，当地社平工资5,000元，本人平均缴费指数为160%，个人养老账户每月缴纳8%，缴纳了20年，55

岁退休，计发月数为 170 个月。

刘女士的退休养老金=基础养老金+个人账户养老金

基础养老金=社平工资（1+本人平均缴费指数）÷2×缴费年限×1%，

刘女士的基础养老金 = 5,000 元 ×（1 + 160%）÷ 2 × 20 年 × 1% = 1,300 元。

个人账户养老金=个人账户储存额÷计发月数，

刘女士个人账户养老金=（8,000 元×8%×12 月×20 年）÷170 个月 = 904 元。

刘女士的退休养老金=基础养老金 1,300 元+个人账户养老金 904 元= 2,204 元。

若按生存至 85 岁，共领取 30 年的退休金约为 79 万元（社平工资调整及利息收益暂不考虑）。

夫妻俩的退休养老金每月合计是 5,562 元，至 85 岁累计领取 180 万元，这是作为最基础的社会福利，远远不够夫妻俩的基础生活需求，还需要自己亲手规划才行。

2）企业的分红收入：

当夫妻俩决定准备退休的时候，就着手培养儿子接班的事情了。待儿子留学回来后，就开始训练他从基层做起，体验每一道工序和流程。因为儿子知道这家企业的创立源于自己的那双臭袜子，所以这种独特的感情让他产生了强烈的归属感和责任心，这也是许多创二代继承家业的关键点。

尽管企业交给了儿子经营，夫妻俩不再拿工资了，股权也进行了调整，但是仍然保留了 200 万元的股本，作为股东每个月还有 10,000 元的分红，也能补充一下夫妻俩退休养老金的缺口。

这样一来，社保养老金领取 5,562 元/月 + 企业分红 10,000 元/月 = 15,562 元/月，好像基本上可以满足夫妻俩日常的退休养老生活了。

不过夫妻俩显然没有把企业分红当作补充养老金缺口的依赖，因为企业经营的风险实在是变幻莫测，不能将晚年幸福的退休生活建立在风险之上，必须建立起持续稳定的经济输入。

3）专项养老年金的领取：

这是夫妻俩为应对双方退休养老金的缺口，经过长期投资规划而分别设立的两项养老年金保险。夫妻俩每人设立了200万元的年金额度，总额合计为400万元。这是一笔专项、持续、稳定的现金流，也是晚年幸福的保障。

因为夫妻俩将彼此的退休生活规划至85岁，这样韩先生60岁退休，计划领取25年，月均领取约为10,112元，25年累计领取养老金约为303万元（增额分红先不计入）。

而刘女士55岁退休，计划领取30年，月均领取约为9,062元，30年累计领取养老金约为326万元（增额分红先不计入）。

夫妻俩月均合计领取19,174元，累计领取约为629万元。如果健康长寿至百岁，也可以调整领取年限或启动夫妻俩准备好的续航方案。

这两笔养老金足够覆盖日常所有的生活费用，总额也能补充社保退休养老金的缺口。

4）相关的各类投资收益：

夫妻俩除了以上规划安排外，还做了一些投资项目。夫妻俩有一笔100万元的存款，年利率是2.75%，月均收益为2,292元。在股市里投资了60万元，目前处在震荡期。还购买了200万元的人身和健康保险，夫妻互保各100万元。另外，韩先生酷爱集邮，前前后后累计投入了100多万元。夫妻俩还有一处价值280万元的房产用于自住。这些资产合计也有740万元了，足够支撑夫妻俩晚年幸福的退休生活。

这样累计下来，夫妻俩每个月能有37,027元的综合月收入，总资产也超过了1,520万元（增值部分未计入）。这已经完全可以覆盖所有的生活费用和累积的负债，做到高枕无忧安度晚年了。

最后，再来看一看夫妻俩“十字表”家庭财报的关键数据和财富平衡的三大指数，这也是经营与规划的最终成果。如图8-6所示。

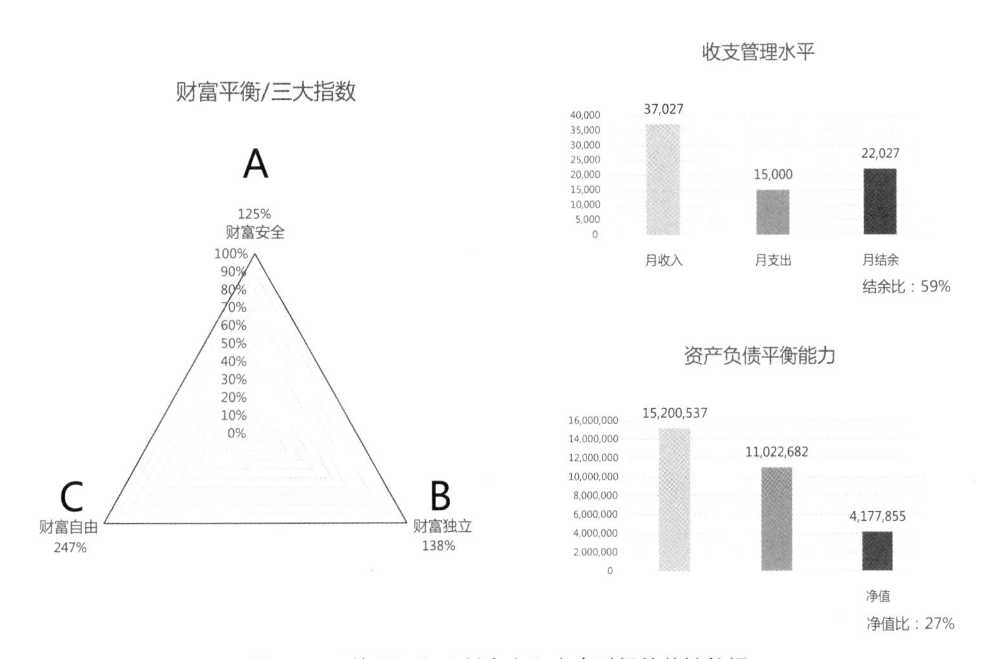

图8-6　“韩明”和“刘春杰”家庭财报的关键数据

从收支管理水平上看，夫妻俩在退休养老阶段能保持每月3.7万元的月收入已经是很难得的了，关键是还有2.2万元的月结余，结余比高达59%，这的确是一个幸福的退休生活。

从资产负债平衡能力上看，夫妻俩人生终局的这本账是足以打平的，且超出了约418万元，净值比达到了27%。如果资产进一步增值，就要提早考虑财富传承的事情了。

从财富平衡的三大指数上看，夫妻俩均已达成，并且超额完成。**A**财富安全超出 25 个百分点，B 财富独立超出 38 个百分点，C 财富自由最高，超出 147 个百分点。夫妻俩拥有足够的安全感、独立性和自由度，成为众多退休人士的幸福榜样。

第四节　流浪人生

每个人都有权利选择自己的生活方式，只要自己喜欢且不后悔就好。无论顺利与富足，还是坎坷与贫穷，人生就是一场充满了各种不确定的旅程，体验着不同的生活境遇而度过自己的一生。在我们的身边有这样一个人，任性而放纵地度过了自己的前半生，现在也步入了同龄人的退休阶段。但是，他却没有选择退休，或者说是无法退休，像一个浪子一样，四海为家、漂泊度日。今天我们就用财务思维来解读一下他的艺术人生，供大家借鉴。

他名字叫“魏东波”（化名），从小就展露出很高的绘画天赋，也得到了父母充分的培养，一路成长获得了许多荣誉和期待，长大后也顺利考取了全国知名的美术学院。在大学三年级就用自己的创作作品参加了全国美展，并获得了一等奖。那个时候他仿佛就是天之骄子、中国版的达·芬奇，所有的赞誉和期待都集于一身。后来那幅画也拍卖了 20 多万元，那可是在 20 世纪 80 年代呀！那笔钱足可以让普通人无忧无虑地度过一生。由于他太过优秀，毕业后自然会留校任教，向更高的艺术境界探索。不过，在尝到了巨额金钱的滋味后，面对着微薄的工资收入，他决定放弃继续留校任教的机会，下海创办起自己的工作室，就此展开了跌宕起伏的人生轨迹。

凭借着自己的艺术天赋和获奖的资历，开始创作了不少的佳作，被高价收购并远销海外。一时间声名鹊起、财源广进，比同龄人，甚至比老师、前辈们的名誉和财富都高。于是，“魏东波”放荡不羁、自由奔放的性情被释放出来了。从那开始，身边总是围绕着众多吃吃喝喝的酒肉朋

友，整天过着花天酒地、烂醉如泥的生活。时间一长，创作的灵感和精神也荡然无存了，不过他没有丝毫的压力，认为自己有花不完的钱！

父母得知孩子的状况很悲伤，从小精心培养的天才现在沦落到这样，于是便想给孩子找一个配偶安个家，让他过上正常人的生活。就这样前前后后经历了两次婚姻，也没能改变“魏东波”的性格与命运。而且随着时间的流逝，他的才华与财富也枯竭了，已经到了画作无人肯买和借钱度日的窘境。为了生存他只好到处奔波，在旅游景点为人们画肖像赚钱，有时空闲也会画一画风景写生。

虽然艺术是美好的，但是人生是短暂而无常的！随着自己慢慢地变老，年迈的父母也相继离去，只剩下了自己一个人无依无靠地度过余生。面对着晚年的养老生活，自己好像从来没有思考和准备过，就这么突如其来地发生了。我们一起来看一看“魏东波”一个人站在退休的时间点上该如何应对，如图 8-7 所示。

“魏东波”今年正好 60 岁了，单身一人，无子女，到了正常人的退休年龄了。只不过他还没有准备好！无论是在心理上，还是在财务上，都没有充分的准备和规划。

我们先来看看他的收入与资产状况。过往的财富和收入已经消耗殆尽，目前每月收入只有 5,000 多元，按照自己想要工作的年限为 10 年，若增长率为 5%，那么累计的生命资产余额约为 75.5 万元。由于自己属于自由职业者，所以社保也没有缴纳，自然也无法依靠社保养老。

自己有一间工作室，价值能有 30 万元。父母留给他一处 60 万元的房子，算是一份固定资产吧。手里还剩下了 5 万元的存款，按年利率 2.75% 计算，也就是月均 115 元的利息。另外还有父母早年为其购买的 10 万元保险。这就是“魏东波”目前的全部家底了。

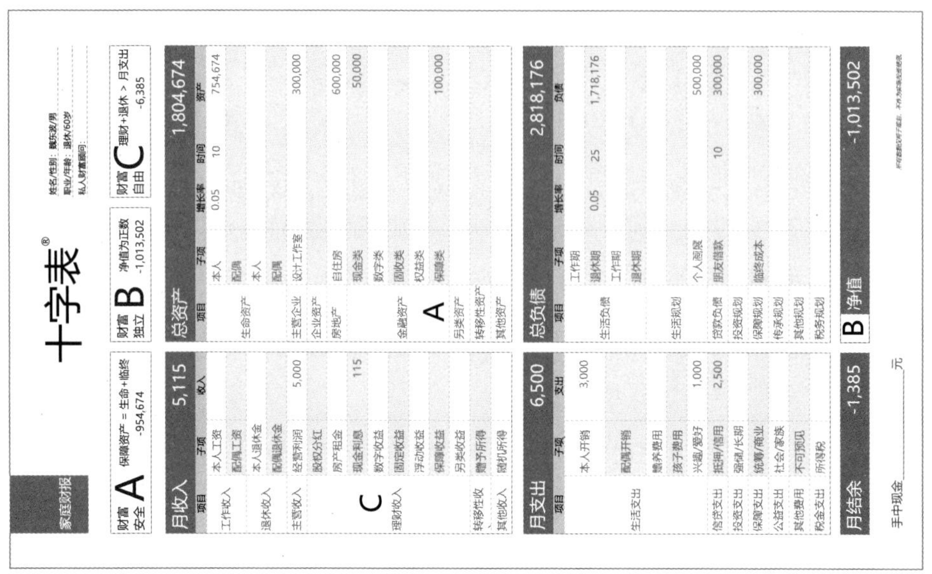

家庭财报 十字表®

姓名/性别：魏东波/男
职业/年龄：退休/60岁
私人财富顾问：

财富安全 A	财富独立 B	财富自由 C
保障资产 = 生命+临终 -954,674	净值为正数 -1,013,502	理财+退休 > 月支出 -6,385

月收入		5,115
项目	子项	收入
工作收入	本人工资	
	配偶工资	
退休收入	本人退休金	
	配偶退休金	
主营收入	经营利润	5,000
C 理财收入	股权分红	
	房产租金	
	现金利息	115
	数字收益	
	固定收益	
	浮动收益	
	保障收益	
	另类收益	
转移性收	赠予所得	
其他收入	随机所得	

总资产				1,804,674
项目	子项	增长率	时间	资产
生命资产	本人	0.05	10	754,674
	配偶			
	本人			
	配偶			
主营企业	设计工作室			300,000
企业资产				
房地产	自住房			600,000
A 金融资产	现金类			50,000
	数字类			
	固收类			
	权益类			
	保障类			100,000
另类资产				
转移性资产				
其他资产				

月支出		6,500
项目	子项	支出
生活支出	本人开销	3,000
	配偶开销	
	赡养费用	
	孩子费用	
	兴趣/爱好	1,000
信贷支出	抵押/信用	2,500
投资支出	强储/长期	
保障支出	统筹/商业	
公益支出	社会/家族	
其他费用	不可预见	
税金支出	所得税	

总负债				2,818,176
项目	子项	增长率	时间	负债
生活负债	工作期			
	退休期	0.05	25	1,718,176
	工作期			
	退休期			
生活规划				
	个人画展			500,000
贷款负债	朋友借款		10	300,000
投资规划				
保障规划	临终成本			300,000
传承规划				
其他规划				
税务规划				

月结余	-1,385	B 净值	-1,013,502

手中现金______元

图 8-7 “魏东波”的“十字表”家庭财报

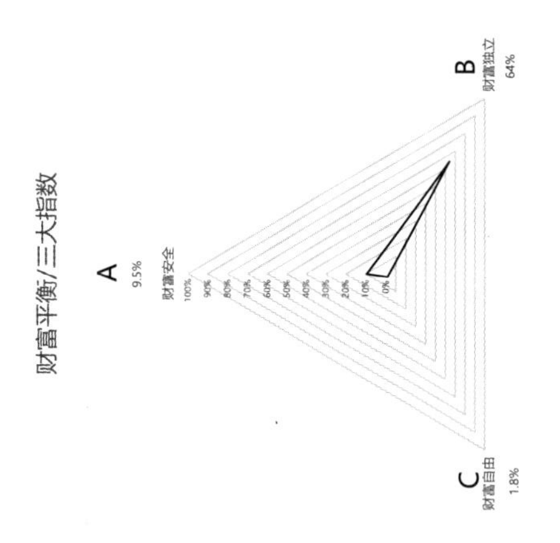

再来看看他的支出与负债状况。自己每个月的基本开销是3,000元，若按生存至85岁计算，年通货膨胀率为5%，需要准备25年，最终需要约为172万元的养老费用。另外，自己喜欢绘画，每个月都需要花费1,000元购买颜料等耗材。自己还有一个梦想，就是筹备50万元举办一次个人画展。除此之外，“魏东波”还有30万元借款需要10年内还清，每个月需偿还2,500元。最后，计算了一下自己的临终成本为30万元。

这就是“魏东波”人生辉煌后的落寞状况，从财务数据上看，月结余是-1,385元，每个月是入不敷出。净值约为-101万元，人生终局是资不抵债。财富平衡的三大指数也都没有达成，还存在着很大的缺口，A财富安全指数只有9.5%，人生自始至终都没有多少保障规划，抗风险能力极低；B财富独立指数是64%，到了晚年仍然无法独立，这将是比较凄惨的结局；C财富自由指数仅为1.8%，没有养老金、没有足够的理财收入，这说明退休后还要依靠自己工作赚钱才能生存。

我们再从退休生活需要准备的三笔钱上看一下：

1）生活的老本：

以每月3,000元的基本开销，生存至85岁，需要准备约为172万元的退休生活费用。而收入主要来源于未来10年持续的工作所得，约为75.5万元，缺口约为96.5万元。实在没有办法，最后只能靠变卖父母留下的房产度日了。

2）重生的资本：

“魏东波”终其一生热爱绘画，梦想举办一次个人画展！先不说艺术价值和市场可能性，就说这50万元的展览费用都囊中羞涩。如果依靠募资办展，自己也没有这个信心，毕竟还有30万元的债务等待偿还。

3）临终的成本：

面对人生最后的时刻，自己认为用30万元救命是一大关了。不过这30万元自己也没有准备好呀！

虽然“魏东波”在财务上很窘迫，但是在心灵上很富足。自己没有什么压力，到处漂泊、四海为家，也许这种流浪人生就是他的选择和命运吧！

第五节　靠谱的养老需要三种力量

当人生走到了退休生活的阶段，才意识到还没有准备好，这可是一件后悔莫及的事情呀！无论是退休后重生的规划，还是各项经济保障的准备，都需要提早 10—20 年进行逐步的准备，才能轻松、从容地面对自己晚年的余生，过上自己想要的生活，这就需要善用三种力量。

1. 时间的力量

我们以 60 岁退休准备 100 万元养老金为例，从不同的年龄段需存入的资金差距与压力对比中，看一看时间的力量，如图 8-8 所示。

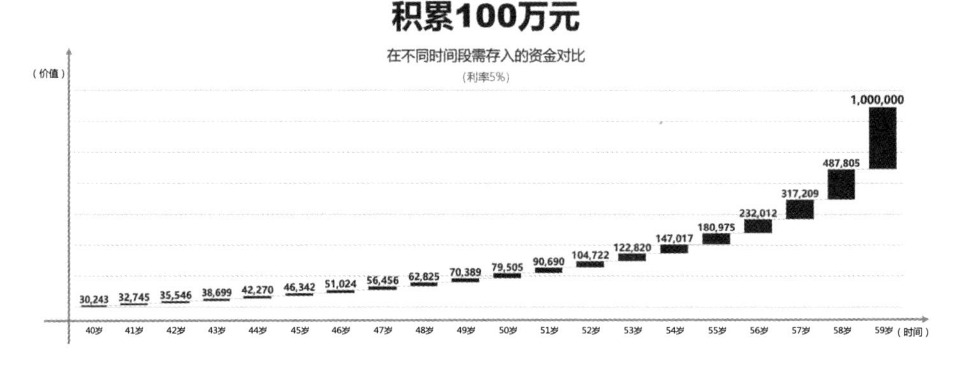

图 8-8　时间的力量

从这张图中可以看出，要准备 100 万元的养老金，从 40 岁到 59 岁开始准备，每年需要存入的资金是越来越高的，压力也是越来越大的。

如果 40 岁（也就是提早 20 年）开始准备，按年利率 5%，每年只需要存入 30, 243 元（月均 2, 520 元）就可以了，20 年累计存入约为 604, 852 元。

如果 50 岁（也就是提早 10 年）开始准备，年利率 5%，每年需要存

入 79, 505 元（月均 6, 625 元）才可以，10 年累计存入约为 795, 046 元。

如果等到 55 岁（也就是还有 5 年）开始准备，每年就需要存入 180, 975 元（月均 15, 081 元）才行。这就充分说明了时间的价值，要有耐心与时间做朋友，越早准备越轻松！

2. 习惯的力量

不要将所有的钱都花掉，我们在开篇的单身阶段就讲过，需要养成强制储蓄的好习惯。就拿“生命资产”来说，“生命资产”在创造工资收入的同时，也通过缴纳社保为自己的退休养老及医疗保障积累财富，让“生命资产”得以延续，这就是典型的强制储蓄的好习惯。千万不要小瞧这个好习惯，我们来算一笔账，看看一个好习惯的力量。如图 8-9 所示。

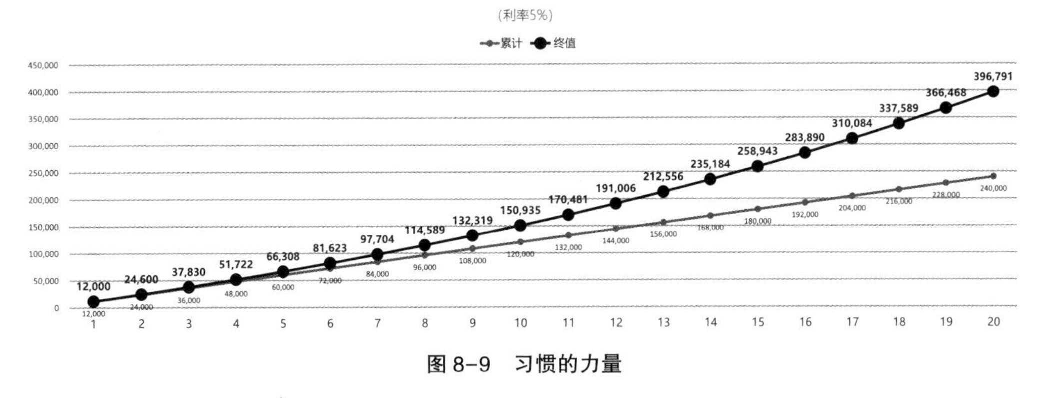

图 8-9　习惯的力量

从这张图中可以看出，养成一个强制储蓄的好习惯能给自己带来的好处。如果每个月能存 1, 000 元，一年就是 12, 000 元（这也是目前个人养老金缴费的上线标准），20 年下来就能积累 240, 000 元。若按年利率 5% 计算，20 年后就会增长到 396, 791 元，增额 156, 791 元。这就是强制储蓄好习惯的力量。

3. 本金的力量

无论怎样规划，本金是最重要的！当没有钱时，需要慢慢地积攒。当有了一笔可观的资金时，那就需要珍惜与守住本金，发挥钱的力量和时间价值，让钱为人生服务。

举一个例子，假如目前拥有300万元的本金，按大额协议存款的年利率4%计算，每年会有12万元的利息收入，月均就是10,000元的收入，基本上可以保持正常的生活了。

所以，善用时间的力量、习惯的力量和本金的力量为自己的晚年退休生活提早进行合理的规划和安排，尽享幸福、可靠的退休生活。

小训练：为退休生活做好准备了吗？

退休生活的幸福和自由是前半生规划和积累出来的，许多人都因不太重视或者过于忽视而造成遗憾！现在让我们做一下规划吧！

1. 生活的老本：

运用“十字表”家庭财报测算一下自己退休养老金与生活费用的缺口是多少。

2. 重生的资本：

有没有为自己准备好退休重生的资本？

3. 临终的成本：

不愿面对的是最难规划的！是否为自己留足了有尊严地离开这个世界的成本？

小训练
只看不练，功夫白费！我们也来训练一下吧：

第九章

传承是人生的大考

传与承不仅仅是物质上的传递与继承，更是精神上的延续和弘扬。每个人的人生走到最后，都有值得提炼给后人的礼物，这也是人人都需面对的终极智慧的考验。

第一节　为什么要传承

经常会有人对我们说，如果孩子比我们强，留钱何用？如果孩子不如我们，那留钱又有何用？这句话两头都堵上了，无论孩子是优秀还是败家，好像都没必要传承，这个答案是对是错我们先放下，回头再看更清楚。

我们先从民族这个大的方向和角度来看，作为一个民族的文化需不需要传承呢？如图 9-1 所示。

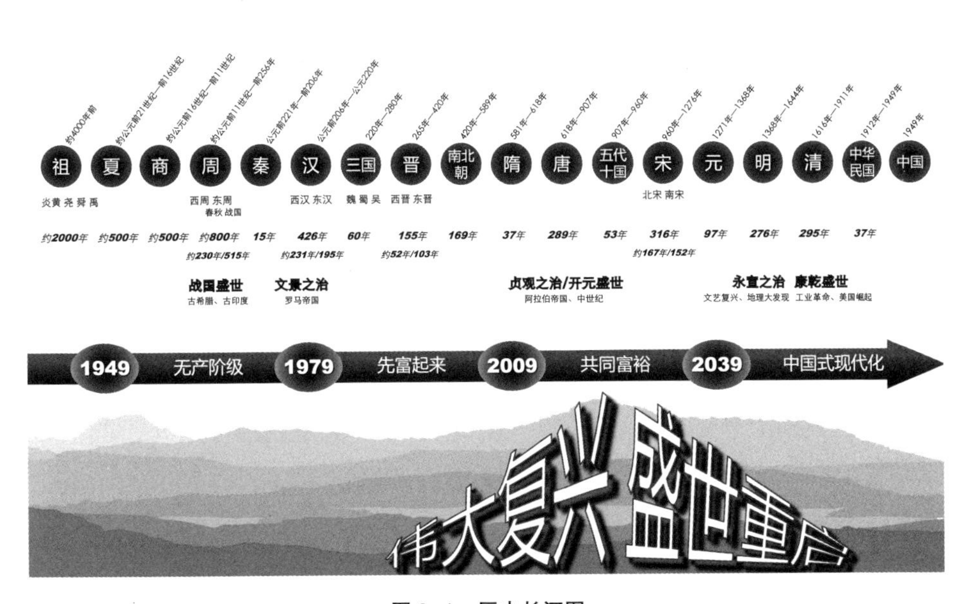

图 9-1　历史长河图

中华民族五千年的历史，孕育过众多朝代，先后出现过五个盛世，分别是战国盛世（思想文化的盛世）、文景之治、贞观之治/开元盛世、永宣

之治和康乾盛世。那么何为盛世呢？就是安定兴盛的时代。在每一个盛世到来之前，都有短暂的战乱和统治，之后就会被一个长治久安的朝代所替代，就这样不断地书写着兴衰起伏的历史传奇。在每一个王朝崛起的时候，有谁颠覆过中华民族的文化另立新章的？想必大家的答案都会是不可能，因为一个民族的精髓就是文化的传承，五千年中华文明的长河贯穿着古圣先贤的智慧，这是一个民族共同的信仰，需要世代相传。

我们再从一个国家政党的角度来看，每一届领导人的执政交接，要不要实现党、政、军权力的安全稳定传承呢？相信答案一定是需要，只有这样社会才能稳定，经济才能持续发展，国家才能富强，才能实现中华民族的伟大复兴和中国式现代化。

我们缩小到一家企业来看，创一代企业家们用毕生的经历为社会创造了价值，造就了一番事业，需不需要持续经营与传承下去呢？答案是肯定的，我们都希望基业长青，永续经营，面对不同时代的机遇与挑战，敢于继承勇于创新，才会缔造出跨越时代的百年企业和民族品牌。

那么家庭与家族财富是否需要传承呢？正常情况下家庭与家族的寿命远远高于企业的寿命，而且企业的资产归属于股东，股东的资产最终还是归属于家庭夫妻的共同财产。同时家庭还会有房地产、金融资产、另类资产等各种财富，因此未来的家庭与家族将会有众多资产需要经营、管理并传承。家庭才是这一切的核心和纽带，家庭才是人生财富管理的中心。所以财富传承将是一个时代的刚需，这是一个历史性的窗口期。

所以大到一个民族和国家，小到一个企业和家庭都需要传承。其实传承是我们的义务和责任，它代表着我们人生的顶点和下一代的起点。就像每一个行业和专业都需要师承一样，这也是社会进步的推动力。回过头来再看看上面“留钱何用”的那句话便清晰明白了。

不过在这个历史性的窗口期，的确是面临着一个巨大的考验。在改革开放的 40 多年里，创造和积累了大量的社会财富和个人财富，随着国家的长治久安，人民的生活稳定和生命延续，这些财富将合法地传承给二

代、三代……这将慢慢形成一种新的社会状况，也就是贫富差距加大的社会现象，伴随着社会阶层的固化和社会矛盾的产生，如何实现从一部分人先富起来，到最终带动所有人共同富裕，建设中国式现代化，这将是对所有人的考验和挑战。

传给谁？传什么？如何传？能否接？可否赢？这一系列复杂且专业的问题都需要提早筹划和安排。如果规划得妥当，会让家人和睦，家业兴旺，还可以造福一方。如果处理不当，也会引发亲人反目为仇，纷争不断，造成家道败落的局面。其实这远比创造财富的难度更大，更伤脑筋，更需要智慧。另外，财富传承不仅仅是富人的需求，广大的中产阶层都面临着传承的问题。每家每户几乎都有房产，并且大多数家庭人口结构还是以421（4个老人、2个大人、1个孩子）为主，这些财产像漏斗一样聚焦在孩子身上，这都将面临着传承的需求和不可预知的问题发生。

第二节　生命的传承

我们通常会认为，财富传承就是将我们这一辈子花不完的金钱和物质留给下一代，让孩子们有个足够的保障，使其一生衣食无忧。其实不然，财富传承不是简单地将财产留给孩子，而是一项专业而复杂的系统工程，涵盖着规划、教育、医疗、法律、税务、财务、投资和管理等架构。这需要自我提早学习和做些准备，以及选择优秀的专业人士协助自己完成心愿。

那么究竟要传承什么呢？财富传承包括着三个层面的传承，分别是生命的传承、文化的传承和资产的传承，也就是说，生命、文化和资产构成了全部的财富。

生命是最大的财富，也是财富传承的载体和通道，孕育新生命就是财富传承的第一步。家庭是新生命诞生的摇篮，新生命是家庭最重要的共同资产，承载着爱、流淌着爱，生命得以血脉相传就是最大的财富传承了。

家庭不但创造了新生命，还通过婚姻关系将血亲和姻亲多个家庭连接了起来，构成了一个复杂的家族人际关系排列网，如图 9-2 所示。

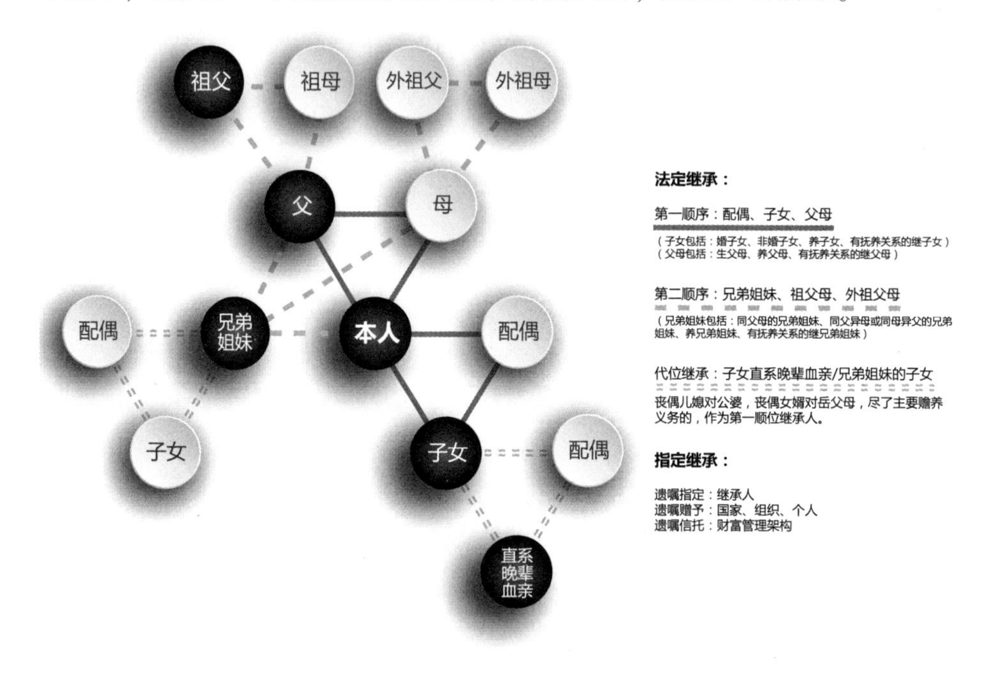

图 9-2　家族人际关系排列网

伴随着每个家庭婚姻结构和子女生育的不断变化，这张家族人际关系排列网会变得错综复杂，这就让财富传承的难度增加了。需要我们厘清这张关系网，并提早按照自己的意愿，主动做好妥善的规划，以免出现被动的法定继承。那样会形成多方向的继承和不可预知的可能，与自己的初衷产生偏差，甚至造成失控的结局。

按照这张图我们来推演一下，假如本人名字叫“小福禄”，就是这张家族人际关系排列网的主人公，在不做任何规划的情况下，看看财产继承会有几种方向和可能性：

第一种可能：假如当“小福禄”离开时，首先，将夫妻共同所有的财产的一半分出为配偶所有。其次，其余的财产再由配偶、子女、父母均等

继承。这里有个值得关注的焦点，就是关于子女的，由于目前离婚率越来越高，存在多次组建家庭的概率，有可能会出现多个婚子女，共同面对继承的局面；同时由于情感外流也会导致出现非婚子女，同样享有平等的继承权；另外由于爱心收养的子女，或者再婚有抚养关系的继子女，都享有平等的继承权。这就是生命的传承和爱的代价，如果不进行有效的梳理和妥善地规划，有可能留下的不是财产而是纷争。

第二种可能：假如当“小福禄”离开时，第一顺序的继承人无法继承，那么就会由兄弟姐妹、祖父母、外祖父母来继承。这里同样有个值得关注的焦点，就是关于兄弟姐妹的，这里的兄弟姐妹包括，同父母的兄弟姐妹、同父异母或同母异父的兄弟姐妹、养兄弟姐妹、有抚养关系的继兄弟姐妹。这样就会出现更加复杂的继承状况，也会造成财产分流与分散的局面。

第三种可能：假如“小福禄”的子女先于自己离开，那么就由“小福禄”子女的直系晚辈血亲代位继承。如果兄弟姐妹先于“小福禄”离开，那么就由兄弟姐妹的子女代位继承。另外丧偶儿媳对公婆，丧偶女婿对岳父母，尽了主要赡养义务的，作为第一顺位继承人。

第四种可能：假如无人继承又无人受赠，遗产归国家所有，用于公共事业；如果是集体所有制组织成员的，归所在集体所有制组织所有。

其实，现实中的状况会更加复杂，会有更多的可能性。当一个人离开这个世界，一生所创造的财富将面临社会的重新分配，不会再停留在自己的“十字表”家庭财报这本账内，将会跨表不停地流转。也许会在上下两代人的“十字表”家庭财报中流转；也许会在一个大家族、多个小家庭的“十字表”家庭财报中流转；也许会回馈到社会重新进行大循环。就这样财富将随着生命的不断传承，家族人际关系排列网不断地变化与延展，慢慢地分流、再分配、循环往复。

我们无法切断生命的延续和财富的创造，但可以将被动的财产继承，转化成主动的财富传承。这需要提早地规划和智慧地安排，以指定继承为原则，通过遗嘱、赠予、信托、保险等财富管理架构，将财富与心愿合一传承，不留纷争、不留牵挂、不留遗憾。

不过，财富也未必一定要传承给自己的子女与家族，还可以用来做公益，帮助那些没有血缘关系但需要救助的人们。

我们必须承认每个人都有自私的一面，这是很正常的事，没有错，但要坦诚善用这一点。充分爱自己、爱家人、用全力、尽全责。当我们充满了爱，活出了爱的时候，大爱自然会流淌出来，视别人如家人。私心与公心在一念间就完成了转化，做公益和了心愿，都是爱的一体两面。

其实做好自己就是最大的公益了。人生到了这个阶段应该是觉悟的时候了，一生打拼过来创造了很多财富，同时或许制造了许多垃圾对环境造成了污染，或许给社会带来了不少麻烦，以及给一些人带去了不公和伤害。当我们有醒悟、有能力、有心境之时，借助公益的方式，尽力去消除和弥补我们所犯下的过失，让自己从内心的苦难和煎熬中解脱出来。帮自己的同时也为后人积福报、做善事，让环境更环保，让社会更和谐，让人人更平等。

因此，拿出一部分财富回馈给社会是必须具有的觉悟，这也是实现共同富裕的有效途径。

第三节　文化的传承

有了生命的传承还不够，生命需要唤醒、开发和教育。没有德行和能力是无法驾驭财富的，那反倒是一种伤害，因此孩子的教育就尤为重要。而关键的启蒙教育和终身的自省教育，不是在学校，也不是在社会，而是在家庭。那么家庭的教育靠什么呢？

除了中华民族的祖先智慧外，还需要有优良的家风、家教和家训，将一个家族的精神文化和特质基因，进行熏陶、培育与传承下去。特别是在孩子 12 岁左右立志前的品德和习性养成上至关重要，这个窗口期稍纵即

逝，后天难以弥补，所以留给孩子再多的财富，也不如把孩子培养成财富。

在家族文化中，最核心的精神体现就是家训了。由一个鼻祖发起，可以通过几代人不断地撰写、汇集和修订而成，为后人提供福德资粮。家训这两个字，说明了两个问题，第一个字是家，家是生命诞生和延续的通道，是最小的组织单位，是财富传承的载体。第二个字是训，训一方面体现的是戒，就是祖辈留下来的经验值，告诉我们不能做什么；训另一方面体现的是愿，就是祖辈倡导的价值观，告诉我们什么是最重要的，告诉我们能做什么。

那么书写家训的关键点是什么呢？家训其实就是将家族的文化文字化。有三个关键点：第一点就是简单易懂，理念不要太复杂，不能太深奥，要儿童和成人都能明白才行。第二点就是容易使用，作为思维和行为的规范，不能挂在墙上，要好用，用上效果立刻呈现。第三点就是不断提炼，千万别想一次就写出惊世之语、旷世之作，这是不太可能的，需要不断修改与提炼，甚至需要几代人共同努力才能完成。这样逐步将整个家族的文化演变成文字化，传承下去并应用起来，持续地造福后代。

书写家训内容范畴时需要注意，不要很宽泛面面俱到，把家训写得很高大上，像古圣先贤一样，放到谁家都能用。因此我们可以从五个方面深度挖掘和提炼。如图 9-3 所示。

第一个方面是家族精神，将整个家族成长的轨迹和演变的背景，编辑成一个打动人心的故事，提炼出一种精神，让后人传唱，并形成强大的家族凝聚力。

第二个方面是特质基因，深挖家族三代人甚至更久的长辈们，有什么擅长，靠什么为生，以什么为立业之本，看看自己家族中流淌着怎样的DNA。如果找到这种特质和基因，就能接通家族强大的力量和信心。

第三个方面是习性模式，从身边最近的家庭成员，到近亲属，再到整个血亲和姻亲所组成的家族人际关系排列网中，每个人是如何确立自己位

图 9-3　家训

置的，彼此是如何相待和交往的，逐步形成了怎样的习惯和性格。这将会成为一种家风，并影响着一个人一生的人际关系。

第四个方面是财富密码，一家之长对于金钱与财富是怎样看待的，有着怎样的创富史，是如何进行收支与资产负债管理的。对教育、创业、投资、消费、保障、传承与慈善，以及家族基金是如何考虑和规划的，有没有自己的私人财富顾问。

第五个方面是原则尺度，无论是做大事还是做小事，有没有什么标准和尺度，在机会与风险面前有什么原则和底线。这是一个人安身立命的基础。

当然还有更多的方面可以挖掘，只要有所积累和有自己的特色就好，这样就能精准定位、深入提纯，写出属于自己家族特色的家训。

为了让大家更清晰地感知到家训的魅力，就用笔者“小福禄”的案例为大家解读一下，看看“小福禄”是如何提炼家族基因并亲自实践而形成

自己的家训。

“小福禄”的家族是一个典型的闯关东一族，几代人从山东老家移民到东北谋生，在边境小城丹东落户，还有一部分亲属继续北上到达了沈阳。家族中除了一小部分的人务农以外，大部分的亲属都经商做起了买卖或做实业办起了小工厂。经过了几代人的打拼和积累，也慢慢形成了以纺织为中心的小型轻工业。不过，伴随着抗美援朝战争的开始，作为边防城市的许多产业和资源都需要转移。“小福禄”家族的小型轻工业也包括在其中，或者撤离、或者解散。于是，家族开始再度分解，有一部分亲属带着设备和人员转移到沈阳，另一部分亲属继续留守在丹东，转行做起了会计。

在“小福禄”的家族中，几代人流淌着一种共同的基因，那就是财务素养和能力。无论是流离失所，还是遭遇战火，这种基因就是让家族每一个人得以生存下来的基本能力，也是掌握机遇发展壮大的核心能力。在“小福禄”的记忆中，爷爷就是一个高大帅气的大掌柜，精通财务和商业，爸爸、大伯和几位叔叔们都是财会高手。记得最清晰的一次就是爸爸获得了全市珠算比赛的第一名，这给“小福禄”的童年种下了一颗希望的种子。不管“小福禄”长大后从事过什么职业与工作，兜兜转转地最终还是走上了金融与财富管理行业，与家族流淌的财务基因融会贯通了，并将大半生的经验与感悟凝练写成了家训。如图 9-4 所示。

“小福禄”的家训可以浓缩成四个字“财悟人生”，展开讲就是“以财悟道、圆满人生”，是基于人人都是为财所困，家家都有一本糊涂账。如何能让人们从全生命周期的财富创造和财务所需中，达到财富平衡和人生圆满的状态，并在整个过程中时刻获得幸福感和了悟人生智慧呢？

为此，“小福禄”还重新梳理出六层的财富观。最外层是天赐财富，也就是天空、大地、山川、植被、阳光、空气、水和风等，这些都是大自然无偿给予、却又无常变化的财富，每个人都可以免费享用。第二层是公共财富，包括公共资源、公共设施、公共福利、慈善公益等，这些都是政

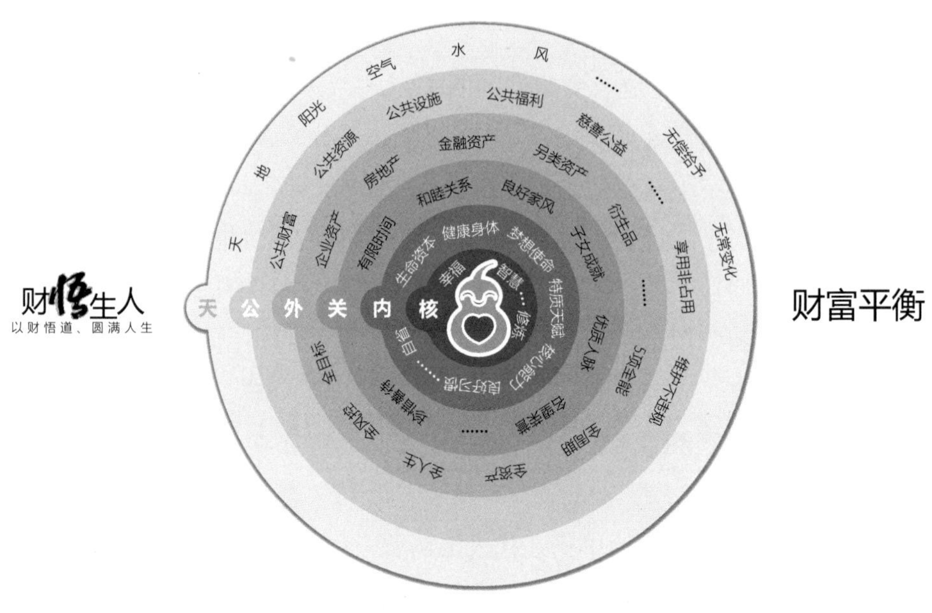

图 9-4 “小福禄”的家训图

府给予的社会财富，每个人都可以享用但不能占有，同时需要维护不能违规破坏。第三层是外部财富，也就是我们通常比较看重的物质财富，涉及企业资产、房地产、金融资产、另类资产、衍生品等，这些财富是每个人根据自己的能力与机遇而获得的。第四层财富是关联财富，是我们容易忽略的软实力，比如有限的时间、和睦的关系、良好的家风、子女的成就、优质的人脉、名望与荣誉等，这些财富都需要加倍珍惜与善待。第五层是内在财富，也是每个人都拥有但未必能开发出来的根本财富，包含生命资本、健康身体、梦想使命、特质天赋、核心能力、良好习惯等，这些财富需要不断自省才能获得。最后一层是核心财富，也是终极财富，就是幸福与智慧，这需要时刻修炼方能得到。

这是透过层层的财富表象，直达核心智慧的财富体系，其核心理念就是财富平衡。平衡就是目标，平衡也是财富，平衡还是幸福，平衡更是智慧。

“小福禄”就是将家族几代人的财务基因发扬光大了，形成了家训，

并立志发愿全心全力助有缘人实现财富平衡和人生圆满，共建盛世！同时，还聚焦定位于家庭 CFO，并开创出“十字表”家庭财报这个新品类，为实现共同富裕贡献一点专业力量。

第四节　资产的传承

有了生命的传承和文化的熏陶方能驾驭财富，而此时所能传承的资产，也需要进行一次盘点和梳理。面对巨额的资产常常会出现这样一种状况，当一个人获得了巨大成就的时候，往往会产生一种错觉，认为这一生所创造的所有资产都是自己的，这是一种非常危险的意识，会走向多藏必厚亡的险境。

我们这一生所创造的资产不完全属于自己，应该将之分成五份，如图 9-5 所示。

图 9-5　财富传承与资产保全

第一份资产是属于国家的。我们得以安全、永续地经营企业、投资与工作，要依靠国家政策的指引和法规的保障，金融体系的支持，以及更多能源与基础设施的平台服务。我们通过缴税的方式将一部分财富上缴给国家，这是最基本的政治觉悟。

第二份资产是属于社会的。我们经营企业、投资与工作，需要参与到社会分工和行业分类中去，是纵横交错的产业链中的一环，通过上下游的供需关系推拉着财富进行有效的分配，回馈社会，进行经济大循环。

第三份资产是属于企业的，是客户、员工、全体股东以及债权人的。企业的目标是创造产品与服务的价值，满足客户的需求，为员工提供就业机会，为股东赢得利润，支持经济得以持续地运行。

第四份资产是属于家庭的，是夫妻共同财产，也是属于孩子、老人和家族中经常出现财务缺口的亲人的。家庭犹如最小的合伙企业，经营幸福的时光、创造生命的延续、管理共同财产和债务，是社会最重要、最基础、最广泛的经济体。

第五份资产才是属于个人的，是生、育、业、家、老、病、死、传，这一生的所需。也构成了最微观的“十字表”家庭财报这个财务内需引擎，通过收支的管理与资产负债的平衡，形成了财务自循环系统，也是拉动宏观经济大循环的动力源。

明了资产的划分与规律，才能知根、知底、知足，进而知止。从而避其风险、把握机会，有效地做好资产的规划与保全，让财富传承得更稳妥！

在这五份资产的关联中隐藏着五大风险（图 9-5 所示），不但影响着资产的传承，还危及着我们财富的安全，如果处理和规划不当，有可能会造成满盘皆输的局面。这六大风险分别是：

第一个是政策法律风险。在任何一个主权国家和全球区域内进行商业活动，必须遵守当地及关联区域内的法律法规和相关政策。特别是税法，这是一条不能触碰的红线，否则将损失惨重。

第二个是系统性风险。由于不可抗力性的灾难、经济周期的波动、金融危机的爆发等因素造成系统性的风险，导致经济衰退和产业不振，我们的资产也会出现损失或破灭，容易触发债务风险，严重的将面临灭顶之灾。

第三个是经营性风险。随着企业寿命的不断缩短，企业的风险也在不断加剧。首先是涉及股权的风险，包括股东发生人身风险导致股权继承与纷争的风险，以及由于婚姻破裂反向导致企业股权分割的风险。其次是债务的风险，以及企业家发生连带责任所造成的刑事风险。另外是企业与家庭财务混同的风险，将企业风险传导至家庭，导致家庭财富缩水、外流及损失的风险。

第四个是婚姻风险。由于离婚率的不断攀升，造成的财产分割与流失的风险比较严重，社会的影响面比较大。主要涉及一代婚姻财产的分割与流失风险；二代婚姻变化造成财富缩小的风险。所以应该提前做好婚前财产规划以及婚内资产保全。

第五个是人身风险。这也是最根本的安全问题，生命是这一切的主体，失去健康或如遇不测，所有的权利、应尽的义务和未偿的债务，是否早有安排和妥善处理。

第六个是传承风险，也是重中之重。首先能否符合身份确认，是独生子女、多子女、多婚子女、非婚子女、养子女、继子女中的哪一种；意愿是否符合；能力是否胜任；股东间的矛盾是否有效处理；还有所有权、控制权和受益权是否妥善安排。

以上这些风险时常是联动发生的，需要做好防火墙进行有效的隔离，要在一个安全的、科学的、专业的架构内将这些风险处理好！资产保全好！顺利完成资产传承。

第五节　揭开高净值家庭的财富全貌

下面我们将用一个实操案例来体验一下，看一看高净值家庭是如何管理财富和传承财富的。这是一对事业非常成功的夫妻，先生是“善一博”（化名），45 岁，太太是“汤超”（化名），与先生同岁。彼此各有一位 70 多岁的老人需要赡养，夫妻俩育有一儿一女两个孩子，女儿 15 岁，儿子 6 岁。夫妻双方共有 5 个兄弟姐妹，平日里都依赖于夫妻俩的经济援助，这样就构成了一个大家族。我们通过夫妻俩的私人财富顾问整理出来的“十字表”家庭财报，一起走进他们的生活并了解一下财富是如何规划的。

1. 我们先从“十字表”家庭财报的全貌数据上看一下，如图 9-6 所示。

很显然，这是一份典型的财富阶层的家庭财报，年收入过千万、总资产也过亿，正面临如何善用财富、传承财富的课题。

先生“善一博”和太太“汤超”相识在职场，先生负责销售很能赚钱，太太负责财会审批报销，在频繁的业务费用报销中摩擦出了火花，最终先生不但赚到了人生的第一桶金，还娶到了一生最爱的老婆。

机缘所致，夫妻俩正准备创业，便遇上了一个人和一个项目，于是就加盟其中共同推动。经过了 20 多年的打拼，将这个项目及品牌打造成了几乎家喻户晓的知名品牌了。同时，夫妻俩所投资累积下来的连锁店达到了 50 多家，占整个品牌市场份额的 1/6，总资产也超过了 1 个亿。目前每个月能贡献 200 多万元的经营利润，这就构成了夫妻俩的主营收入。若按每年 5%的速度增长，15 年后（60 岁退休）所累积的收入约为 5.2 亿元，这就是夫妻俩的生命资产总和。

家庭财报

十字表®

姓名/性别：善一博/男　汤超/女
职业/年龄：私企/45岁　协会/45岁
私人财富顾问：

财富安全 A	财富独立 B	财富自由 C
保障资产 = 生命资产 -505,885,526	净值为正数 586,735,516	理财收入 > 月支出 46,458

月收入　2,411,458

项目	子项	收入
工作收入	先生工资	
	太太工资	
主营收入	经营利润	2,000,000
C 理财收入	股权分红	300,000
	房产租金	100,000
	现金利息	11,458
	数字收益	
	固定收益	
	浮动收益	
	保障收益	
	另类收益	
转移性收入	赠予所得	
其他收入	随机所得	

总资产　737,885,526

项目	子项	增长率/备注	时间	资产
生命资产	先生 太太	0.05	15	517,885,526
主营企业	食品连锁店	50家		100,000,000
企业资产	文化公司			3,000,000
	投资公司			9,000,000
	滑雪场			6,000,000
	游乐场			12,000,000
	食品厂			10,000,000
房地产	商业门店	6处		15,000,000
	住宅	8套		20,000,000
金融资产 A	现金类	0.0275		5,000,000
	数字类			
	固收类/年金			20,000,000
	权益类			2,000,000
	保障类/夫妻			12,000,000
另类资产				
转移性资产				
其他资产	汽车	7辆		6,000,000

月支出　365,000

项目	、	支出
生活支出	先生开销 太太开销	100,000
	赡养费用	15,000
	女儿费用	10,000
	儿子费用	10,000
	教育费用	
	兴趣/爱好	
信贷支出	抵押/信用	
投资支出	强储/长期	50,000
保障支出	统筹/商业	30,000
公益支出	社会/家族	50,000
其他费用	不可预见	100,000
税金支出	所得税	

总负债　151,150,010

项目	子项	增长率/备注	时间	负债
生活负债	工作期	0.05	15	25,894,276
	退休期	0.05	25	57,272,519
生活规划	赡养基金	0.05	15	3,884,141
	女儿负债	0.05	9	1,323,188
	儿子负债	0.05	18	3,375,886
	教育基金			10,000,000
	环球旅游1			15,000,000
	海外置业2			20,000,000
贷款负债				
投资规划	年金		15	9,000,000
保障规划	健康基金		15	5,400,000
传承规划	家族基金3			
其他规划				
税务规划				

月结余　2,046,458　　**B 净值　586,735,516**

手中现金＿＿＿＿＿＿元

所有数据仅用于规划，不作为实际投资使用。

图 9-6 “善一博”与“汤超”的家庭财报

夫妻俩在现金比较充足的前提下，热衷于投资各类公司及项目。投资了300万元成立了文化公司；投资900万元参股了一家投资公司；投资600万元控股了一家滑雪场；投资1,200万元经营着一个游乐场；投资1,000万元开办了一个食品厂。其中只有食品厂盈利，每月贡献30多万元的红利，其他投资目前还没有看到收益。

多年的财富累积也让夫妻俩投资了不少房地产。其中，有6处商业门店，总资产有1,500万元，每个月的租金收入就达10多万元。另外，在全国各地还有8套住宅，供自己和家人使用，价值2,000万元。

在金融资产方面，夫妻俩也配置了不少。随时支取的现金储备不低于500万元，月均利息约为11,458元。为两个孩子购买了2,000万元的年金保险，每人1,000万元，希望孩子们一生无忧。在股市中常年保持200万元的资金投入。夫妻俩还有1,200万元的综合保障。

除此之外，夫妻俩还有7辆爱车，价值在600万元左右。

我们再来看一看夫妻俩的支出与负债的状况。夫妻俩每月的基本开销都在10万元左右，这个数字对于普通人来说是无法想象的。不过这里包括了家庭里的各类工作人员及其费用，仔细算下来也差不多。若按每年5%的通胀计算，15年工作期的总成本约为2,600万元；若按同样的生活标准退休生活至85岁，25年退休期需要准备约为5,700万元的养老金。

两位老人家每个月平均也需要1.5万元的赡养费用，若按每年5%的通胀计算，15年累计下来需要约为390万元的赡养基金。两个孩子的费用可就大很多，平均每人每月都需要1万元，若按5%的通胀率计算，大女儿还有9年完成学业，需要准备约为132万元的费用；小儿子还需要抚养18年，累计约为338万元。另外，夫妻俩还为两个孩子准备了1,000万元的大学深造基金，每人500万元，真是幸福的孩子呀！

除了这些基本的生活支出外，每月还有5万元的年金投资，余下15年还需要累计投资900万元。每月还有3万元的保险投资，余下15年还需要累计投资540万元。每月还需要支付5万元，用作家庭援助费用。最后每

月还有杂七杂八的不可预见的费用也需要10万元，这真是一个大家族呀！

在这些支出和负债的基础上，夫妻俩有3个人生愿望。第1个心愿是环球旅行，虽然夫妻俩已经活得很精彩了，但心底还是想彻底自由放飞自我，为此两个人准备拿出1,500万元进行规划。第2个心愿是在海外置业，希望在宜居的地方安个家，准备投资2,000万元。第3个心愿是成立一个家族基金，帮助家族中的兄弟姐妹们过上幸福的生活，具体预算和方式不太清楚，希望能得到私人财富顾问的帮助。

这些数据和信息是“善一博”与“汤超”夫妻俩目前整个家庭的基本状况，为了进一步看透彻，我们将深入分析一下这个家庭的财务数据，看一看能否发现些什么更有价值的突破口，以便更好地做好财富规划。

2. 我们再从“十字表”家庭财报关键财务数据分析中，看看有何收获：

1）从家庭的收支管理水平上看一下：如图9-7所示。

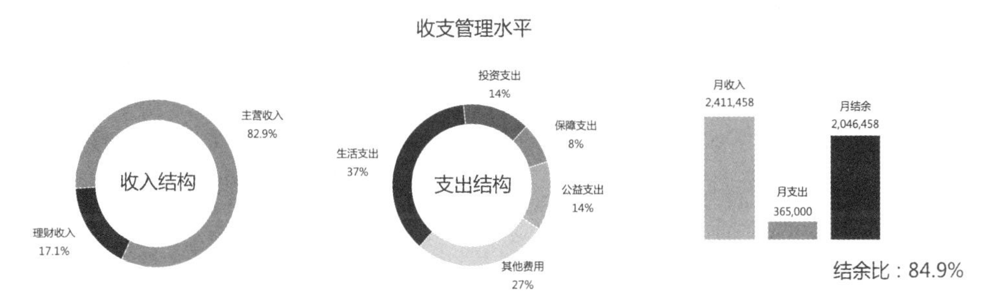

图9-7　“善一博”与“汤超”的收支管理水平

从夫妻俩的收入结构上看，有两股收入来源。主要的收入来源依赖于50家连锁店的主营收入，占比高达82.9%，而且每个月都有200万元以上的稳定收入，这是一项优质且成功的经营成果。虽然这是夫妻俩的主营业务，但是已经非常成熟和稳定了，基本上依靠职业经理人就可以正常运营了。另外，理财收入也占比17.1%，每个月能带来40多万元的收益，关键能够覆盖每个月全部的生活支出，早已经实现了财富自由。

从夫妻俩的支出结构上看，由五部分构成，比重最大的项目是生活支出为13.5万元，占比是37%，这充分说明了这是一个生活品质很高的大家族。值得注意的是，比重排在第二位的居然是其他费用，也就是不可预见费高达每个月10万元的程度，占比为27%，这说明在资金管理上是比较随机的。当一个家族大到一定程度的时候，和管理一家企业是差不多的，这就需要夫妻俩换个思路来经营和管理这个家族了。比重并列第三位的项目是投资与公益支出，其中，投资支出主要是为两个孩子投资的年金项目；另外公益支出主要是帮助家族兄弟姐妹的援助资金，这些都是爱心的体现呀！最后一项是夫妻俩的保障支出，占比8%，还有很大的成长空间。

夫妻俩整体的收支管理水平还是很棒的，关键是不差钱，致使结余比高达84.9%，每个月有200多万元的现金沉淀下来。

2）从家庭的资产负债平衡能力上看一下：如图9-8所示。

从夫妻俩的资产结构上看，依托于50家连锁店的主营企业收入所积累下来的生命资产是最大的核心资产，占比为70.2%，若将主营企业的资产也纳入其中，合计占比就达到了83.8%。这可以充分说明夫妻俩的成功就在于当初抓住了机缘，选对了人和项目。同样也验证了没有夫妻俩的加入和推动，整个品牌和项目也发展不到如今家喻户晓的局面。

再参考实有资产结构来看，主营企业占比45.5%，逼近一半。如果将排在第二位的企业资产拆解开来，其中，食品厂也是属于主营企业的关联资产，占比为4.5%（食品厂1,000万元/实有资产22,000万元）。这两项合计占比50%，这就是成功的基石。随着资金的累积，夫妻俩尝试着做了众多投资，最热衷的还是各类企业投资，占比是18.2%。其次是金融投资，占比是17.7%。第三是房地产投资，占比是15.9%。最后是夫妻俩很喜欢的各种名车，占比2.7%。

从夫妻俩的负债结构上看，基本上被生活负债与规划所占用，分别占

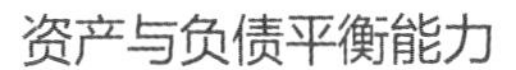

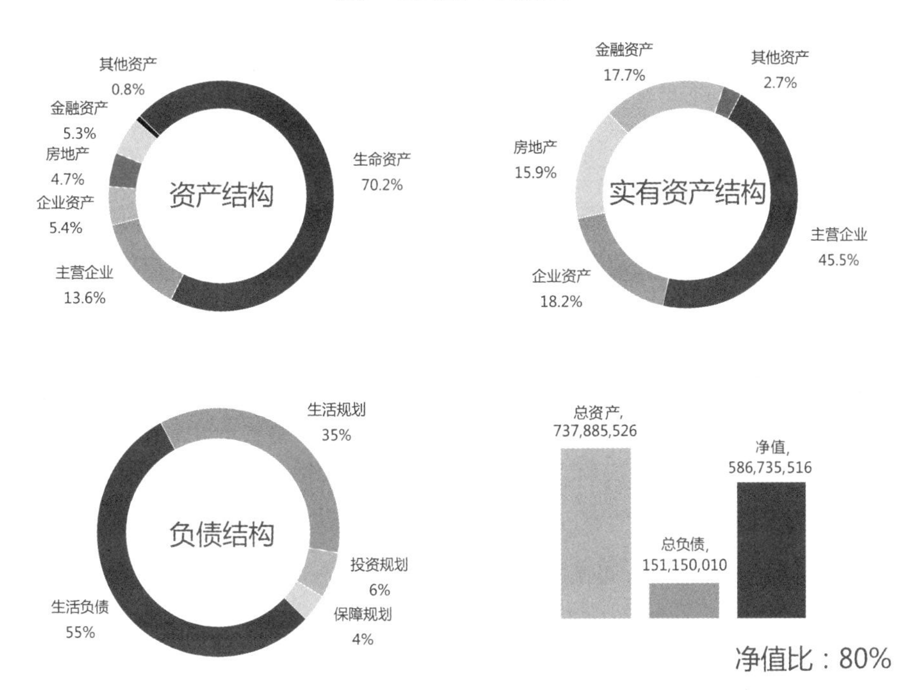

图 9-8 “善一博”与“汤超”的资产负债平衡能力

比 55%和 35%。而投资与保障占比很小，分别是 6%和 4%。其他的需求和规划考虑得较少。

夫妻俩整体的资产负债平衡能力是超强的，关键在于有花不完的资金与资产，致使净值比高达 80%，人生终局还剩 5. 8 亿元，这是需要传承规划的。

3）从家庭的资产与资金的收益效率上看一下：如图 9-9 所示。

虽说夫妻俩不差钱，但是也要学会善用钱，从中找到自己在财富创造和财富管理中的盲点，从而有所提升。

从资产与资金的收益效率上看，以 50 家连锁店为主体的主营企业收益效率最高，年收益率为 24%，是最优良的投资。其次是各类企业资产的平均投资收益为 9%，我们将这些企业资产放大一看便知，只有一家

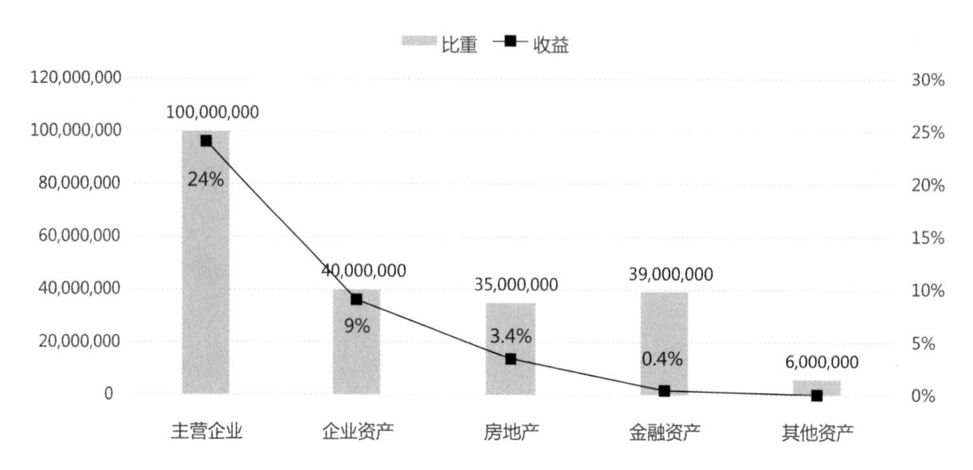

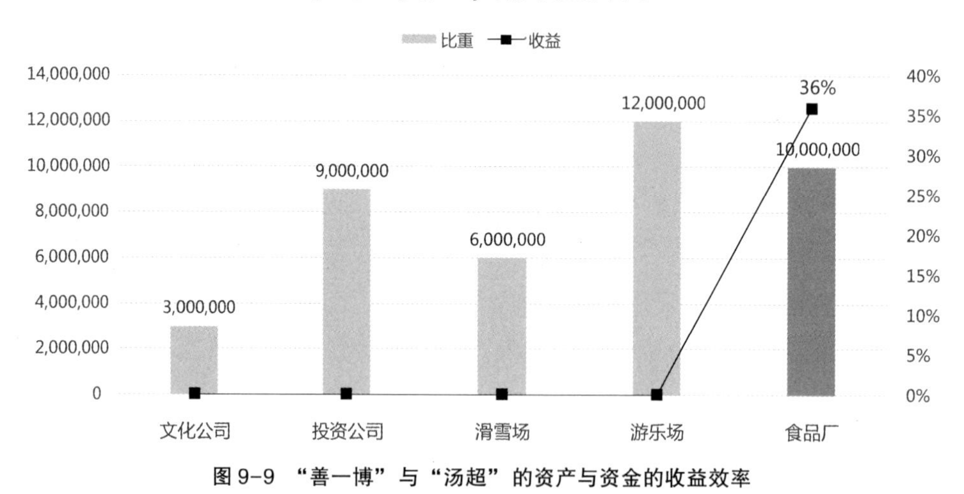

图 9-9 “善一博”与“汤超”的资产与资金的收益效率

企业盈利，那就是为 50 家连锁店提供生产的食品厂，年收益率为 36%。这说明夫妻俩靠主业获得的收入转投到其他的企业中均未实现盈利！目前累计未盈利的企业投资达 3,000 万元，这也是夫妻俩需要深度自省的地方。

房地产平均投资收益为3.4%，其中，商业门店的投资收益为8%，住宅目前属于自用尚未产生收益。金融资产以短期流动性（储蓄）、长期规划性（年金）和对冲风险性（保险）为主，兼顾了一点收益性（股票），目前平均收益在0.4%。其他资产是汽车，属于自用品非运营盈利，计入资产折旧。

4）从家庭的支出与负债的流动轨迹上看一下：如图9-10所示。

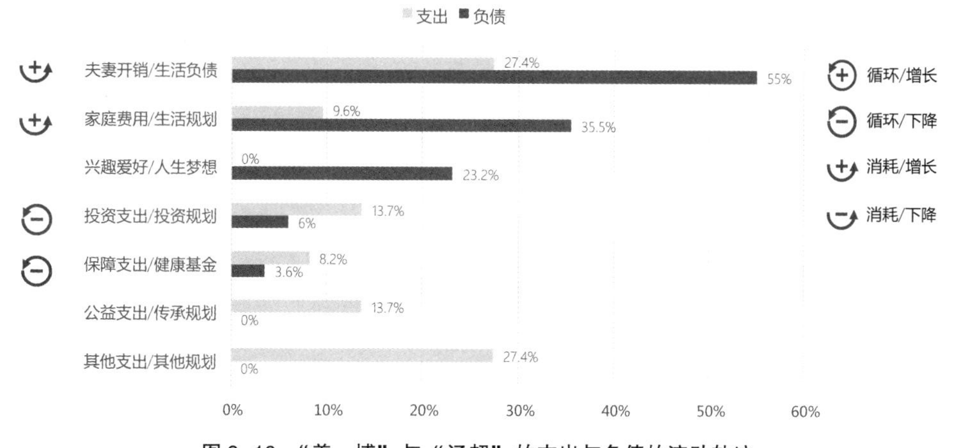

图9-10　“善一博”与“汤超”的支出与负债的流动轨迹

从夫妻俩的支出与负债流动轨迹上看，反映出三组趋势和状态。第一组是夫妻开销/生活负债（从27.4%到55%）和家庭费用/生活规划（从9.6%到35.5%）这两个部分，无论是生活费用，还是成长规划，都是消耗性的负债流动呈现增长趋势。这需要进行一个有效的规划，分别针对养老、教育等需求设立专项基金账户，一方面运用资金的时间价值创造出预期的收益；另一方面形成专款专用的现金流。

第二组是投资支出/投资规划（从13.7%到6%）和保障支出/保障基金（从8.2%到3.6%）这两个部分，都是属于循环性的资产流动呈现下降趋势。这说明缺少长期持续的投资与保障规划，还有很大的成长空间。

第三组是兴趣爱好/人生梦想（从0%到23.2%）、公益支出/传承规划（从13.7%到0%）和其他支出/其他规划（从27.4%到0%），这一组的状况是只有一半数据，而另一半没有启动或没有规划，这需要慢慢地厘清。其中，兴趣爱好/人生梦想，目前没有任何启动和准备，只是一种愿望和规划。公益支出/传承规划，目前每月支付5万元进行家族援助，未来该如何持续帮助家族成员，成立怎样的家族基金都有待规划。其他支出/其他规划，每个月支付10万元的不可预见费需要拆解和量化，整理出可分类的项目进行管理和规划，尽量让钱流动得透明、可控。

5）从三组资金循环系统看一下：如图9-11所示。

首先，我们从“生命资产”为原动力的主循环系统上看，夫妻俩价值约5.2亿元的“生命资产”和价值1亿元的主营企业，推动着每个月200万元的主营收入，随着每个月13.5万元的生活支出，形成了约1.4亿元的长期生活负债和生活规划，来维护和推动着“生命资产”的运行。很显然这一循环系统是强大而有力的，不但产生了186.5万元充足的结余，还沉淀了3.8亿元的高净值。

其次，第二个循环系统就是以结余与投资为推动力的循环系统。夫妻俩的月结余高达200万元，结余比为84.9%，同时还有500万元的现金储备，紧急周转金也可以应对14个月的生活所需。经过长期投资所累积的资产达到了1.1亿元，产生的理财收益合计约为41万元，收入占比17.1%。整个资金流转比较畅通，但效率不高，还未充分运转起来。

然后，我们从外部融资为杠杆力的循环系统上看，夫妻俩没有任何贷款，自有现金都用不完，这真是少有的高净值家庭呀！

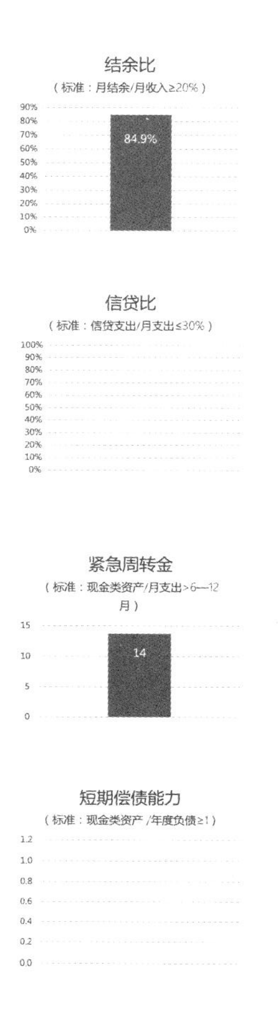

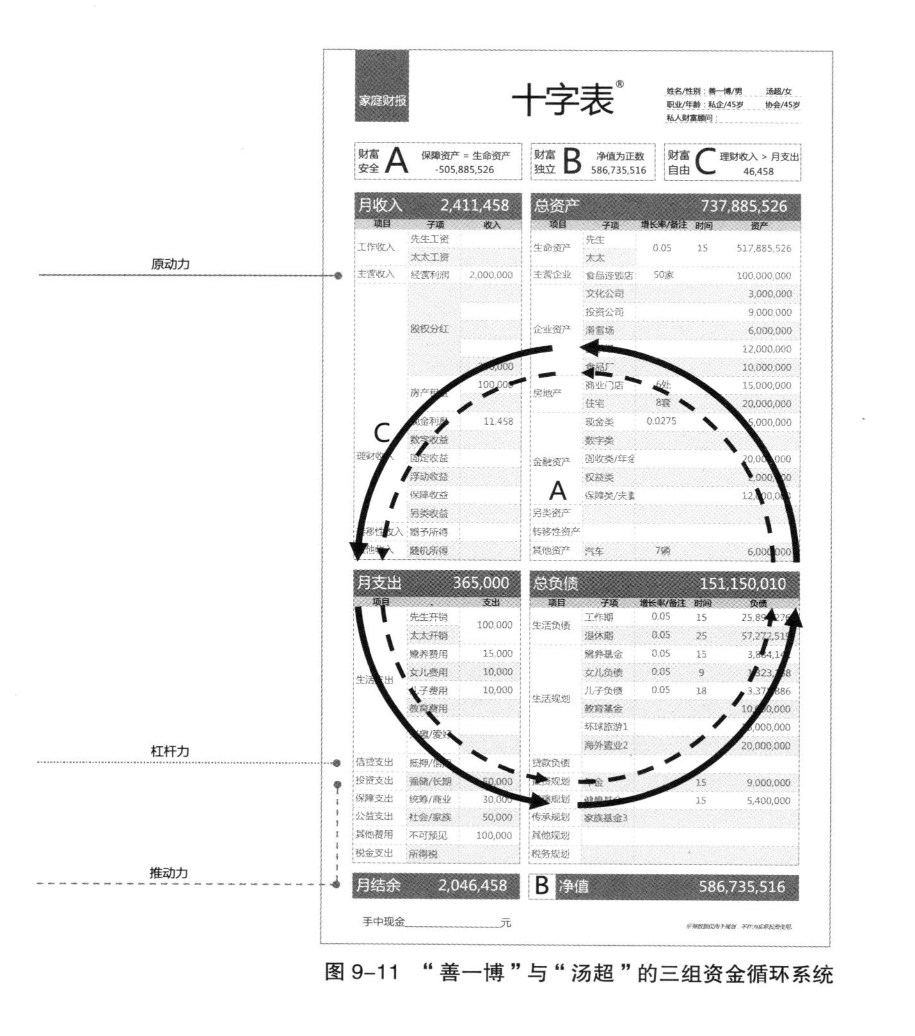

图 9-11 “善一博”与“汤超”的三组资金循环系统

6）从财富平衡的三大指数上看一下：如图 9-12 所示。

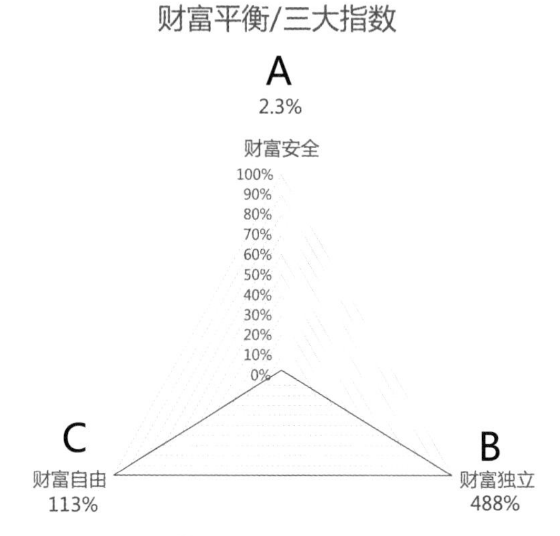

图 9-12 “善一博”与“汤超”财富平衡的三大指数

夫妻俩不愧是高净值家庭，财富平衡的三大指数有两项都超额达成了。其中，**B** 财富独立指数已经达到了 488%，净值约为 5.9 亿元，财富传承是重中之重。**C** 财富自由指数也达到了 113%，不靠主营收入也能轻松实现财富自由。这里关键的问题是夫妻俩的生命资产价值太高了，目前 1,200 万元的保障只能形成 2.3%的财富安全指数，是时候从更高的维度、更宽的视野和更优的架构来统筹规划生命资产、财富传承和家族基金等事务了。

3. 问题聚焦：

经过了系统的分析，我们聚焦了 3 个问题需要解决：

1）核心家庭的职能定位和财富管理，夫妻俩和两个孩子是整个家族及其投资运营的决策中心，需要设立一位家庭 CFO。虽然不差钱，也要善用钱，从全生涯的战略角度，统筹资源和管控财务。将夫妻俩生命资产的保障、未来退休规划、孩子的教育基金、晚年的梦想基金以及最后的传承规划都安排妥当。

2）由于主营企业是跟随强者一起打造的，充分体现了团队智慧、行业选择和时机把握。而收益转投到其他行业与企业均未成功，这就需要思考清楚，自己的企业与投资应该采用什么样的战略、方向、定位及文化，因为战略失误是破产最快的途径。

3）作为一个家族，需要相互帮助，但是要有原则和规矩，不能无休止没底线地援助，造成躺平和依赖局面，巧用家文化和家族基金来激励与治理。

4. 解决之道：

确立了太太“汤超”作为家庭 CFO，并以先生“善一博”的善字打造企业新品牌、新品类以及家族文化。经过了一系列的战略优化和财富规划，夫妻俩新的“十字表”家庭财报也出炉了，让我们一起见证一下吧！如图 9-13 所示。

首先，优化了企业资产的投资：

1）将文化公司、投资公司和滑雪场这 3 家公司卖出，折价变现了 1500 万元。

2）将 50 家连锁店从主营企业移至企业资产管理中，因为这家知名的主体公司已经趋向成熟和分化，完全可以自动运行。

3）在夫妻俩熟悉的食品行业，投资 2,000 万元开辟出一个新品类和新品牌作为主营企业，以“善食”（化名）为品牌，善心做美食，年轻化、网络化、颜值化。每个月可以创造出 40 万元的主营收入。

4）将原食品厂调整到主营企业中，配合新品牌提供生产保障，加大人员和设备的投入，使之焕发出新动能。

其次，成立了家族保险信托基金，运用保障资产独特的法律属性、指定受益人原则和三权分立的架构等多项功能，初步完成了财富管理与财富传承的规划。该基金总额为 26,500 万元，每月投资约 107 万元，利益包括（该方案只供阅读理解使用，不作实际投资参考）：

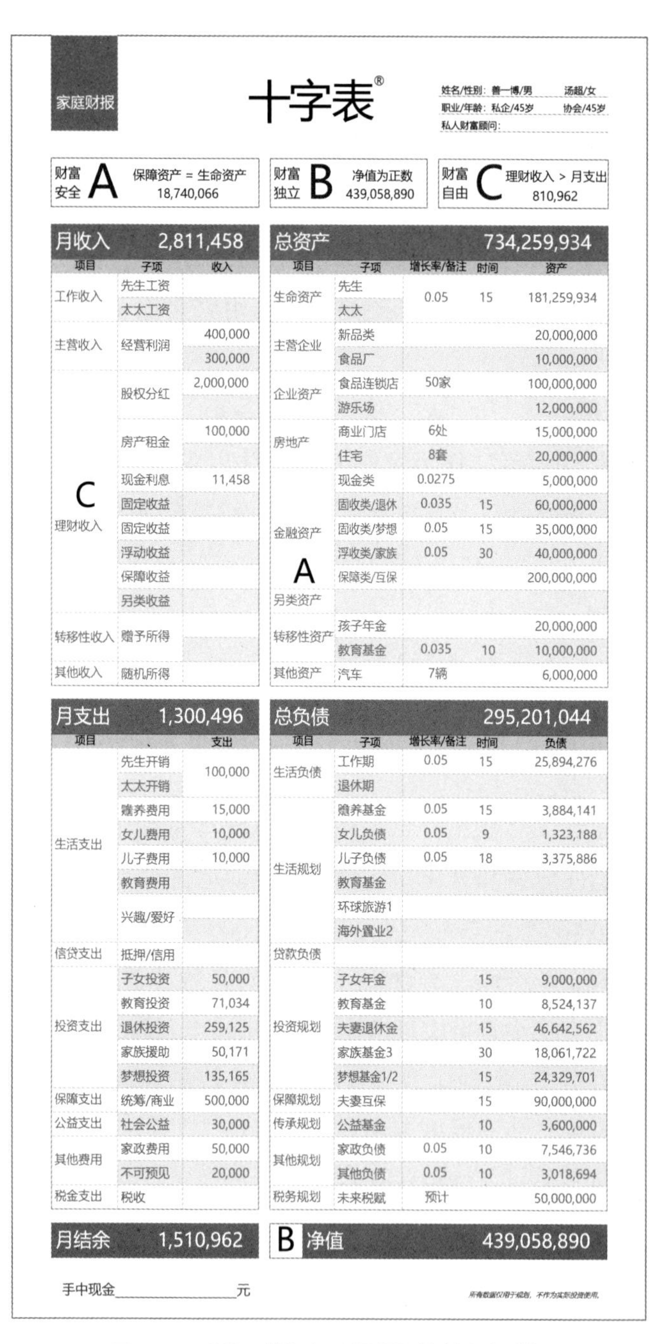

家庭财报

十字表®

姓名/性别：善一博/男　汤超/女

职业/年龄：私企/45岁　协会/45岁

私人财富顾问：

财富安全 A	财富独立 B	财富自由 C
保障资产 = 生命资产 18,740,066	净值为正数 439,058,890	理财收入 > 月支出 810,962

月收入 2,811,458

项目	子项	收入
工作收入	先生工资	
	太太工资	
主营收入	经营利润	400,000
		300,000
C 理财收入	股权分红	2,000,000
	房产租金	100,000
	现金利息	11,458
	固定收益	
	固定收益	
	浮动收益	
	保障收益	
	另类收益	
转移性收入	赠予所得	
其他收入	随机所得	

总资产 734,259,934

项目	子项	增长率/备注	时间	资产
生命资产	先生	0.05	15	181,259,934
	太太			
主营企业	新品类			20,000,000
	食品厂			10,000,000
企业资产	食品连锁店	50家		100,000,000
	游乐场			12,000,000
房地产	商业门店	6处		15,000,000
	住宅	8套		20,000,000
金融资产 A	现金类	0.0275		5,000,000
	固收类/退休	0.035	15	60,000,000
	固收类/梦想	0.05	15	35,000,000
	浮收类/家族	0.05	30	40,000,000
	保障类/互保			200,000,000
另类资产				
转移性资产	孩子年金			20,000,000
	教育基金	0.035	10	10,000,000
其他资产	汽车	7辆		6,000,000

月支出 1,300,496

项目	、	支出
生活支出	先生开销	100,000
	太太开销	
	赡养费用	15,000
	女儿费用	10,000
	儿子费用	10,000
	教育费用	
	兴趣/爱好	
信贷支出	抵押/信用	
投资支出	子女投资	50,000
	教育投资	71,034
	退休投资	259,125
	家族援助	50,171
	梦想投资	135,165
保障支出	统筹/商业	500,000
公益支出	社会公益	30,000
其他费用	家政费用	50,000
	不可预见	20,000
税金支出	税收	

总负债 295,201,044

项目	子项	增长率/备注	时间	负债
生活负债	工作期	0.05	15	25,894,276
	退休期			
生活规划	赡养基金	0.05	15	3,884,141
	女儿负债	0.05	9	1,323,188
	儿子负债	0.05	18	3,375,886
	教育基金			
	环球旅游1			
	海外置业2			
贷款负债				
投资规划	子女年金		15	9,000,000
	教育基金		10	8,524,137
	夫妻退休金		15	46,642,562
	家族基金3		30	18,061,722
	梦想基金1/2		15	24,329,701
保障规划	夫妻互保		15	90,000,000
传承规划	公益基金		10	3,600,000
其他规划	家政负债	0.05	10	7,546,736
	其他负债	0.05	10	3,018,694
税务规划	未来税赋	预计		50,000,000

月结余 1,510,962　　**B 净值 439,058,890**

手中现金＿＿＿＿＿＿＿＿元

所有数据仅用于规划，不作为实际投资使用。

图 9-13 “善一博”与“汤超”的新家庭财报

1）夫妻互保的额度为2亿元，每个人各1亿元，基本上可以解决人生中最大的风险。

2）夫妻俩的退休金为6,000万元，可以安心度过一个美好而幸福的晚年。

3）夫妻俩的梦想基金为3,500万元，符合最初的设定和心愿。

4）两个孩子的生活年金是2,000万元，确保衣食无忧是没有问题的。

5）两个孩子的教育基金是1,000万元，每个人拥有500万元的大学深造资金。

6）家族的援助基金是4,000万元，双账户设定，分两个部分使用。一个是生活援助基金，针对夫妻俩的兄弟姐妹们，提供生活的保障；另一个是创业孵化基金，针对兄弟姐妹的孩子们创业使用，符合条件方可启动。

然后，专门设立了公益基金，每个月拿出3万元做公益，预计10年累计360万元。同时，将其他支出中的不可预见费用拆分成两部分，一部分划为家族内部的家政办公费用，每个月控制在5万元以内，10年下来累计约为755万元，也是一笔不小的数字呀；另一部分划为不可预见费，每个月控制在2万元以内，10年长期累计下来约为302万元，这的确是一个大家族呀！

最后，我们一起来看一下夫妻俩在调整前、后的数据对比，如图9-14所示。

经过了大刀阔斧的调整，夫妻俩财富平衡的三大指数均已达成。其中，**A**财富安全指数突破最快，提升了约108个百分点，既完成了生命资产的保障，也为财富传承做好了准备。**B**财富独立指数下降了239个百分点，这是增加了投资规划，转移了资产所致。**C**财富自由指数提升了49个百分点，这是调整了企业归属和布局形成的。

在资产配置优化方面，由于将主营企业进行了重新调整与归属，既有利于创新突破，又提高了理财收入，更有效地调整了生命资产的保障额

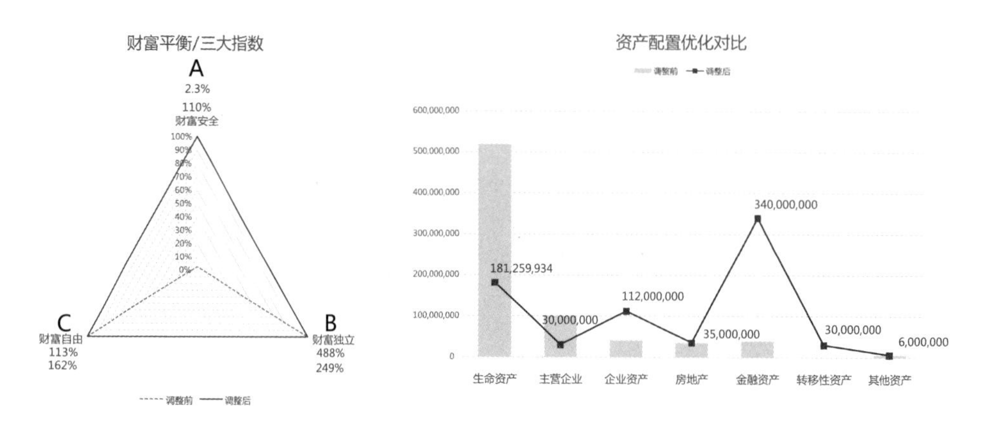

图 9-14 “善一博”与“汤超”调整前、后的数据对比

度。调整后最大的改变就是加大了金融资产的配比，达到了 3.4 个亿，其特点是在安全架构下形成了专款专用的各类规划，到期直接兑付现金流，无需资产再转化。同时，将两个孩子 3,000 万元的资产划拨为转移性资产进行管理。

随着时间与财富的变化，我们还会持续地调整与优化……

第六节　创一代传承时遭遇的尴尬

我们再走进一个四世同堂的家族中，看一下他们能否顺利完成财富传承这件事。

1. 家庭基本情况：

家族情况：先生是“赵惠民”（化名），今年 55 岁；太太是“秋瑾”（化名），今年刚 50 岁。夫妻俩是结发夫妻，有两个漂亮的女儿，也已经分别出嫁了，还新添了两个可爱的外孙子。双方都有一位老人健在需要赡养，同时各自都有四五个兄弟姐妹需要照顾，夫妻俩在家族中是生活条件最好的一对。

工作状态：赵先生夫妻俩从事传统制造业已有 30 多年了，从白手起

家的小作坊到现在的现代化工厂，已经成为当地市场的知名品牌。不过近几年遇到了企业发展的瓶颈，以及接班人的困扰。

生活习惯：赵先生身体状况很好，天天打乒乓球，练书法，品茶。太太身体状况不如先生好，比较操心，为了双方的兄弟姐妹和自己的孩子，整天忙个不停。两人自己种地，自给自足，没事很少在外面吃饭，饮食结构比较健康。

财务方面：赵先生不管财务，全部由太太负责，属于家庭式管理。这就造成了企业财务和家庭财务时常不分的混同状态，平时的流水账目不注重月结算，大都等到项目结束或年终统一核算，才能看清楚是否盈利。另外，家族的援助支出和不可预见费用偏大，存在财务失控的隐患。

健康状况：赵先生夫妻俩每年都做一次身体健康体检，目前没有疾病。

2. 心愿与担忧：

夫妻俩最大的心愿是：

· 退休安享晚年；

· 培养大女儿做接班人。

夫妻俩最大的担忧是：

· 能否如愿达成；

· 企业能否持续盈利。

3. “十字表”家庭财报盘点

我们花了一些时间，先将所有的财务数据进行理顺，并填写在“十字表”家庭财报中。当夫妻俩第一次看到自己人生的这本账时，十分惊讶！没想到人生的这本糊涂账竟如此清晰！真希望能够帮助企业也盘点一下这本财务账，如图 9-15 所示。

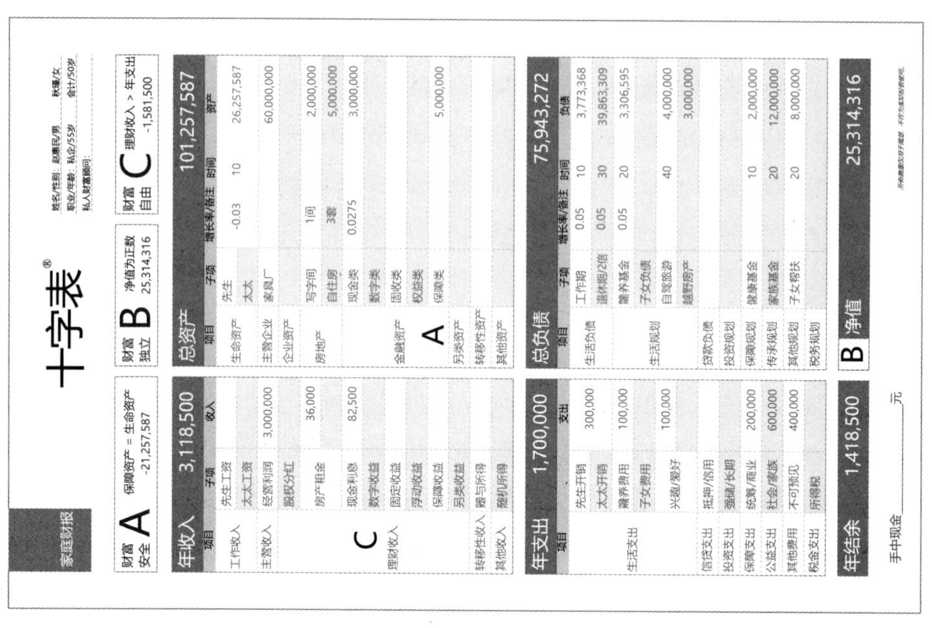

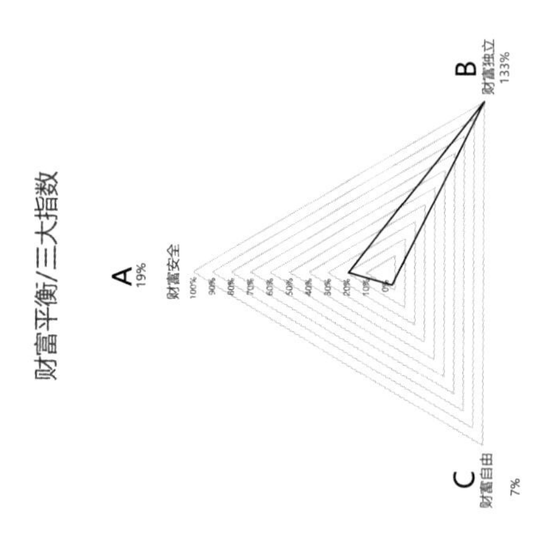

图 9-15 “赵惠民”和“秋瑾”家族财报

这份家庭财报和以往的案例是有所不同的，因为夫妻俩日常的财务管理比较混乱，很难整理出月度的收支管理表，只能以年度进行盘点了。

夫妻俩打拼了大半辈子开创和积累下来的最大资产就是一家家具厂，连土地加厂房合计价值 6,000 万元，这就是他们的主营企业。夫妻俩平时不开工资，有需要就从公司里取。目前公司每年能够盈利 300 万元，不过

利润在持续下滑。若按继续工作10年后退休，以-3%的增长率计算，夫妻俩所累积的盈利收入，也可以称之为“生命资产”约为2626万元。

夫妻俩在市区还有一处写字间，价值200万元，出租给自己的销售公司，每年收入3.6万元。另外，还有3套住宅用于自己和两个女儿居住，总价值有500万元。

夫妻俩在银行有300万元的备用现金，月利息6,875元。还有500万元保险是夫妻共有。

除以上这些收入和资产外，我们再看看夫妻俩的支出和负债。夫妻俩每年的生活支出是50万元，包括夫妻俩的基本开销30万元，赡养费用10万元和兴趣爱好投入10万元。其中，两个人的基本开销30万元，按工作10年后退休，通货膨胀率为5%计算，工作期的生活负债约为377万元。夫妻俩强烈要求退休生活要比现在的水准高2倍才行，同时要规划到30年，这样的话，同样以通货膨胀率为5%计算，就需要准备3,986万元的退休金。而双方父母的赡养基金预计规划20年，以5%的通货膨胀率计算，需要准备约331万元。至于兴趣爱好，夫妻俩有两个，一个是自驾旅游，计划40年，玩到走不动才行，预算400万元；另一个就是购车，需要一台越野房车，走到哪里都是家，估计需要300万元。

在每年的支出中，有20万元的保障支出，还剩10年累计200万元就可以缴完了。最关键的是剩下的两笔支出始终让夫妻俩很伤脑筋，第一笔是家族的援助支出，每年需要60万元，20年下来就形成了1,200万元的家族基金；另一笔就是不可预见的子女帮扶费用，每年需要40万元，20年下来就是800万元。

4. 财富平衡的三大指数数据分析：

我们从“十字表”家庭财报的**ABC**三大指数分析来看一下：

A 财富安全指数只完成了19%，还存在2,126万元的保障缺口。虽然夫妻双方已经拥有了500万元的保障资产，但还需要提升保障意识。一方面是为了补足生命资产的保障缺口，另一方面是运用好保障资产独特的法律属性、指定受益人原则和类信托架构等多项功能，为财富传承做准备。

B 财富独立指数已经达成了133%，超出2,531万元。这就需要提早规划财富传承的议题了。不过这里有一个关键的问题，之所以净值超出这么高，原因在于总资产中有一笔庞大的固定资产6,000万元，占比59%以上，这是土地与厂房的价值。随着企业经营遇到瓶颈，利润下滑甚至出现亏损，作为夫妻俩一生打拼所累积下来的也只有这份资产了，这是夫妻俩安享晚年的根本保障。如果将它作为企业资产交给接班人继续经营，那么夫妻俩的养老费用将出现缺口，这是一个左右为难的问题。

同时，值得注意的是在总负债里家族基金和子女帮扶上，形成了2,000万元的负债，主要用于为兄弟姐妹们和子女购置房产和教育使用。作为家族的经济支柱，这是一笔感情账，没有收益却充满压力。

C 财富自由指数完成了7%，还存在158万元的持续收入缺口。可以说基本上没有自由可言，因为产生理财性收入的两份资产中，一份是写字间的租金，是出租给自己的销售公司使用；另一份是300万元流动性现金的利息，基本上也是作为公司的备用金使用。夫妻俩毕生的精力都投入到了这个传统的生意之中，所赚的钱除了持续投入扩大再生产以外，就是用于贴补家族父母、兄弟姐妹和子女所需了。因此夫妻俩非常辛苦，比较劳累，形成了惯性，放不下，没有自由。

很显然，从赵先生夫妻俩的“十字表”家庭财报及财富平衡三大指数的分析结论能够看出，夫妻俩目前还不具备妥善进行财富传承的条件。原因有两个，一是资产配置结构和财务规划管理存在问题；二是接班人目前扶不起来（可能由于父母不放权或没培养）。夫妻俩是典型的创一代、重资产的企业家特征，靠实力辛勤打拼，实现了财富独立。并且是一个孝敬父母、善待兄弟姐妹、体贴子女的家族经济支柱。随着时代的变迁，更需要从财富安全和财富传承的角度，来管理自己一生所创造的财富。同时，更要从一个投资者的视野，让自己的资产持续获得成长和收益，获得真正

的财富自由，最终实现财富的平衡。

5. 聚焦及建议：

1）激活资金源头：

夫妻俩喜欢自力更生，慢慢积累，没有什么贷款。这是一把双刃剑，不善于借钱，不善于投资，很难形成信用。因此可以在可控的范围内，着手进行固定资产变现，释放出资金活力，这将是后半生的重启之源。

2）重组企业资产：

首先，必须进行企业财务与家庭财务的有效剥离，建立起安全的防火墙，不再产生家企混同的局面，这个实在是很危险。

其次，将现有公司分拆成母公司和子公司，将土地、厂房打包装进母公司，由夫妻俩持有。并投资扩建厂房，对外进行厂房及库房的招商，获得持续稳定的收益。

然后，再将设备、库存、人力、业务等打包成立独立子公司，全力拓展新业务，由大女儿接手负责。将企业新的增长点与接班人培养合为一件事，只有新人在新的市场环境中，打造出新的商业模式，才能成为合格的接班人，带动传统生意实现转型与升级。值得强调的一点就是，必须放下作为家长的控制力，让下一代大胆地尝试，并无条件地支持。

3）设立两项基金：

不能靠企业现有盈利的现金流或资产增值变现来养老，必须设立专项的养老基金，以确保提供雷打不动、源源不断且足额可控的现金支付，来实现安享晚年的计划。顺便全盘考量财富传承安排，做到可控、避险、免税、无纷争的传承规划。

虽然帮助兄弟姐妹和子女是亲情和义务，但也要科学和讲原则，否则往往会造成适得其反的效果。可以成立一个家族基金会，由家族成员代表共同投资组成，按投资经营收益及资助规则执行，避免大锅饭的局面。

第七节　传承后要得到什么

好的传承将得到两个成果，第一个是“由富到贵”，第二个是“人生圆满”。

1. 由富到贵

何为富？何为贵？

富贵是每个人都向往和追求的，但富与贵是有所不同的。大家通常认为富是指金钱与财富，贵则是指地位和权力。而经历了人生的跌宕起伏之后，我们对富与贵会有更深刻的认知和理解。

富，不简单代表金钱与财富的多少，而是一种财富平衡的状态。也就是不畏惧风险，早有智慧的安排，财富安全可靠。不担忧未来，人生这本账的净值为正，财富完全独立。不被动工作，活出热爱和使命，财富真正自由。当一个人拥有了足够的安全感、独立性和自由度的时候，就做到了知根、知底、知足，进而知止了，是一种富足与幸福的平衡状态。

这种平衡状态就会转化为内心的平衡与平等，只有这颗平衡和平等的心，才能将我们的企图心慢慢地转化成慈悲心，当拥有了一颗慈悲心的时候就称为贵了，这将带领我们走向人生圆满的境界。

由富到贵是一个转化的过程，是由一颗企图心转化成一颗慈悲心的过程。这个转化过程产生两股力量，一股力量是对内的，不断净化自己的这颗心，让自己的品格、德行和精神世界不断地圆满成长，从里往外散发着贵气，高贵的品质就会慢慢养成。另一股力量是对外的，就是会善待离自己最近的亲人，随缘帮助需要帮助的人，尽其所能地造福一方，这样就会成为一个贵人，尊贵的地位与名声也会自然产生。这种内外双修的圆满境界才是真正的贵。

2. 人生圆满

我们总认为圆满应该是这一生的财富越多越好，越丰盛越圆满。其实

恰恰相反，圆满是减法，是“为道日损，损之又损，以至于无为”。人生归零，净化自性，消融无我，解脱空无的状态。一切都可以立刻放下，包括财富、亲情、名誉等，是一条回归之路，人生圆满之路。

财富本就是生不带来、死不带去的东西。经过科学的、合理的和安全的财富传承规划之后，一切安排得妥妥当当，不留麻烦、不留牵挂、不留麻烦、不留纷争、自动可控，这是一种“从心所欲不逾矩”，随时可以离开的自由境界。

所以说平衡是富、圆满为贵，财富的平衡是富足，心灵的平衡是智慧，人生的圆满是尊贵，心性的圆满是解脱。

小训练：如果自己到达了财富传承的阶段，这可是人生的大考了！

1. 生命的传承：

理清一下自己家庭和家族的人际关系排列网，看看自己有哪些隐私，及早规划好别留麻烦。

2. 文化的传承：

是时候决定成为自己家族的家长了，整理家族故事，提炼家族精神，挖掘家族特质，撰写家训培育子女。

3. 资产的传承：

运用“十字表”家庭财报，科学、合理、安全地规划与架构自己的财富传承方案；也可以寻找一位值得信赖的、专业的私人财富顾问协助完成。

小训练
只看不练，功夫白费！我们也来训练一下吧：

第十章

家庭 CFO

第一节　每个家庭都需要一位 CFO

其实每个人，都是一家“以自己名字命名的生命有限公司”。父母起的名字就是品牌，与生俱来的“生命资产”就是注册资本，有限的寿命就是经营期限，梦想使命就是战略目标和动力，特质天赋就是核心竞争力。

因此，每个生命都是一家公司，每个人都是一名创业者。在有限的生命时间里，做好精准定位、收支平衡、自负盈亏和风险管控等一系列人生规划和财务决策，并承担着相应的法律责任。

家庭则是遇见了生命中价值观和习性模式相同或互补的合伙人，将“以自己名字命名的生命有限公司”重组成“以夫妻为股东的家庭合伙企业”而已。将夫妻两个人的“个人财报”合并报表成为一张“家庭财报”。将彼此最宝贵的生命资产、余生的时间、专属的情感、共同的财富以及美好的梦想都投入其中，这是人生中最大的一笔投资和契约。双方秉承着契约精神，共同经营好这个家庭合伙企业，持续获得爱与幸福，并将这份共同财富得以持续增值与传承。

无论是个人还是家庭，在财务管理方面与企业还是有所不同的。企业财务与个人及家庭财务所面临的收入结构、支出习惯、资产背景与属性、负债方式、现金流动逻辑及风险管控等方面都是不同的。特别是产权归属，适用的税制与相关法律更是截然不同的。最关键的是两者的经营目标是不一样的，企业经营的目标是为了持续盈利，而家庭经营的目标是为了持续获得爱与幸福。同时，企业收益归属于股东，股东收益又构成了家庭夫妻共同财产，最终的处置权回落到了家庭中的个人。

因此，家庭才是财富管理的中心。

这就需要一位具有战略规划思维、统筹资源能力和管控财务手段的“家庭 CFO”，能从家庭成员全生命周期的财富创造和财务所需中，获得财富的平衡和人生的圆满。如图 10-1 所示。

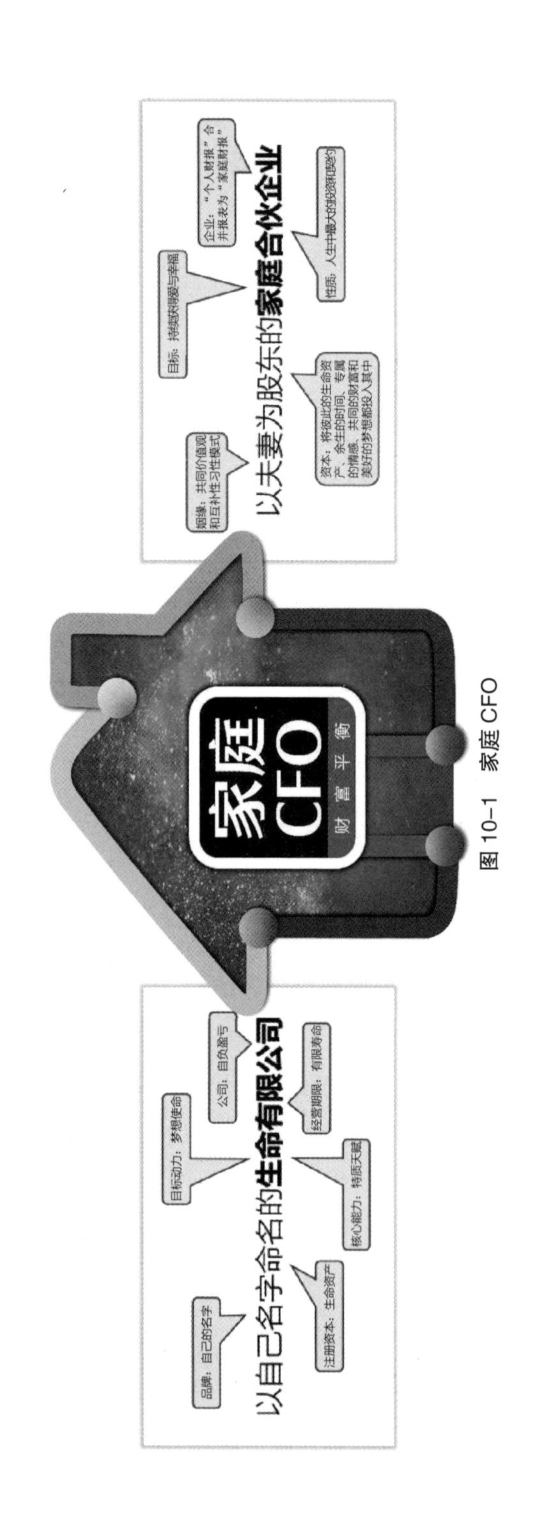
品牌：自己的名字
目标动力：梦想使命
公司：自负盈亏
以自己名字命名的**生命有限公司**
注册资本：生命资产
核心能力：特质天赋
经营期限：有限寿命
家庭
CFO
财富平衡
姻缘：共同价值观和互补性习性模式
目标：持续获得爱与幸福
企业：“个人财报”合并报表为“家庭财报”
以夫妻为股东的**家庭合伙企业**
资本：将彼此的生命资产、余生的时间、专属的情感、共同的财富和美好的梦想都投入其中
性质：人生中最大的投资和契约

图 10-1　家庭 CFO

作为一名家庭 CFO，这更需要一套专门的工具、标准和系统了，于是以“财富平衡”为核心理念，以财富安全、财富独立和财富自由三大指数为应用标准的“十字表”家庭财报系统就诞生了。经过了 18 年的探索与实践，现在已经成为“简单超好用”的实操工具了，并填补了私人财富管理行业没有专业工具的空白。

这不仅仅是一个人生规划和财富管理的系统工具，更是每个人和家庭迈向共同富裕最底层的操作系统，也是一部自下而上拉动宏观经济的内需引擎。

那么我们如何掌握和使用好“十字表”家庭财报这个工具，培育和激发自己内在的金融素养和财务能力，成为真正的家庭 CFO，实现财富平衡和人生圆满，迈向共同富裕的新生活呢？

这一切，只需要从一场重生演练开始……

第二节　幸福的人生从重生演练开始

每个人都已经走过了一段自己的人生，回望过往的时光，我们是否已经如愿以偿了？还是有所遗憾呢？面对未来的旅程，我们是满怀信心地去完成心愿呢，还是心灰意冷地就此度过余生呢？

人生只有一次，决策失误，终生遗憾。人生就是一场实战，无论是在生意、生活还是生命各个方面，面对竞争、欲望和衰老，我们都将展开一场自我阻击的持久战，并不断地付出巨大的代价去试错，结果还未必能够取得最终的成功。

我们无法让生命重来一次，也不能拉长生命的长度，但是我们可以加宽生命的宽度，让生命的质量得到提升，使命运得以改变。

这就需要做一些功课了，想要赢得一场战争的胜利，“军事演练”是必不可少的。这样就可以从全盘的局势、不确定的风险及各种变数的模拟演练中，制定出有效的战略与战术，从而避免和降低不必要的损失。

那么，人生的这场实战想要成功，穿越层层的人生与财富关卡，并且只有一次生命的机会，这就更需要演练了。

这里有一个方法，可以透过**家庭 CFO** 的视角，来一场重生演练！

只不过演练的战场是在一个“**财悟棋盘**”上；

战略图是一张“**十字表**”家庭财报；

而弹药是“**货币**”；

目标不是战胜对手，而是赢得自己的“**财富平衡**”；

指挥官是“**金融家**”；

当然主演就是“**自己**”了。

复盘可以做一次“**家庭财报**”诊断，厘清一下自己现实生活中的“**糊涂账**”。

这是一个寓教于乐“好玩更好用”的系统工具，而且在每一场演练中，都可以选择不同的身份，体验不同的活法，积累实操的经验，扩展生命的宽度。同样也可以用自己真实的身份和财务数据，来挑战一下自己的后半生，看看能否实现财富平衡和人生圆满。

那么这究竟是怎样一个棋盘和演练呢？

第三节　人生如棋

如果有一种魔法能将这个世界变小就好了！将所有人的人生百态、财富全貌、经济网络、金融体系、时空维度、市场周期、机会风险等各种要素浓缩成一盘人生棋局，供我们来反复演练和不断试错，那该多好呀！那样的话，就很容易建立起系统思考和全局判断的能力，并能将事物本质看得更加通透、更加精准，有效避免认知的偏差和决策的失误，大大降低了失败的风险，累积人生与财富的经验值。这样每个人都可以在这个人生棋局中，去探索自己的人生指南和财富地图，给人生一次彩排的机会，这必

将成为一件无价之宝。

没错，这件无价之宝的名字就叫作“财悟棋”。它将我们所说的这一切，都聚焦和浓缩成了一盘虚拟的财悟棋局，让人们在棋局博弈的寓教于乐之中，学会人生规划和财富管理。它是一个浓缩的经济和金融模型，让人们从微观的人生财富管理角度，来读懂和掌握宏观经济和金融体系。它还是一个借假修真的能量场，让人们透过各种财富的表象，修炼出直达财富真相的人生智慧。

那么这个“财悟棋”究竟长得是什么样子呢？我们都有点迫不及待地一睹真容了，那就让我们一起走进这个“财悟棋”的世界吧，如图10-2所示。

首先映入眼帘的是一副镶嵌在宇宙星空中，一个天圆地方的古钱币造型的棋盘，仿佛正在转动一样。许多人会不由自主地被吸引到棋盘的面前，驻足仔细地观察。这个棋盘看似简单，实则博大精深。整个棋盘由三大核心部分构成，内部是“迷宫方阵”，外部是“圆满之旅”，中间是由时光隧道贯穿连接而成。

内部的“迷宫方阵”由迷宫和方阵两部分共同组成。最中心的部分叫作数字迷宫，由25个数字打乱了顺序排列而成，每一个数字背后都连接着我们生活中不同的际遇与状态。这些数字有一个规律，无论是横相加、竖相加还是斜相加之和均相等，这揭示着永动与守恒的自然规律。这种不断被打破、又不断再平衡的力量，就形成了一股生生不息的原动力，推动着数字迷宫外围的方阵，呈顺时针方向转动，就像一部引擎一样。方阵的每个格子代表着1天，每个格子又都是经济运行的窗口，连接着现实中各种项目、资产与服务。方阵的每一边由七个格子组成则代表着1周，由四边组成的方阵则代表1个月。四个角是阴阳转换则代表四季交替，这里也同样接通着外部的市场周期，充满了机会与风险。“迷宫方阵”组成了方孔钱眼，我们人生大部分时光都将在钱眼中度过。

最外部是“圆满之旅”，由12个数字代表着12个月组成年轮，是人

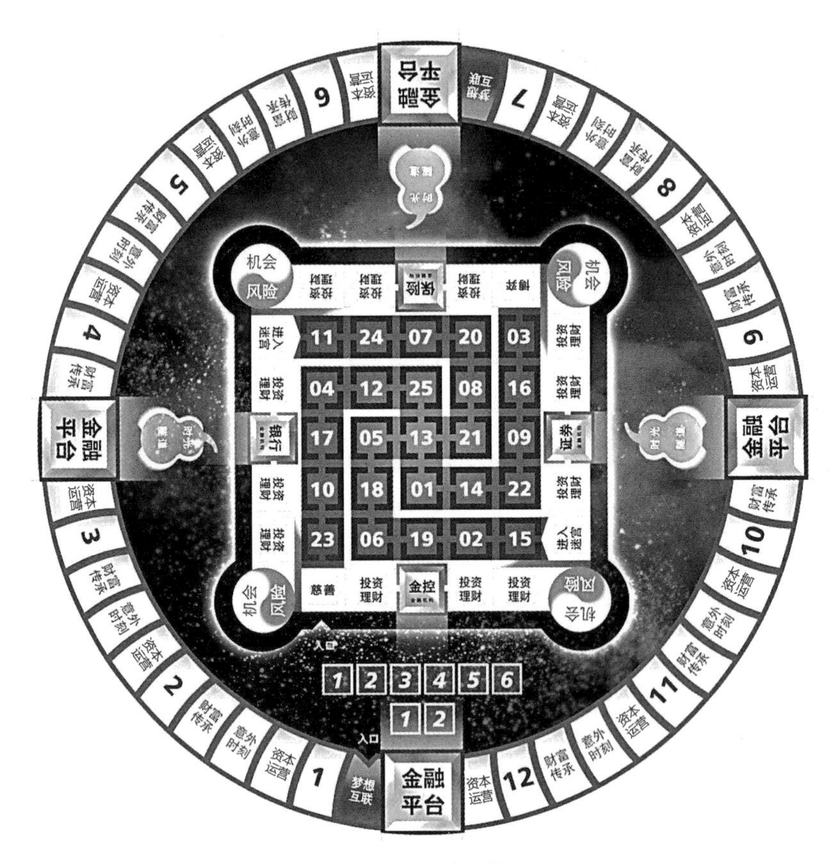

图 10-2 财悟棋

生由富到贵的新旅程。方圆之间由一条十字形的时光隧道将内、外所有的金融机构相连接，构成了金融流转体系。由此形成了整个时间与空间，带动着所有的生命活动、财富显化、经济运行、金融流转、时空变迁、周期波动、危机转化等各种要素运转起来了。

这盘“财悟棋”不但将人生与财富连接在了一起，还有效地将虚拟与现实连接在了一起，更是将内在精神世界与外在物质世界也连接在了一起。

在整个“财悟棋”重生演练中，我们将深度体验和演练自己浓缩的一生。从选择自己人生的方向开始，慢慢唤起深埋在心底的梦想，用全新的视角去发现和评估自己曾经忽视过的、最宝贵的生命资产，度过艰辛而漫长的原始积累阶段，直到白手起家赚到人生中的第一桶金，善用资产配置的奥秘，并在财富的流转中驾驭和牵动着内、外两个循环系统，管理着自己的财富。如果幸运的话还会走进人生的迷宫里，遇见自己的婚姻，品尝着婚姻与财富的悲欢离合，伴随着新生命的降临和培育，转眼间人生就会进入到下半场，中年危机的困局等待着我们突围，这正是一次修整和自省的良机，只有找到绝处逢生的智慧方能破局取胜，实现财富平衡的目标，踏上由富到贵的圆满之旅，最终获得财悟人生的智慧。

在这里，

您可以探索性地解决生活中的诸多烦恼和问题；

也可以获得家庭 CFO 的能力，掌握“十字表”家庭财报新工具；

还可能幸运地找到一个觉醒的自己，获得重生的智慧；

顺便体验一次穿越浓缩宏观世界的经历；

也许一不小心就能打开创造财富的灵感。

……

更多可能性还要等待着你自己亲手来开启！

小训练：成为自己的家庭 CFO 吧！

1. 家庭 CFO：

善用“十字表”家庭财报，规划和管理好全生命周期，做自己家庭的CFO吧！

2. 重生演练：

现在就可以预约一场线下的“财悟棋”重生演练了！

我要报名
参加重生演练

图书在版编目（CIP）数据

家庭财报“十字表”：和你一起穿越经济寒冬 / 贾昌勇 著. —北京：东方出版社，2024. 3
ISBN 978-7-5207-3736-4

Ⅰ. ①家…　Ⅱ. ①贾…　Ⅲ. ①家庭财产—财务管理　Ⅳ. ①TS976. 15

中国国家版本馆 CIP 数据核字（2023）第 200458 号

家庭财报“十字表”：和你一起穿越经济寒冬
(JIATING CAIBAO “SHIZIBIAO”: HE NI YIQI CHUANYUE JINGJI HANDONG)

作　　者：贾昌勇
责任编辑：崔雁行　高琛倩
出　　版：东方出版社
发　　行：人民东方出版传媒有限公司
地　　址：北京市东城区朝阳门内大街 166 号
邮　　编：100010
印　　刷：北京明恒达印务有限公司
版　　次：2024 年 3 月第 1 版
印　　次：2024 年 3 月第 1 次印刷
开　　本：710 毫米×1000 毫米　1/16
印　　张：21. 75
字　　数：198 千字
书　　号：ISBN 978-7-5207-3736-4
定　　价：68. 00 元
发行电话：(010) 85924663　85924644　85924641